U0668022

点源函数和边界元方法求解油藏渗流问题

李成勇　刘启国　周　珺　李明军　著

科学出版社
北京

内 容 简 介

本书基于渗流力学的基础理论描述了不同类型的复杂油气藏的渗流数学模型建立过程；利用点源函数和拉普拉斯基本原理求解了均质砂岩、低渗透油气藏、应力敏感油气藏、裂缝和缝洞发育的碳酸盐岩油气藏以及考虑吸附解吸的页岩、煤岩气藏直井、压裂井、部分射孔井、水平井的井底压力响应数学模型，分析了相应的井底压力响应特征；同时利用Green函数求解出各种复杂油气藏直井、压裂井、部分射孔井的边界元基本解，解决了复杂外边界和严重非均质油气藏的渗流问题；同时通过三个现场实例，详细介绍了渗流力学在油气藏工程中的应用，为渗流力学的进一步发展起到抛砖引玉的作用。

本书可供从事油气开采及油气渗流理论技术研究的科技人员参考。

图书在版编目(CIP)数据

点源函数和边界元方法求解油藏渗流问题 / 李成勇等著. —北京：科学出版社，2016.7

ISBN 978-7-03-049432-0

Ⅰ.①点… Ⅱ.①李… Ⅲ.①点源-源函数-数学模型-应用-油气藏渗流力学-研究②边界元-数学模型-应用-油气藏渗流力学-研究 Ⅳ.①TE312

中国版本图书馆 CIP 数据核字（2016）第 169081 号

责任编辑：杨 岭 郑述方 / 责任校对：韩雨舟

责任印制：余少力 / 封面设计：墨创文化

科学出版社出版

北京东黄城根北街16号

邮政编码：100717

http://www.sciencep.com

成都创新包装印刷厂印刷

科学出版社发行 各地新华书店经销

*

2016年7月第 一 版 开本：787×1092 1/16

2016年7月第一次印刷 印张：10

字数：250 千字

定价：68.00 元

前　言

目前求解油藏渗流微分方程的数学手段主要有分离变量法、积分变换法、点源函数法、拉普拉斯变换法等。随着石油工业的发展，有利的含油气盆地和已开发的油气田都进入了勘探开发高成熟期，勘探工作逐步转向地处偏远、自然条件恶劣的地区，其中大部分为低渗透、超低渗、应力敏感、双重节奏、三重介质、考虑解析吸附影响的油气藏，且大斜度井、丛式井、水平井、多分支水平井的应用越来越广泛。上述复杂油气藏、复杂结构井的井底压力响应数学模型必须采用点源函数法求解。作者从 2001 年开始接触点源函数和边界元，经过近 15 年的潜心研究和技术沉淀最终形成了《点源函数和边界元方法求解油藏渗流问题》一书。本书适合用作石油工程相关专业本科生和研究生的教材，也可以作为广大石油科技工作者的参考资料。

多名老师和硕士研究生参与了本书的编写，西南石油大学刘启国教授从 2001 年开始一直指导本人的科研工作，书中的井底压力响应模型和计算机求解程序大部分是在刘教授的指导和帮助下完成的；中石化石油工程研究院周珺博士参与了边界元模型的部分推导工作；中海油湛江分公司李明军博士参与了复杂油藏渗流公式的推导；成都理工大学陈克勇博士参与了本书第一章的编写工作；中国地质大学(武汉)蔡建超博士参与了本书第五章的编写工作；中石化西北局工程技术研究院王洋同志完善了点源函数求解低渗透油藏渗流问题部分的理论研究工作；中石化华北局工程技术研究院熊佩同志完善了点源函数求解应力敏感油藏渗流问题部分的理论研究工作；中石油大庆油田采油工艺研究院杨志刚、刘云完善了点源函数求解三重介质油藏渗流问题部分的理论研究工作；中海油天津分公司研究院宫平志完善了点源函数求解煤层气藏渗流问题部分的理论研究工作，此外成都理工大学能源学院研究生罗毅、梁海鹏、本科生杨静、刘沙参与了本书的排版和图形清绘工作。

本书完成后成都理工大学伊向艺教授、西南石油大学张烈辉教授提出了宝贵的修改意见，成都理工大学能源学院对本书的出版给予了大力支持，同时，本书的出版还得到了“页岩储层原始地应力场仿真与局部人工扰动规律研究”（基金号：51304032)的联合资助，在此表示深深的感谢！由于作者的水平有限，其中不免有不当和错误之处，诚请读者和同行提出宝贵的批评和建议。

李成勇
2016.4.16

目　　录

第一章　渗流力学基础理论

流体通过多孔介质的流动称为渗流(周晓军，2008；邓平平，2014；刘俊丽等，2015)。多孔介质是指由固体骨架和相互连通的孔隙、裂缝或各种类型毛细管所组成的材料(罗莹莹，2007)。渗流力学就是研究流体在多孔介质中运动规律的科学。它是流体力学的一个重要分支，是流体力学与岩石力学、多孔介质理论、表面物理、物理化学以及生物学交叉渗透而形成的。

第一节　不同类型油气藏孔隙结构特征

储集岩的孔隙结构特征是指岩石所具有的孔隙和喉道的几何形状、大小、分布及其相互连通关系，对于碳酸盐岩来说其孔隙结构主要是指岩石具有的孔、洞、缝的大小、形状及相互连通关系(陈杰等，2005；方小洪，2006)。储集层岩石的孔隙结构特征是影响储层流体(油、气、水)的储集能力和开采油、气资源的主要因素，因此明确岩石的孔隙结构特征是发挥油气层的产能和提高油气采收率的关键。

一、砂岩储层孔隙结构特征

砂岩储层孔隙类型多样，成岩溶孔、原生粒间孔与微孔隙等共存，且喉道细小，孔喉组合类型主要以中孔微喉和小孔微喉型为主，孔隙间的连通性很差(陈博，2014)。砂岩油藏中油气的储集和渗流空间均为孔隙。对于纯孔隙结构砂岩储层，由于孔隙大小分布是随机而不规则的，其对油气渗流的影响也极难预测，为此，人们提出了种种模型来简化这种储层结构。

最早的简化模型是把岩石看成是由等直径的圆球颗粒组成的，流体在这些圆球的间隙中储集和流动，这种结构模型称为“假想结构模型”；进一步的简化是将岩石中连通的孔道看成等直径毛细管，岩石由这些等径毛细管束所组成(图 1-1)，因而可以把一般管道的水动力学运动规律引入到渗流力学中。这种简化模型称为“理想结构模型”。显然，这种假设与实际情况还有很大差距，因为实际孔道既不是等径的，也不是直的。人们进一步作了修正，引入了变直径的、弯曲的毛细管束模型(图 1-2)，称其为“修正理想模型”。

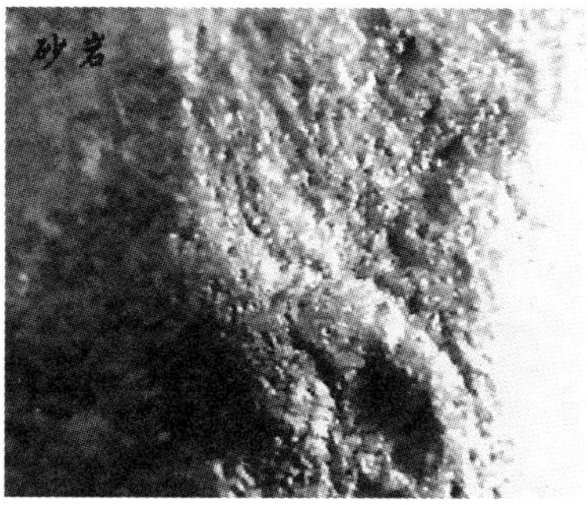

图 1-1　砂岩储层孔隙图

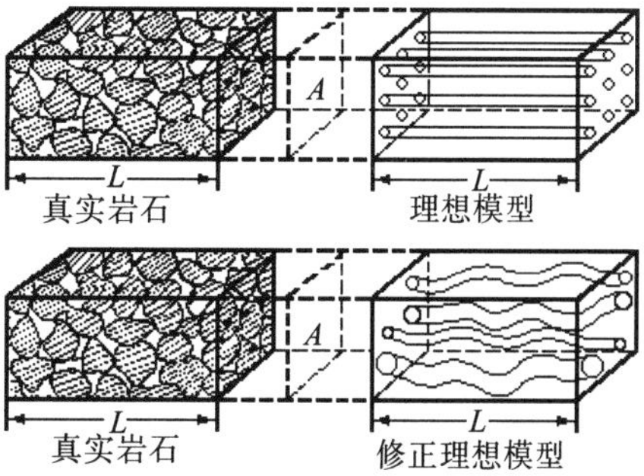

图 1-2　孔隙性储层及其简化模型示意图

这种修正模型可以用于一般渗流规律的研究。事实证明，这些简化模型对渗流力学的研究都非常有意义。

二、碳酸盐岩油藏孔隙结构特征

碳酸盐岩储层中岩石为生物、化学、机械综合成因，其中化学成因起主导作用(王小芬，2011)。岩石化学成分、矿物成分比较简单，但结构构造复杂。岩石性质活泼、脆性大。成岩作用和成岩后生作用严格控制储集空间发育和储集类型形成，储层非均质程度高。在致密的碳酸盐岩或泥岩类油气层中(图 1-3)，基质孔隙度和渗透率都非常低，基本上不具有储渗性(刘红岐等，2012)。其油气的储存空间和流动通道主要为岩石破裂形成的裂缝系统，故称为“纯裂缝结构”。由于裂缝特殊的长条形态及组系结构，这种储集空间常用规则的网格进行简化(图 1-4)，简化的储层岩石被分割成多个立方体。

图 1-3 裂缝性储层岩心图

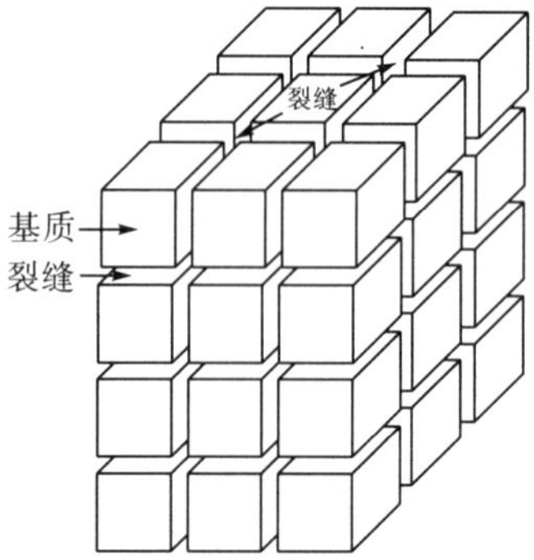

图 1-4 裂缝型储层简化模型

裂缝－孔隙结构简称缝－隙结构，是双重介质中的一种(李晓平，2007)(参见图 1-5)。这种结构主要出现在裂缝、溶孔同时发育的碳酸盐岩储层中，在石灰岩、白云岩油气层中最为常见。四川碳酸盐岩气田中普遍存在这种双重介质储层。此外，在某些砂岩油气藏中，构造局部(如弯曲度较大的构造顶部)因构造应力的作用而产生大量裂缝后，也可能会出现孔隙－裂缝双重介质结构。需要注意的是，由于构造变形的影响，不少砂岩储层都发育有裂缝，只是裂缝的大小和规模对油气的储渗影响甚微，这种情况下，就不能视其为双重介质。流体在这种双重介质中渗流会形成两个渗流场：基质孔隙介质中的流场、裂缝介质中的流场。流体在这种储层中流动时，两种介质之间会发生流体交换。因而，裂缝－孔隙介质的特点是：存在双重孔隙度、双重渗透率和两个水动力学场。裂缝－孔隙介质简化模型为纯孔隙介质与纯裂缝简化模型的组合(图 1-6)。

溶洞－孔隙结构简称洞－隙结构，也属双重介质中的一种。这种介质结构通常出现在有大型溶洞发育的碳酸盐岩油气层中，如前面介绍的塔河油田奥陶系灰岩储层，其溶洞的大小平均达 5.0 m。因此，在这种双重介质储层中，流体在两种介质中的流动规律不同。在孔隙介质中，流体的流动属于渗流范畴；而在大的溶洞中，流体的流动不属于渗流范畴，其运动规律应遵循 Navier-stokes 方程。对这种流体流动服从两种流动规律的介质的简化，最简单的方法是把大小不等、形状不规则、分布杂乱的洞穴，简化为均匀分布在孔隙介质中大小相等的连通圆球(图 1-7)。

图 1-5　碳酸盐岩储层溶洞

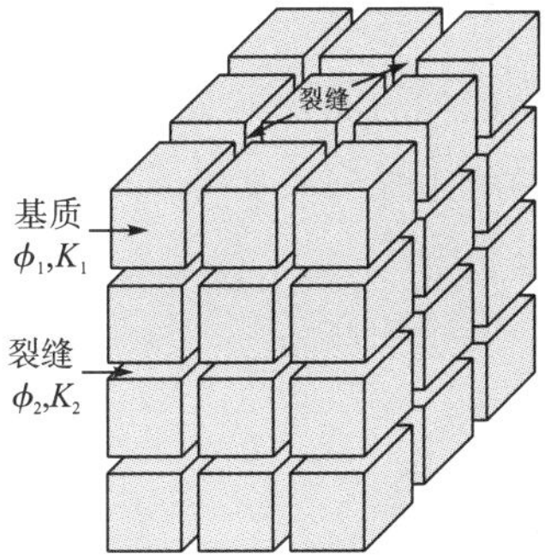

图 1-6　裂缝－孔隙型储层简化模型

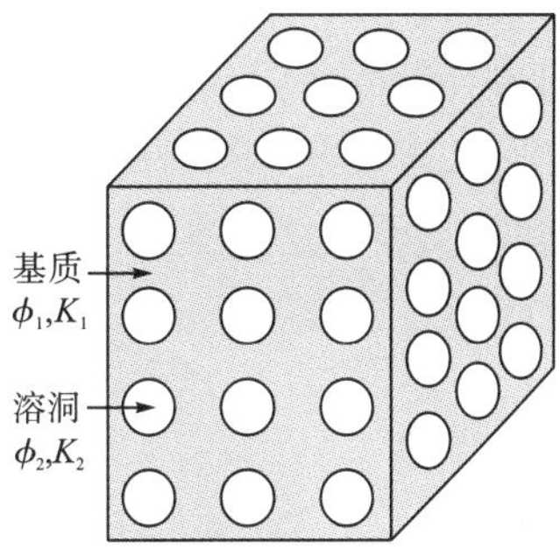

图 1-7　溶洞－孔隙型储层简化模型

裂缝－溶洞结构简称缝－洞结构，属双重介质中的一种(王俊光，2007)。这种储层的储集空间不仅是双重的，且流体在每种介质中的流动规律也不相同。在裂缝介质中流体的流动属于渗流范畴，而在溶洞中的流动不属于渗流范畴，其流动规律应遵循Navier-stokes方程。裂缝－溶洞储层的简化模型为裂缝简化模型与溶洞简化模型的组合(李晓平，2007)。

溶洞－裂缝－孔隙结构简称洞－缝－隙结构。这种结构是三种单纯介质(孔隙、裂缝和大溶洞)组合在一起的混合结构，发育于碳酸盐岩油气层中。目前，油气在这类储层中的渗流规律研究甚少，还处于探索阶段。

三、煤层气藏孔隙结构特征

煤层气是非常规天然气资源中的重要组成部分，煤岩储层中发育着大量的孔隙和割理系统(李志伟，2015)，具有孔隙－裂缝双重孔隙结构特征(图 1-8)。基质块内表面是煤层气的主要储集空间，块内微孔和割理提供主要的渗流通道。

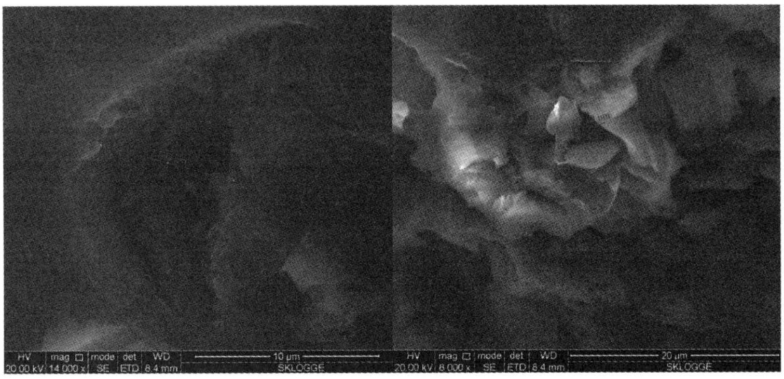

图 1-8　扫描电镜下的煤岩孔隙特征

煤层基质中的孔隙体积与煤阶密切相关，低阶时孔隙体积较大，大孔道占主要地位；高煤阶时孔隙体积小，小孔道占主要地位。煤层的孔隙尺寸比一般的油气藏要小得多。孔隙尺寸大致可分为三类：大孔(>20 nm)，中孔(2～20 nm)，微孔(<2 nm)，大孔通常是指割理－裂缝系统。也正是因为煤的孔隙度低，导致比表面积极大，所以对甲烷有着极强的吸附能力，使煤层气的含量远远超过其自身孔隙的容积。

煤岩中的天然裂缝又称作割理，煤的割理分为面割理和端割理。延伸较长的为面割理，与其垂直的为端割理，端割理与面割理形成了近似正交的裂隙网格是煤层气主要运移通道(李成全，2006)。割理间距比较均匀，从几毫米到几厘米。图 1-9 和图 1-10 分别为煤岩割理照片和微割理扫描电镜图片。

图 1-9　煤岩割理剖面

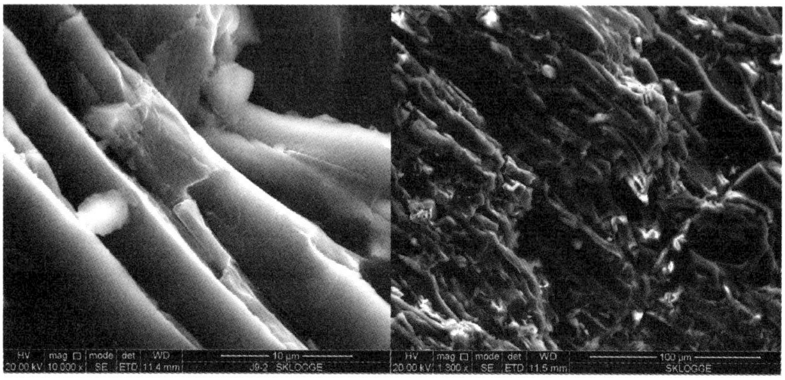

图 1-10　扫描电镜下的煤岩微割理特征

煤层渗透率通常较小，一般以毫达西为单位，具有明显的各向异性，流体优先沿着分布广泛、延伸长、连通性强的面割理流动。面割理渗透率要比端割理渗透率高几倍至几十倍。

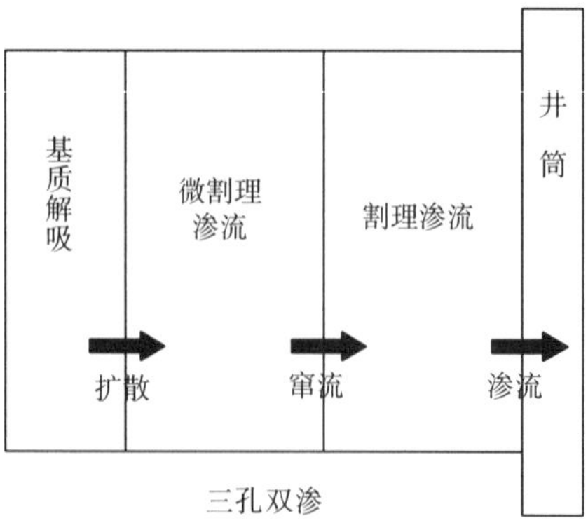

图 1-11　煤层气解吸-扩散-渗流示意图

在原始煤层气藏中，通常地层压力高于临界解吸压力，煤层气处于平衡的吸附状态(张冬丽和王新海，2005)。在煤层气开采过程中，地层压力不断下降，当压力下降到临界解吸压力以下时，煤层气开始从煤基质表面解吸出来(张磊等，2015)，原始的平衡状态被打破，引起煤储层中气体的流动，煤层气的运移可分为基质孔隙内表面解吸-扩散、微割理(或大孔道)和割理中的渗流三个过程(蔺景德，2012)，如图 1-11 所示。

四、页岩气藏孔隙结构特征

常规气藏中，页岩是良好的源岩或盖层。而在一些特殊的沉积构造中，页岩层有着“自生自储”的能力，当储层的储量形成一定的规模，同时具有了商业开发价值时，也就形成了我们所关注的页岩气藏(蒲泊伶，2008)。总体来说，页岩气藏的特殊性主要体现在气藏存储特征及产气机制方面。

页岩气藏中的天然气以游离气和吸附气并存。除游离态的天然气外，页岩中的孔隙结构比表面积较大，有利于天然气在孔隙表面的吸附，所以吸附态天然气也成为页岩气藏中重要的存在形式。页岩气藏的存储空间包括基质孔隙与裂缝两种。这主要是由页岩层自身的特征所决定的。在页岩气藏中，气体的运移不仅包括微小基质孔隙中达西流动和扩散，还包括吸附态天然气的解吸作用(席境阳和周晓玲，2012)。

所以当页岩气藏投入开发后，早期的页岩气是以游离态天然气为主，而进入开发的稳定期后，页岩气主要来自孔隙中的游离态天然气以及通过解吸作用产出的吸附态天然气。

根据工区内完钻井测井解释成果，宁 201、203、208、210、211、212 井天然裂缝均不发育；宁 203、210、211 井局部发育钻井诱导缝；宁 209 储层高导和高阻裂缝零星发育；宁 212 井见 7 条高导缝，5 条高阻缝，1 条诱导缝，2 条微断层，孔隙类型以基质孔隙为主。

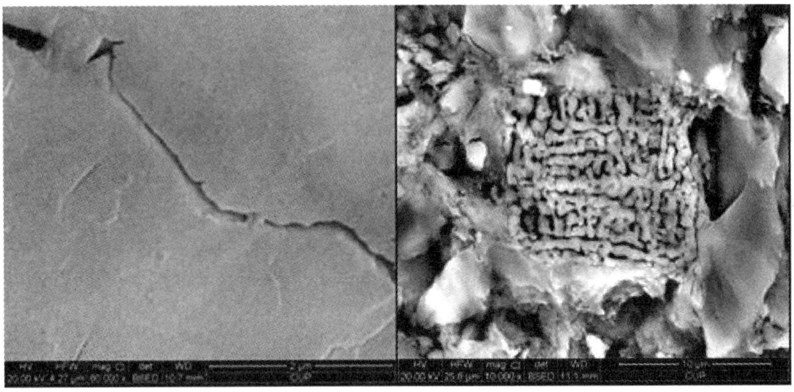

图 1-12　微裂缝古生物化石孔隙

图 1-13　岩石骨架矿物孔隙黏土矿物粒间孔

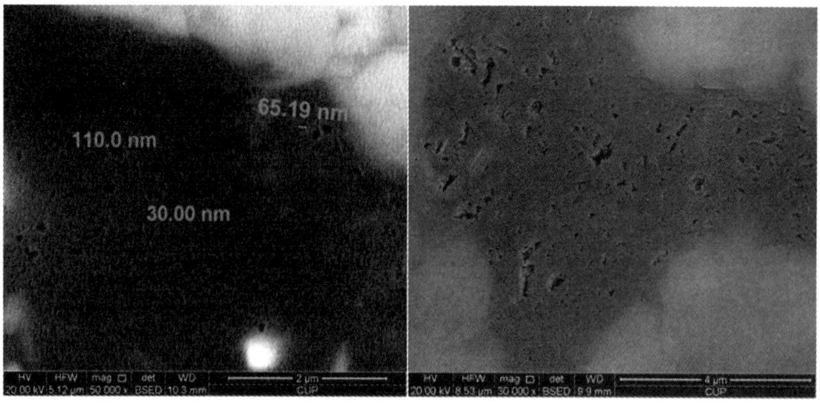

图 1-14　有机质纳米孔

根据宁 201 井岩心薄片鉴定分析资料，宁 201 井龙马溪组地层成岩作用中压实作用相对普遍，个别样品可见石英次生加大现象，水平纹层发育，部分样品见溶蚀缝，面孔率小于 0.1%。根据扫描电镜镜下观察，龙马溪组页岩气藏孔隙类型以基质孔隙为主。以宁 201 井为例，镜下可见岩石含泥质较重，泥质一般呈片状、纹层状分布，孔隙类型以泥质片间隙、云母片间隙等微孔隙为主。部分样品可见微裂缝被碳酸盐岩完全充填。

第二节　复杂油气藏渗流实验方法

一、达西渗流实验

达西定律是研究多孔介质渗流问题的最基本的实验定律，经典的渗流力学理论以至现代渗流力学理论几乎全是以达西定律为基础的(熊佩，2011)。

在达西实验中，当流体是微可压缩的液体时，达西定律的数学描述如下：

$$Q=\frac{k}{\mu}A\frac{\Delta p}{L} \tag{1-1}$$

式中，Q——流量，cm^3/s；A——渗流横截面积，cm^2；μ——流体黏度，$mPa\cdot s$；k——渗透率，μm^2；L——两渗流截面间的距离，cm；Δp——两渗流面间折算压力差，$\Delta p=p_1-p_2$，10^{-1} MPa；p_1、p_2——岩样入口端和出口端的压力，MPa。

在达西渗流中，当水运动的速度和加速度很小时，其生产的惯性力远远小于由液体黏滞性产生的摩擦阻力，这时黏滞力占优势，水的运动是层流，渗流服从达西定律；当水运动速度达到一定程度，惯性力占优势时，由于惯性力与速度的平方成正比，达西定律就不再适用了(徐云龙，2014)。

二、卡佳霍夫渗流实验

判断渗流是否服从达西定律，可用渗流雷诺数加以判断(孙焕泉，2005)：雷诺数 Re 和阻力系数 f 的双对数关系曲线，流体在多孔介质中的流动存在三个不同的区域。

(1)层流区：此时 Re 较小，渗流的速度比较低，$f\sim Re$ 关系曲线是一条斜率为－1

的直线，在此区内黏滞力起主要作用，达西定律成立。

(2)过渡区：随着渗流速度的增大，亦即雷诺数的增大。在该区的下部，从黏滞力起主要作用的层流状态逐渐过渡为惯性力起支配作用的另一层流状态。而在该区的上部，流动则逐渐变为紊流，该区域达西定律不适用。

(3)紊流区：当渗流速度增大到某一个值后，即 Re 达到某一值后，$f\sim Re$ 关系曲线是一条水平直线，流态为完全紊流，该区域达西定律不适用。

从图 1-15 中可知，达西定律仅在层流区域($Re<10$)适用。

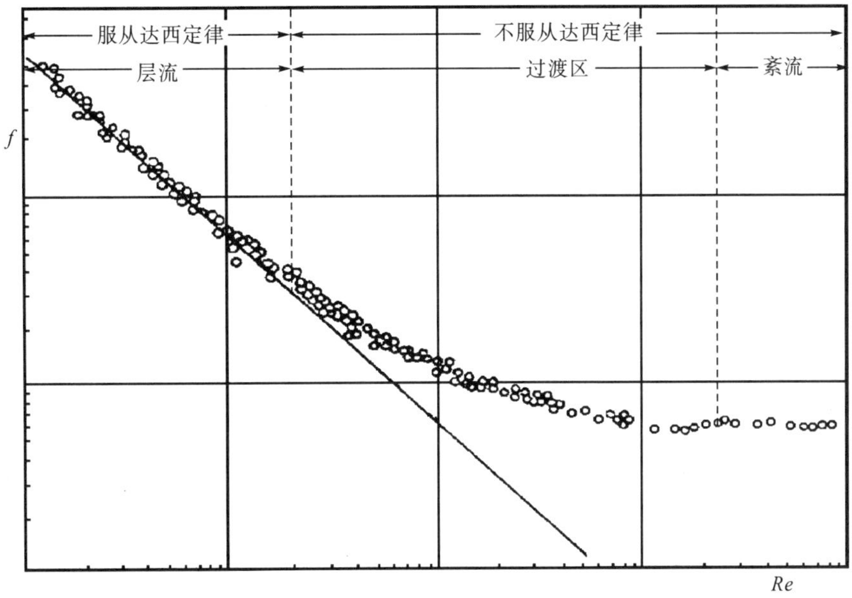

图 1-15 $f\sim Re$ 关系曲线图

三、启动压力梯度实验

低渗透油藏是指孔隙度较低、渗透性较差的原油储集层。流体在低渗透油藏中的流动明显区别于中、高渗透性油藏中的渗流，最本质也是最明显的一点就是其中的流动规律不再符合经典的渗流规律——达西定律。

1. 束缚水饱和度下油驱启动压力梯度实验

实验流程见图 1-16。实验温度 70℃，原油黏度 0.811 mPa·s，油的密度 0.802 g/cm^3。启动压力梯度实验步骤如下。

(1)将岩心和 100%饱和盐水装载进岩心夹持器中；

(2)在设计的实验条件下用油驱替至束缚水饱和度；

(3)在设计的实验条件下用油驱替，驱替的方法是从低压差向高压差驱替，每一压力点持续 30 min，直到测定出启动压力为止。

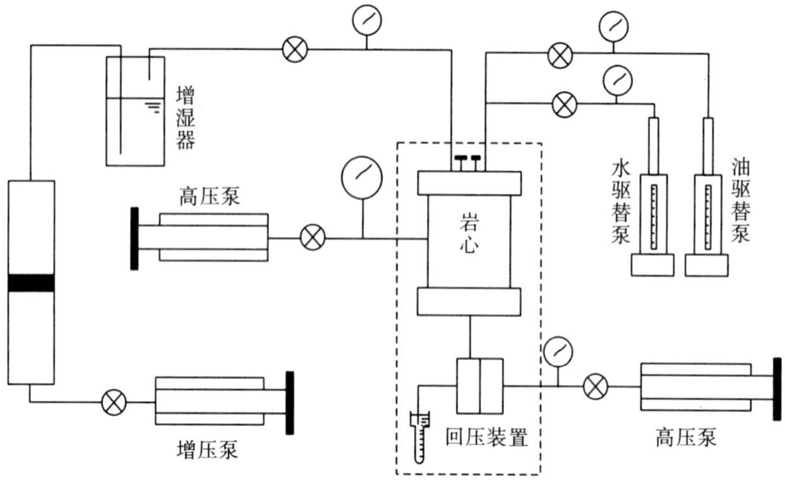

图 1-16 启动压力实验流程

2. 启动压力梯度实验现象

在压力梯度低于某一界限时，流体不能克服流动的阻力，不发生流动，即存在启动压力梯度；在压力梯度大于启动压力梯度后，压力梯度与流量之间的关系不是简单的线性关系，而是复杂的非线性渗流；只有当压力梯度继续增大到某一数值后，压力梯度与流速之间的关系才呈线性关系(骆瑛等，2012)。

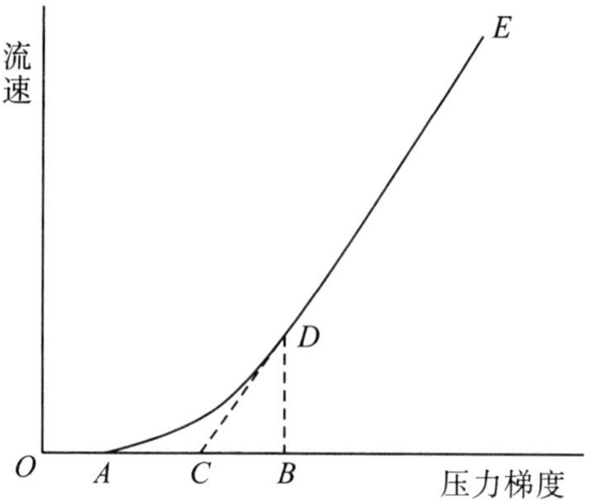

图 1-17 低渗透储层非达西渗流动态曲线

结合孔隙结构分析，从图 1-17 看，不同的压力梯度下流体流动的特征有其规律。图中 A、B、C、D、E 五点的含义为：A 点是最大半径毛管的启动压力梯度，C 点对应的是平均半径毛管启动压力梯度。B 点是最小半径毛管启动压力梯度。A、C 两点对应的压力梯度分别被称为真实启动压力梯度和拟启动压力梯度。D 点对应的是渗流由非线性渗流到拟线性渗流的过渡点，直线 DE 对应的渗流过程称为拟线性渗流，曲线 AD 对应的渗流过程称为非线性渗流(齐银，2006)。

四、应力敏感实验

1. 应力敏感实验仪器介绍

储层岩石应力敏感性实验仪器包括气瓶、减压阀、围压泵、干燥过滤器、温度计、微调压稳压阀、进口标准压力表、岩心夹持器、出口控制阀、气体流量计、计时秒表、4块大牛地气田致密砂岩岩心样品。实验流程见图1-18所示，进口压力为恒压，出口压力值为大气压，确保进出口压差为恒定值。实验是在室温低压下进行，逐渐加高围压，从而测试不同围压下岩心的渗透率的变化，测试其应力的敏感性(王洋，2011)。

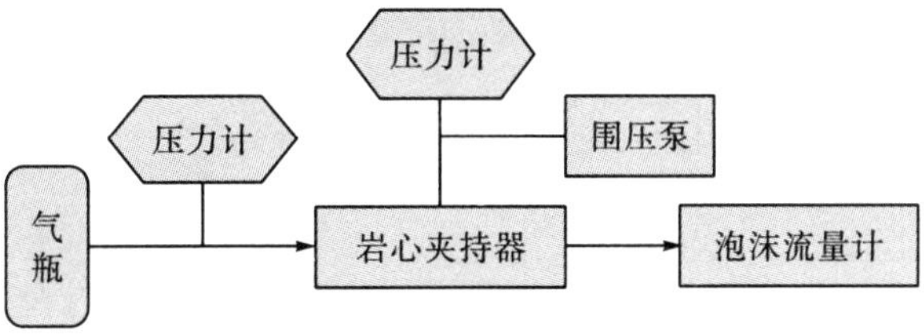

图1-18　致密砂岩应力敏感实验仪器示意图

2. 应力敏感实验流程及评价方法

参照中国石油行业发布的储层敏感性流动实验评价方法(SY/T 5358—2002)对大牛地气田4块岩心样品做应力敏感实验，具体实验流程如下。

(1)钻取直径为2.5 cm，长度为4～5 cm的圆柱体致密砂岩样，测其围压在6 MPa下的渗透率、孔隙度。

(2)把致密砂岩样放入岩心夹持器，保持进口压力不变，测其围压为：6 MPa、10 MPa、15 MPa、20 MPa、30 MPa、40 MPa、50 MPa、60 MPa下的渗透率。测试过程中，每20分钟测3次，取平均值，直到渗透率稳定为止，再测试下一个围压下的渗透率。

(3)保持进口压力不变，缓慢减小围压，分别测出在围压为60 MPa、50 MPa、40 MPa、30 MPa、20 MPa、15 MPa、10 MPa、6 MPa时的渗透率。

(4)结束实验，关闭仪器。

(5)利用公式(1-2)，计算应力敏感系数S_s，评价应力敏感程度，具体评价标准见表1-1。

$$S_s=\left[1-\left(\frac{K}{K^*}\right)^{1/3}\right]/\lg\frac{\sigma'}{\sigma^*} \tag{1-2}$$

式中，σ^*——参考有效应力值，即初始值，对应渗透率值记为K^*；σ'——各个有效应力，对应渗透率值记为K；S_s——斜率，称应力敏感系数。

表1-1　应力敏感程度评价标准

S_s	<0.30	$0.30\leqslant S_s\leqslant 0.70$	$0.70<S_s\leqslant 1.0$	>1.0
敏感程度	弱	中等	强	极强

3. 应力敏感实验结果

本次应力敏感评价实验结果如表 1-2 所示，D_1、D_2、D_4 岩心具有中等程度的应力敏感，D_3 岩心具有强应力敏感特征。

表 1-2　致密砂岩应力敏感实验结果

样品号	孔隙度/%	渗透率/($\times10^{-3}\mu m^2$)	应力敏感系数	应力敏感程度	备注
D_1	8.41	0.525	0.5610	中等	基块
D_2	6.67	0.487	0.5249	中等	基块
D_3	9.33	0.581	0.7241	强	基块
D_4	10.12	0.613	0.4158	中等	基块

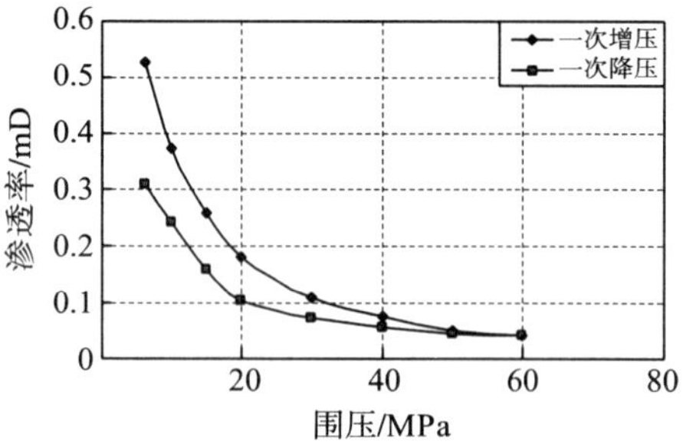

图 1-19　一次增压和一次降压渗透率应力敏感(D_1)

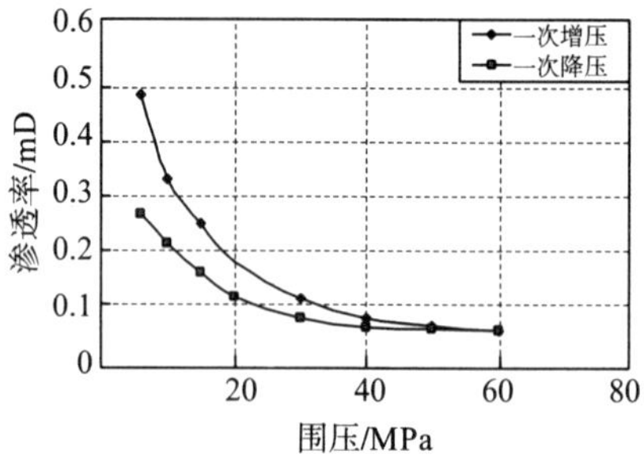

图 1-20　一次增压和一次降压渗透率应力敏感(D_2)

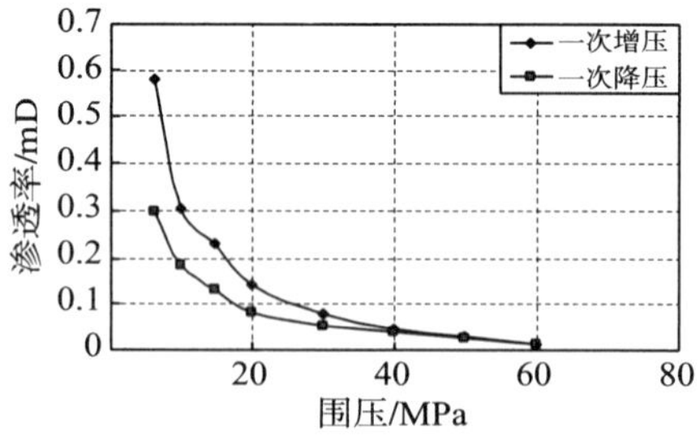

图 1-21　一次增压和一次降压渗透率应力敏感(D_3)

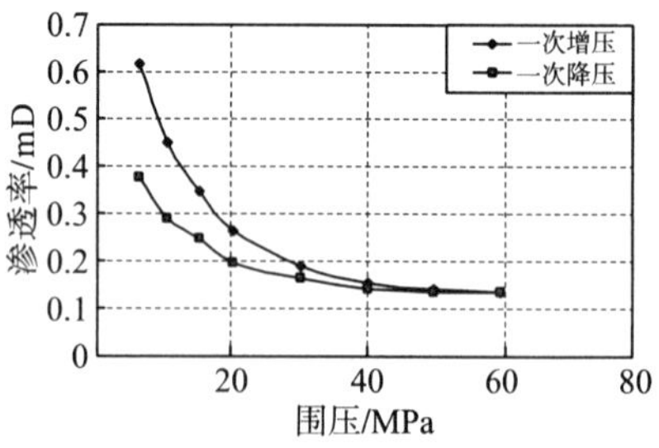

图 1-22　一次增压和一次降压渗透率应力敏感(D_4)

从实验结果可以看出：随着围压增大，致密砂岩岩心渗透率明显减小；随着围压减小，渗透率缓慢增大。增压过程，致密砂岩岩心在围压的作用下，孔喉开始变窄，造成开始时渗透率快速递减，在 15 MPa 左右，渗透率下降比较快，随后渗透率递减趋势减缓，30 MPa 之后渗透率变化不大。降压过程，随着围压的减小，致密砂岩岩心产生的变形在缓慢地恢复，渗透率缓慢增加，当围压降到初始值时，渗透率不能完全恢复，只能部分恢复。不能恢复的部分发生了所谓的塑性变形，对渗透率造成不可逆的伤害(王洋，2011)。

五、微观可视化渗流实验

随着流体渗流研究的深入，需要对地下孔隙中的流体流动情况作进一步的了解。借助于显微镜放大、录像、图像分析和实验计量技术，进行微观可视化渗流实验研究，以揭示储层内流体微观渗流特性及剩余油微观分布的特征，旨在通过微观物理仿真模型上的微观驱油实验来研究水驱油的微观机理(杨珂和徐守余，2009)。

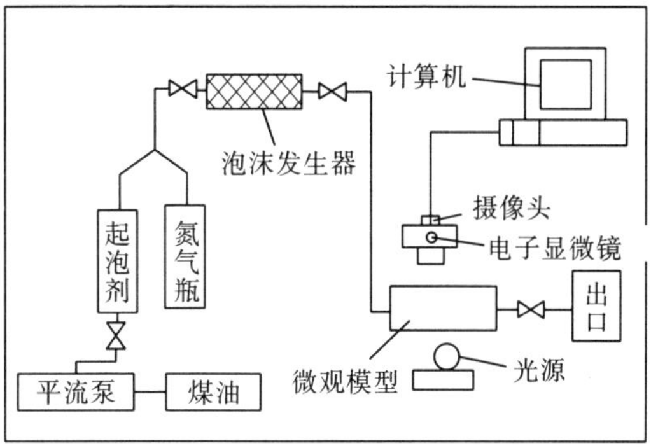

图 1-23 微观可视化渗流实验流程

实验设备主要由微观渗流模型一套，微量注入泵，泡沫发生器，高精度压力表，电子显微镜，计算机一台，高分辨率摄像头一个，接头若干组成(王坤等，2014)。

具体实验步骤如下。

(1)将不同的填充介质(如：玻璃珠、石英砂、真实岩心等)填充在两块有机玻璃片中，组装整个实验系统，以便进行试验，分别用各种流体介质(如：水、油、泡沫等)对不同的填充孔隙介质进行驱替试验，先用油驱替水，再用配制的地层水驱油，直到在观察系统中不再有油流动。

(2)用配制的泡沫再次驱替孔隙中的油，直到不再有油被驱替为止，观察并记录整个驱替过程，重复以上过程。

(3)用图像分析法分析所得结果，从而实现驱替过程的定量或半定量化描述。

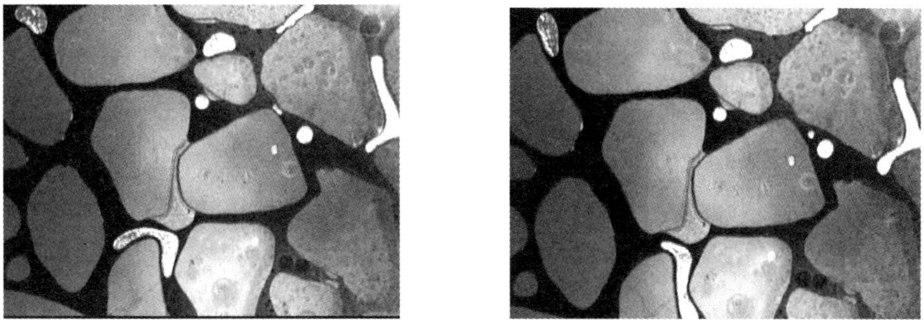

图 1-24 微观可视化渗流实验示意图

六、三维数值可视化仿真实验

三维数值可视化仿真实验是应用仿真原理和技术方法，仿真地下油藏流场的微观动态变化，并能实现不同含水期注采过程中地下储层物性、微观孔喉结构的变化规律和变化过程的可视化，用以指导油田开发。与物理实验研究相比，其优点在于不受实验条件和样品的限制，是表征、研究长期注水开发后剩余油动态演化规律的有效手段(任东等，2011)。

利用 comsol 仿真软件开展三维数值可视化仿真实验研究，首先要利用质量守恒定律和流体迁移定律(达西定律)，建立描述油藏动态的多相多组分渗流的数学模型。这就需要综合多学科的知识和技术方法，如地质学、三维数据场可视化技术、计算机图形学技术、渗流理论、分形理论、随机过程理论等，并经过多次反复修改、充实和完善，最终才能建立可行的模型。

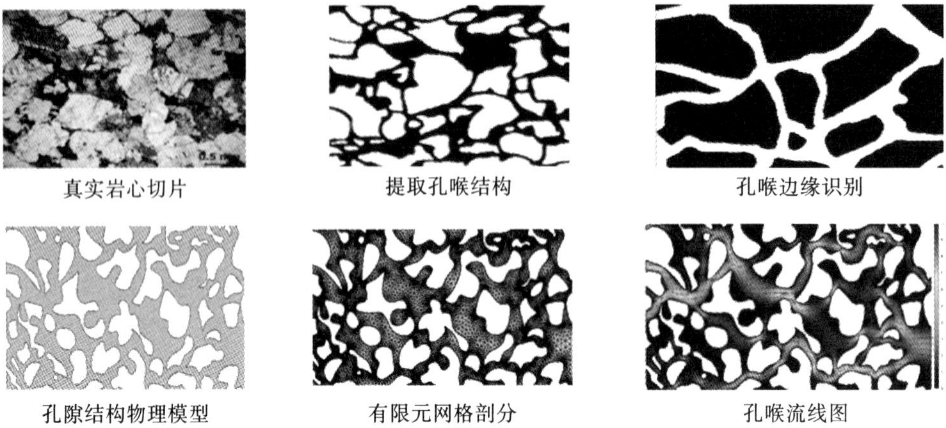

图 1-25 三维数值可视化仿真实验流程图

第三节 不同类型油气藏渗流数学模型建立

一、均质砂岩油藏渗流数学模型

1. 连续性方程推导

渗流过程必须遵循质量守恒定律(又称连续性原理)，因此在推导渗流基本微分方程时必须结合连续性方程。在渗流力学上质量守恒定律可描述为：在地层中任取一微小的单元体，在单元体中若没有源和汇存在，那么包含在微元体封闭表面内的液体质量变化应等于同一时间间隔内液体流入质量与流出质量之差。用质量守恒定律建立起来的方程称为质量守恒方程(或连续性方程)(熊佩，2011)。下面用微分法建立连续性方程。

如图 1-26 所示，在地层中取微小六面体单元，单元体中心点 M 的质量流速为 ρv，在各坐标方向的分量分别为：ρv_x、ρv_y 和 ρv_z。

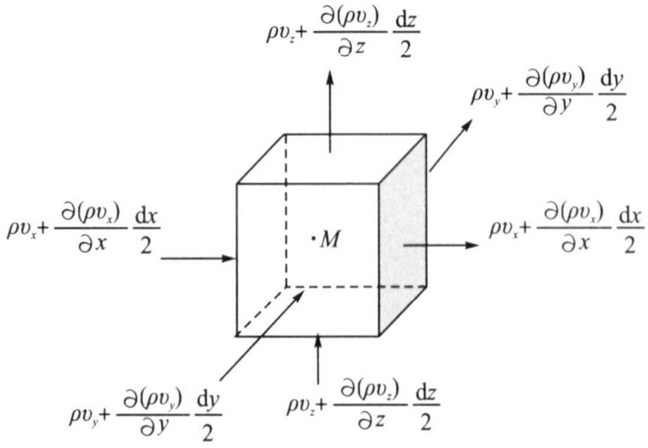

图 1-26 单元立方体图

式中，ρ——密度，kg^3/m^3；v_x、v_y、v_z——X、Y、Z 方向上的渗流速度，m/s；dx、dy、dz——微元体 X、Y、Z 方向上的长度。

M 点在 x 方向分速度为 ρv_x，则在六面体的左侧面上分速度应为

$$\rho v_x - \frac{\partial(\rho v_x)}{\partial x}\frac{dx}{2} \tag{1-3}$$

则 dt 时间经左侧面流入的流体质量为：$\left[\rho v_x - \frac{\partial(\rho v_x)}{\partial x}\frac{dx}{2}\right]dydzdt$；

同样在六面体的又侧面上分速度应为：$\rho v_x + \frac{\partial(\rho v_x)}{\partial x}\frac{dx}{2}$；

则 dt 时间经左侧面流入的流体质量为：$\left[\rho v_x + \frac{\partial \rho v_x)}{\partial x}\frac{dx}{2}\right]dydzdt$。

可见，在 dt 时间内六面体在 x 方向流入、流出的质量差为

$$-\frac{\partial(\rho v_x)}{\partial x}dxdydzdt \tag{1-4}$$

同理可求得沿 y 方向和 z 方向流入、流出的质量差为

$$-\frac{\partial(\rho v_y)}{\partial y}dxdydzdt \tag{1-5}$$

$$-\frac{\partial(\rho v_z)}{\partial z}dxdydzdt \tag{1-6}$$

则 dt 时间内六面体内流入、流出总的质量差为

$$-\left[\frac{\partial(\rho v_x)}{\partial x} + \frac{\partial(\rho v_y)}{\partial y} + \frac{\partial(\rho v_z)}{\partial z}\right]dxdydzdt \tag{1-7}$$

经过六面体流入与流出的质量之所以不同，是因为在六面体内岩石和流体弹性能的作用下释放或储存一部分质量的结果(岩石的弹性表现为孔隙度的变化，流体的弹性表现为液体密度的变化)。六面体内的流体质量变化如下。

六面体内的流体质量为：$\rho\varphi dxdydz$；

单位时间内流体质量变化为：$\frac{\partial(\rho\varphi)}{\partial t}dxdydz$；

dt 单位时间内流体质量变化为：$\frac{\partial(\rho\varphi)}{\partial t}dxdydzdt$。

根据质量守恒定律，dt 单位时间内六面体总的流体质量变化应等于同一时间内流入、流出的质量差，即

$$-\left[\frac{\partial(\rho v_x)}{\partial x} + \frac{\partial(\rho v_y)}{\partial y} + \frac{\partial(\rho v_z)}{\partial z}\right]dxdydzdt = \frac{\partial(\rho\varphi)}{\partial t}dxdydzdt \tag{1-8}$$

上式还可以写成：

$$\frac{\partial(\rho\varphi)}{\partial t} + \mathrm{div}(\rho\vec{v}) \tag{1-9}$$

式中，div——散度。

式(1-9)即为单项均质微可压缩液体在弹性孔隙介质中渗流的质量守恒方程(连续性方程)。

2. 渗流微分方程推导

由上面所推导的连续性方程，下面即可建立弹性多孔介质单相微可压缩液体不稳定渗流的数学模型。

模型由运动方程、状态方程和连续性方程组成：

(1)运动方程：

$$\vec{v} = -\frac{k}{\mu} \nabla P \tag{1-10}$$

(2)状态方程：

对弹性孔隙介质：

$$C_f = \left(\frac{1}{\varphi} \frac{\partial \varphi}{\partial P}\right) \tag{1-11}$$

对弹性液体：

$$C_L = \left(\frac{1}{\rho} \frac{\partial \rho}{\partial P}\right) \tag{1-12}$$

(3)单相液体连续性方程：

$$\frac{\partial(\rho\varphi)}{\partial t} + \mathrm{div}(\rho\vec{v}) = 0 \tag{1-13}$$

式中，C_f——岩石压缩系数，MPa^{-1}；C_L——流体压缩系数，MPa^{-1}。

将运动方程(1-10)、状态方程(1-11)、(1-12)带入连续性方程(1-13)。式(1-13)第一项中：

$$\frac{\partial(\rho\varphi)}{\partial t} = \rho \frac{\partial \varphi}{\partial t} + \varphi \frac{\partial \rho}{\partial t} = \rho \frac{\partial \varphi}{\partial P} \frac{\partial P}{\partial t} + \varphi \frac{\partial \rho}{\partial P} \frac{\partial P}{\partial t} \tag{1-14}$$

将式(1-11)、(1-12)代入式(1-14)，可得

$$\frac{\partial(\rho\varphi)}{\partial t} = \rho\varphi C_t \frac{\partial P}{\partial t} \tag{1-15}$$

式中，C_t——综合压缩系数，MPa^{-1}。

将式(1-10)、(1-15)代入式(1-13)中得扩散方程为

$$\rho\varphi C_t \frac{\partial P}{\partial t} = \nabla\left(\frac{K}{\mu} \nabla P\right) \tag{1-16}$$

对于均质各向同性油藏上式可以简化为

$$\eta \nabla^2 P = \frac{\partial P}{\partial t} \tag{1-17}$$

式中，η——扩散系数，$\eta = K/(\varphi C\mu)$；∇——拉普拉斯算子。

式(1-17)即为弹性多孔介质单相微可压缩液体不稳定渗流的数学模型。

3. 渗流微分方程无因次化

要计算某一有量纲(因次)物理量往往需涉及许多其他有量纲物理量，有时很不方便。为了一定的目的，常常把某些有量纲的物理量无量纲化，即引进新的无量纲量。一般来说，物理量的无量纲化就是这一物理量与别的一些物理量的组合，并与这一物理量成正比。物理量的无量纲量常常用下标 D 表示。下面介绍几个无因次量：

无因次压力：$p_D = \dfrac{Kh}{1.842\times10^{-3}quB}(p_i - p)$；

无因次时间：$t_D = \dfrac{3.6Kt}{\varphi\mu C_t r_w^2}t$；

无因次井筒储集系数：$C_D = \dfrac{0.159C}{\varphi C_t h r_w^2}$；

无因次半径：$r_D = \dfrac{r}{r_w}$。

式中，p_i——原始地层压力，MPa；q——日产油量，m^3/d；r_w——井半径，m；t——时间，h；B——体积系数，m^3/MPa；C——井筒储集系数，m^3/MPa。

对 $\dfrac{\partial^2 p}{\partial r^2} + \dfrac{1}{r}\dfrac{\partial p}{\partial r} = \dfrac{u\varphi c}{k}\dfrac{\partial p}{\partial t}$ 进行无因次化：

$$\begin{aligned}\frac{\partial^2 p}{\partial r^2} &= \frac{\partial}{\partial r}\left(\frac{\partial p}{\partial r}\right) = \frac{\partial}{\partial r}\left[\frac{\partial}{\partial r}(p_i - p_D p_i q_D)\right] \\ &= \frac{\partial}{\partial r}\left[-p_i q_D \frac{\partial p_D}{\partial r}\right] = \frac{-\partial}{\partial r}\left[c\frac{\partial p_D}{\partial r}\frac{1}{r_w}\right] \\ &= -\frac{p_i q_D}{\partial r_w^2}\frac{\partial^2 p_D}{\partial r_D^2}\end{aligned} \tag{1-18}$$

$$\begin{aligned}\frac{1}{r}\frac{\partial p}{\partial r} &= \frac{1}{r_D r_w}\frac{\partial}{\partial r}(p_i - p_D p_i q_D) \\ &= \frac{p_i q_D}{r_D r_w}\frac{\partial p_D}{\partial r} = -\frac{p_i q_D}{r_D r_w^2}\frac{\partial p_D}{\partial r_D}\end{aligned} \tag{1-19}$$

$$\begin{aligned}\frac{u\varphi c}{k}\frac{\partial p}{\partial t} &= \frac{u\varphi c}{k}(p_i - p_D p_i q_D) = -\frac{u\varphi c}{k}\frac{p_i p_D}{\partial t}\partial p_D \\ &= -\frac{u\varphi c}{k}p_i p_D \frac{k}{\varphi u c r_w^2}\frac{\partial p_D}{\partial t_D} \\ &= -\frac{p_i p_D}{r_w^2}\frac{\partial p_D}{\partial t_D}\end{aligned} \tag{1-20}$$

将上面结果代入方程得

$$-\frac{p_i q_D}{\partial r_w^2}\frac{\partial^2 p_D}{\partial r_D^2} - \frac{-p_i q_D}{r_D r_w^2}\frac{\partial p_D}{\partial r_D} = -\frac{p_i p_D}{r_w^2}\frac{\partial p_D}{\partial t_D} \tag{1-21}$$

$$\frac{\partial^2 p_D}{\partial r_D^2} + \frac{1}{r_D}\frac{\partial p_D}{\partial r_D} = \frac{\partial p_D}{\partial t_D} \tag{1-22}$$

代入内外边界条件，数学模型可以化为

$$\begin{cases}\dfrac{\partial^2 p_D}{\partial r_D^2} + \dfrac{1}{r_D}\dfrac{\partial p_D}{\partial r_D} = \dfrac{\partial p_D}{\partial t_D} \\ t_D = 0,\ p_D = 0 \\ r_D \to \infty (p_D = 0) \\ \left(\dfrac{\partial p_D}{\partial r_D}\right)_{r_D=1} = -1\end{cases} \tag{1-23}$$

二、低渗透油藏渗流数学模型

研究表明(任东等，2011)，含启动压力梯度的低渗透油气藏液体运动方程可用公式(1-24)描述，即：

$$v=\begin{cases}0, & \text{流动单元两侧 } \Delta p < p_B\text{,未开始流动} \\ -\dfrac{k}{\mu}\nabla p\left(1-\dfrac{\lambda_B}{|\nabla p|}\right), & \text{流动后 } |\nabla p| > \lambda_B\text{,保持流动} \\ 0, & \text{流动后 } |\nabla p| \leqslant \lambda_B\text{,停止流动}\end{cases} \tag{1-24}$$

式中，v——渗流速度，m/s；k——渗透率，μm^2；μ——气体黏度，mPa·s；λ_B——启动压力梯度，MPa/m；∇p——压力梯度，MPa/m；p_B——启动压差，MPa。

将运动方程(1-24)和状态方程(1-10)、(1-11)代入连续性方程(1-9)中，化简得

$$\frac{1}{r}\frac{\partial}{\partial r}\left[r\frac{p}{Z}\frac{k}{\mu}\left(\frac{\partial p}{\partial r}-\lambda_B\right)\right]=\frac{\varphi C_g}{3.6}\frac{p}{Z}\frac{\partial p}{\partial t} \tag{1-25}$$

定义拟压力函数：

$$\psi(p)=2\int_{p_0}^{p}\frac{p}{\mu Z}\mathrm{d}p \tag{1-26}$$

则有

$$\frac{\partial\psi(p)}{\partial r}=\frac{2p}{\mu Z}\frac{\partial p}{\partial r} \tag{1-27}$$

$$\frac{\partial\psi(p)}{\partial t}=\frac{2p}{\mu Z}\frac{\partial p}{\partial t} \tag{1-28}$$

于是，将式(1-26)~(1-28)代入式(1-25)得

$$\frac{1}{r}\frac{\partial}{\partial r}\left[r\left(\frac{\partial\psi(p)}{\partial r}-\frac{2p}{\mu Z}\lambda_B\right)\right]=\frac{\varphi\mu C_g}{3.6k}\frac{\partial\psi(p)}{\partial t} \tag{1-29}$$

由于 λ_B 很小，而 $\dfrac{\partial}{\partial r}\left(\dfrac{p}{\mu Z}\right)$ 也很小，因此 $2\lambda_B\dfrac{\partial}{\partial r}\left(\dfrac{p}{\mu Z}\right)$ 可以忽略，于是式(1-29)可以简化为

$$\frac{1}{r}\frac{\partial}{\partial r}\left(r\frac{\partial\psi(p)}{\partial r}\right)-\frac{1}{r}\frac{2p}{\mu Z}\lambda_B=\frac{\varphi\mu C_g}{3.6k}\frac{\partial\psi(p)}{\partial t} \tag{1-30}$$

根据拟压力的定义，可以定义“启动拟压力梯度”：

$$\lambda_{\psi B}=\frac{2p}{\mu Z}\lambda_B \tag{1-31}$$

于是公式(1-30)可以再次简化为

$$\frac{1}{r}\frac{\partial}{\partial r}\left(r\frac{\partial\psi(p)}{\partial r}\right)-\frac{1}{r}\lambda_{\psi B}=\frac{\varphi\mu C_g}{3.6k}\frac{\partial\psi(p)}{\partial t} \tag{1-32}$$

上式就是考虑启动压力梯度的低渗透油气藏不稳定渗流的基本微分方程。如果定义必要的无因次变量，公式(1-32)可化为如下的无因次形式：

$$\frac{1}{r_D}\frac{\partial}{\partial r_D}\left(r_D\frac{\partial\psi_D}{\partial r_D}\right)+\frac{1}{r_D}\lambda_{\psi BD}=\frac{\partial\psi_D}{\partial t_D} \tag{1-33}$$

式中，ψ_D——无因次拟压力，$\psi_D=\dfrac{kh}{0.01273Tq_{sc}}\Delta\psi$；

t_D——无因次时间，$t_D = \dfrac{3.6k}{\varphi\mu C_g r_w^2}t$；

r_D——无因次距离，$r_D = \dfrac{r}{r_w}$；

$\lambda_{\psi BD}$——无因次启动拟压力梯度，$\lambda_{\psi BD} = \dfrac{khr_w}{0.01273Tq_{sc}}\lambda_{\psi B}$。

三、应力敏感油藏渗流数学模型

由运动方程、状态方程和物质平衡方程可以建立起考虑渗透率应力敏感(即认为渗透率是随压力变化而变化的)时的渗流微分基本方程(刘启国等，2007)应为

油井：

$$\frac{1}{r}\frac{\partial}{\partial r}\left(rk\frac{\partial p}{\partial r}\right)=\frac{\varphi\mu_o C_t}{3.6}\frac{\partial p}{\partial t} \tag{1-34}$$

气井：

$$\frac{1}{r}\frac{\partial}{\partial r}\left(rk\frac{\partial \psi}{\partial r}\right)=\frac{\varphi\mu_g C_t}{3.6}\frac{\partial \psi}{\partial t} \tag{1-35}$$

为了进一步对上述两式进行展开，我们定义 γ 为渗透率模量：

油井：

$$\gamma=\frac{1}{k}\frac{\partial k}{\partial p} \tag{1-36}$$

气井：

$$\gamma=\frac{1}{k}\frac{\partial k}{\partial \psi} \tag{1-37}$$

对上式进行积分得

油井：

$$k=k_i e^{-\gamma(p_i-p)} \tag{1-38}$$

气井：

$$k=k_i e^{-\gamma(\psi_i-\psi)} \tag{1-39}$$

式中，p_i—— 原始地层压力；k_i—— 原始地层压力下的储层渗透率；ψ_i——原始地层压力下的气体拟压力。

将式(1-38)、(1-39)代入式(1-34)、(1-35)得

油井：

$$\frac{1}{r}\frac{\partial}{\partial r}\left(r\frac{\partial p}{\partial r}\right)+\gamma\left(\frac{\partial p}{\partial r}\right)^2=\frac{\varphi\mu_o C_t}{3.6k_i}e^{\gamma(p_i-p)}\frac{\partial p}{\partial t} \tag{1-40}$$

气井：

$$\frac{1}{r}\frac{\partial}{\partial r}\left(r\frac{\partial \psi}{\partial r}\right)+\gamma\left(\frac{\partial \psi}{\partial r}\right)^2=\frac{\varphi\mu_g C_t}{3.6k_i}e^{\gamma(\psi_i-\psi)}\frac{\partial \psi}{\partial t} \tag{1-41}$$

式(1-40)、(1-41)就是应力敏感地层油气渗流基本微分方程。从方程式中，我们可以看出，该方程是一个非线性很强的偏微分方程，直接求解是无法进行的，要获得其解析解，需要对方程式进行线性化处理。

同前面一样，在建立数学模型之前，需引入以下无因次变量。

无因次压力：

油井：$p_D = \dfrac{k_i h}{1.842 \times 10^{-3} q_o B_o \mu_o} \Delta p$；

气井：$p_D = \dfrac{78.55 k_i h}{q_g T} \Delta \psi(p)$。

无因次时间：$t_D = \dfrac{3.6 k_i t}{\varphi \mu C_t r_w^2}$。

无因次距离：$r_D = \dfrac{r}{r_w}$。

无因次渗透率模量：

油井：$\gamma_D = \dfrac{q_g T}{78.55 k_i h} \gamma$；

气井：$\gamma_D = \dfrac{1.842 \times 10^{-3} q_o B_o \mu_o}{k_i h} \gamma$。

无因次井筒储存系数：$C_D = \dfrac{C}{2\pi h \varphi C_t r_w^2}$。

将上述无因次变量代入渗流微分方程，再加上内外边界条件和初始条件，可得到以下试井解释数学模型：

$$\begin{cases} \dfrac{1}{r_D} \dfrac{\partial}{\partial r_D}\left(r_D \dfrac{\partial p_D}{\partial r_D}\right) - \gamma_D \left(\dfrac{\partial p_D}{\partial r_D}\right)^2 = e^{\gamma_D p_D} \dfrac{\partial p_D}{\partial t_D} \\ p_D(r_D, 0) = 0 \\ C_D \dfrac{d p_{wD}}{d t_D} - \left(r_D e^{-\gamma_D p_D} \dfrac{\partial p_D}{\partial r_D}\right)_{r_D=1} = 1 \\ p_{wD} = \left[p_D - S r_D e^{-\gamma_D p_D} \dfrac{\partial p_D}{\partial r_D}\right]_{r_D=1} \\ \lim\limits_{r_D \to \infty} p_D(r_D, t_D) = 0 \end{cases} \tag{1-42}$$

引入变换式：

$$p_D(r_D, t_D) = -\frac{1}{\gamma_D} \ln[1 - \gamma_D \eta_D(r_D, t_D)] \tag{1-43}$$

式中，$\eta_D(r_D, t_D)$——变换算子。

于是，式(1-41)中井筒储存效应内边界条件和表皮效应内边界条件转化为

$$\frac{C_D}{1 - \gamma_D \eta_{wD}} \frac{d\eta_{wD}}{dt_D} - \left(r_D \frac{\partial \eta_D}{\partial r_D}\right)_{r_D=1} = 1 \tag{1-44}$$

$$-\frac{1}{\gamma_D} \ln(1 - \gamma_D \eta_{wD}) = \left[-\frac{1}{\gamma_D} \ln(1 - \gamma_D \eta_D) - S r_D \frac{\partial \eta_D}{\partial r_D}\right]_{r_D=1} \tag{1-45}$$

应用以下各式摄动技术变换式：

$$\eta_D = \eta_{0D} + \gamma_D \eta_{1D} + \gamma_D^2 \eta_{2D} + \cdots \tag{1-46}$$

$$\frac{1}{1 - \gamma_D \eta_{wD}} = 1 + \gamma_D \eta_{wD} + \gamma_D^2 \eta_{wD}^2 + \cdots \tag{1-47}$$

$$-\frac{1}{\gamma_D} \ln(1 - \gamma_D \eta_D) = \eta_D + \frac{1}{2} \gamma_D \eta_D^2 + \cdots \tag{1-48}$$

$$-\frac{1}{\gamma_D}\ln(1-\gamma_D\eta_{wD})=\eta_{wD}+\frac{1}{2}\gamma_D\eta_{wD}^2+\cdots \tag{1-49}$$

考虑到较小无因次渗透率模量，只要取零阶摄动解即可，于是有

$$\frac{1}{r_D}\frac{\partial}{\partial r_D}\left(r_D\frac{\partial\eta_{0D}}{\partial r_D}\right)=\frac{\partial\eta_{0D}}{\partial t_D} \tag{1-50}$$

$$\eta_{0D}(r_D,0)=0 \tag{1-51}$$

$$C_D\frac{\mathrm{d}\eta_{0wD}}{\mathrm{d}t_D}-\left(r_D\frac{\partial\eta_{0D}}{\partial r_D}\right)_{r_D=1}=1 \tag{1-52}$$

$$\eta_{0wD}=\left[\eta_{0D}-Sr_D\frac{\partial\eta_{0D}}{\partial r_D}\right]_{r_D=1} \tag{1-53}$$

$$\lim_{r_D\to\infty}\eta_{0D}(r_D,t_D)=0 \tag{1-54}$$

四、裂缝发育的碳酸盐岩油藏双重介质渗流数学模型

1. 裂缝—孔隙性油气藏地质模型简化

在实际的裂缝—孔隙性双重介质结构油气藏中，裂缝和基质岩块的分布是杂乱无章的，用常规的数学方法很难描述流体在其中的流动规律。为了研究的需要，可将储层抽象为各种不同的简化地质模型，常用的为沃伦—茹特模型(J. E. Warren 和 P. E. Root)。该模型是将实际的裂缝—孔隙性双重介质油藏简化为三组正交裂缝切割基质岩块呈六面体的地质模型，其方向与渗透率主方向一致，并假设裂缝的宽度为常数，如图 1-27 所示。裂缝网络可以是均匀分布，也可以是非均匀分布的。采用非均匀的裂缝网络可研究裂缝网络的各向异性或在某一方向上变化的情况(姚军等，2013)。

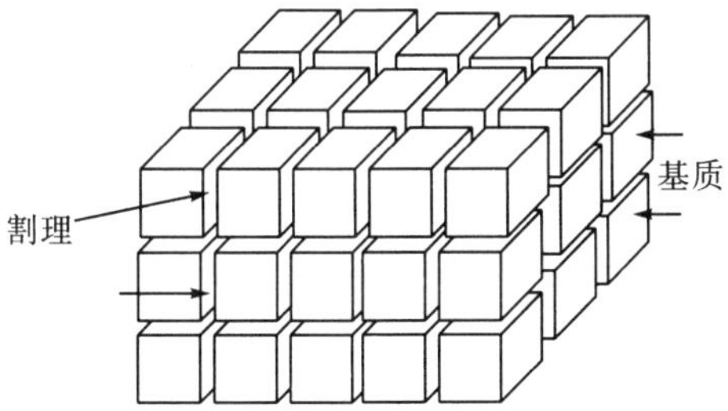

图 1-27　沃伦—茹特模型

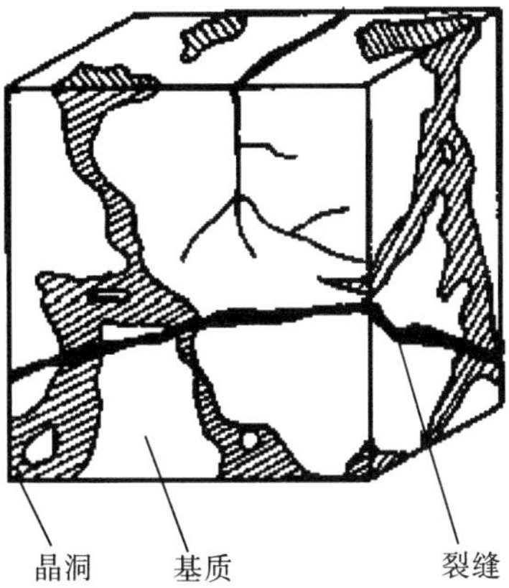

图 1-28　双重介质实际油藏模型

裂缝—孔隙性双重介质油藏无论在静态上还是动态上都比均质地层复杂，然而均质地层与裂缝—孔隙性双重介质地层的基本差别，从渗流的角度上看，只需要两个参数来描述：弹性储容比 ω 和窜流系数 λ。

1)弹性储容比 ω

弹性储容比是用来描述裂缝网络与基质孔隙两个系统的弹性储容能力的相对大小，

它被定义为裂缝网络的弹性储存能力与油藏总的弹性储存能力之比(苏玉亮等，2014)。

$$\omega = \frac{\varphi_f C_f}{\varphi_m C_m + \varphi_f C_f} \tag{1-55}$$

式中，C_m、C_f——流体在基质岩块和裂缝网络中的综合压缩系数，MPa^{-1}；φ_m、φ_f——基质岩块系统和裂缝网络系统相对于总系统的孔隙度，小数。

$$\varphi_m = \frac{\text{基质岩块系统孔隙体积}}{\text{总系统体积}} \tag{1-56}$$

$$\varphi_f = \frac{\text{裂缝系统孔隙体积}}{\text{总系统体积}} \tag{1-57}$$

裂缝孔隙度占总孔隙度的比例愈大，弹性储容比 ω 愈大。

2)窜流系数 λ

流体在裂缝-孔隙性双重介质油藏中的渗流过程，具有一般粒间孔隙的基质岩块与裂缝之间存在着流体交换，窜流系数就是用来描述这种介质间流体交换的物理量，它反映基岩中流体向裂缝窜流的能力(李宏远等，2013)。它可定义为

$$\lambda = \alpha \frac{K_m}{K_f} r_w^2 \tag{1-58}$$

式中，K_m、K_f——基质岩块和裂缝系统的渗透率，μm^2；r_w——生产井半径，m。

α 为形状因子，它与被切割的基质岩块大小和正交裂缝组数有关。岩块越小，裂缝密度越大，则形状因子 α 越大，反之则越小。沃伦等提出 α 的表达式为

$$\alpha = \frac{4n(n+2)}{L^2} \tag{1-59}$$

式中，n——正交裂缝组数，整数；L——岩块的特征长度，m。

窜流系数的大小，一方面取决于基质与裂缝渗透率的比值，另一方面又取决于基质被裂缝切割的程度。基质与裂缝渗透率的比值越大，或者裂缝密度越大，窜流系数 λ 越大。

2. 裂缝-孔隙性油气藏渗流数学模型

对于裂缝-孔隙性双重介质油藏，可把裂缝组成的系统和基质岩块组成的系统视为同一空间中复合着的两个彼此独立而又互相联系的水动力场。根据连续介质场的假设，对每一介质场分别写出状态方程、运动方程和质量守恒方程，在质量守恒方程中用一源或汇来描述裂缝网络与基质岩块间的流体交换，于是可按与均匀介质类似的方法来建立流体在裂缝-孔隙性双重介质中的不稳定渗流微分方程(石丽娜和同登科，2006)。

1)运动方程

假设裂缝和基岩两种介质分别是均匀且各向同性，流体从基岩孔隙中流向裂缝，再经由裂缝流入井底，流体在裂缝和基岩中的渗流都满足达西定律，其运动方程可写为

$$\text{裂缝：}\quad \vec{v}_f = -3.6 \frac{K_f}{\mu} \text{grad} p_f \tag{1-60}$$

$$\text{基岩：}\quad \vec{v}_m = -3.6 \frac{K_m}{\mu} \text{grad} p_m \tag{1-61}$$

式中，μ——流体黏度，mPa·s；$\vec{v}_m$、$\vec{v}_f$——基质岩块、裂缝系统流体渗流速度，m/h；p_m、p_f——基质岩块、裂缝系统压力，MPa。

2)状态方程

根据液体和岩石压缩系数的定义，可分别推出液体和岩石的状态方程。

裂缝系统：

$$\rho_f = \rho_0 e^{C_\rho (p_f - p_0)} \tag{1-62}$$

$$\varphi_f = \varphi_{f0}[1 + C_f(p_f - p_0)] \tag{1-63}$$

基岩系统：

$$\rho_m = \rho_0 e^{C_\rho (p_m - p_0)} \tag{1-64}$$

$$\varphi_m = \varphi_{m0}[1 + C_m(p_m - p_0)] \tag{1-65}$$

式中，ρ_0、φ_{m0}、φ_{f0}——压力 p_0 下流体的密度以及基岩和裂缝的孔隙度；C_ρ、C_m、C_f——流体、基岩、裂缝的压缩系数，MPa^{-1}。ρ_m、ρ_f——基岩、裂缝中流体密度，$\mathrm{kg/m^3}$；φ_m、φ_f——基岩和裂缝的孔隙度，小数。

由于液体的压缩性很小，式(1-62)和(1-63)可近似由麦克劳林级数展开为如下形式：

$$\rho = \rho_0[1 + C_\rho(p - p_0)] \tag{1-66}$$

3)质量守恒方程

根据质量守恒定律，可以导出基质系统和裂缝系统中的质量守恒方程：

$$\frac{\partial(\varphi_m \rho_m)}{\partial t} + \operatorname{div}(\rho_m \vec{v}_m) + q_{ex} = 0 \tag{1-67}$$

$$\frac{\partial(\varphi_f \rho_f)}{\partial t} + \operatorname{div}(\rho_f \vec{v}_f) - q_{ex} = 0 \tag{1-68}$$

式中，q_{ex}——基岩向裂缝的窜流量，$\mathrm{kg/(m^3 \cdot h)}$，$q_{ex} = \dfrac{3.6\alpha K_m \rho_0}{\mu}(p_m - p_f)$。表示单位时间内单位岩石体积中基质岩块与裂缝之间的流体质量交换，描述基岩向裂缝的拟稳态窜流。

4)连续性方程

为建立起孔隙–裂缝性双重介质油藏中流体渗流的连续性方程，首先将式(1-62)和式(1-63)相乘，并略去 $C_\rho \cdot C_f$ 项(由于 C_ρ 和 C_f 都很小)，得

$$\varphi_f \rho_f = \varphi_{f0} \rho_0 [1 + (C_\rho + C_f)(p_f - p_0)] \tag{1-69}$$

于是，对上述公式两端取关于时间的偏导数得方程(1-66)中 $\partial(\varphi_f \rho_f)/\partial t$ 项：

$$\frac{\partial(\varphi_f \rho_f)}{\partial t} = \varphi_{f0} \rho_0 (C_\rho + C_f) \frac{\partial p_f}{\partial t} \tag{1-70}$$

而方程(1-68)中 $\operatorname{div}(\rho_f \vec{v}_f)$ 项由三项组成：$\partial(\rho_f v_{fx})/\partial x$，$\partial(\rho_f v_{fy})/\partial y$，$\partial(\rho_f v_{fz})/\partial z$。考虑各向同性的裂缝系统：

$$\begin{aligned} \frac{\partial}{\partial x}(\rho_f v_{fx}) &= -\frac{3.6 K_f \rho_0}{\mu} \frac{\partial}{\partial x}\left[e^{C_\rho (p_f - p_0)} \frac{\partial p_f}{\partial x} \right] \\ &= -\frac{3.6 K_f \rho_0}{\mu} \frac{\partial}{\partial x}\left[\frac{\partial}{\partial x} \frac{e^{C_\rho (p_f - p_0)}}{C_\rho} \right] \end{aligned} \tag{1-71}$$

将 $e^{C_\rho (p_f - p_0)}$ 按麦克劳林级数展开，并忽略高阶项：

$$e^{C_\rho (p_f - p_0)} = 1 + C_\rho (p_f - p_0) \tag{1-72}$$

将式(1-70)代入式(1-69)，得

$$
\begin{aligned}
\frac{\partial}{\partial x}(\rho_f v_{fx}) &= -\frac{3.6K_f\rho_0}{\mu}\frac{\partial}{\partial x}\left\{\frac{\partial}{\partial x}\left[\frac{1}{C_\rho}+(p_f-p_0)\right]\right\} \\
&= -\frac{3.6K_f\rho_0}{\mu}\frac{\partial^2 p_f}{\partial x^2}
\end{aligned}
\tag{1-73}
$$

同理可得

$$
\frac{\partial}{\partial y}(\rho_f v_{fy}) = -\frac{3.6K_f\rho_0}{\mu}\frac{\partial^2 p_f}{\partial y^2} \tag{1-74}
$$

$$
\frac{\partial}{\partial z}(\rho_f v_{fz}) = -\frac{3.6K_f\rho_0}{\mu}\frac{\partial^2 p_f}{\partial z^2} \tag{1-75}
$$

将式(1-70)、(1-73)、(1-74)、(1-75)和(1-68)代入式(1-67)可得：

$$
\frac{3.6K_f}{\mu}\nabla^2 p_f + \frac{3.6\alpha K_m}{\mu}(p_m - p_f) = \varphi_{f0}C_{ft}\frac{\partial p_f}{\partial t} \tag{1-76}
$$

对于基质岩块组成的系统，采用同样的方法可以推得如下连续性方程：

$$
\frac{3.6K_m}{\mu}\nabla^2 p_m - \frac{3.6\alpha K_m}{\mu}(p_m - p_f) = \varphi_{m0}C_{mt}\frac{\partial p_m}{\partial t} \tag{1-77}
$$

式中，C_{ft}——裂缝系统的综合压缩系数，$C_{ft}=C_\rho+C_f$，MPa^{-1}；C_{mt}——基岩系统的综合压缩系数，$C_{mt}=C_\rho+C_m$，MPa^{-1}。

式(1-76)和(1-77)就是液体在裂缝–孔隙性双重介质油藏中渗流的基本微分方程。

定义以下参数：

窜流系数：$\lambda = xL^2\dfrac{k_m}{k_f}$；

储容比：$\omega = \dfrac{(\varphi c_t)_f}{(\varphi c_t)_f+(\varphi c_t)_m}$；

无因次压力 $p_{fD} = \dfrac{2\pi k_f h}{qB\mu}(p_i - p_f)$，$p_{mD} = \dfrac{2\pi k_m h}{qB\mu}(p_i - p_m)$；

无因次距离：$x_D = x/l$，$y_D = y/l$，$z_D = z/l$，$h_D = h/l$；

无因次时间：$t_{Dfm} = \dfrac{k_f t}{(\varphi c_t)_{f+m}\mu L^2}$，$t_{Df} = \dfrac{k_f t}{(\varphi c_t)_f\mu L^2}$。

则无因次数学模型为

$$
\nabla^2 p_{fD} = \frac{\omega}{L^2}\frac{\partial P_{fD}}{\partial t_{Dfm}} + \frac{(1+\omega)}{L^2}\frac{\partial P_{mD}}{\partial t_{Dfm}} \tag{1-78}
$$

$$
(1-\omega)\frac{\partial P_{mD}}{\partial t_{Dfm}} = \lambda(P_{fD} - P_{mD}) \tag{1-79}
$$

五、溶洞发育的碳酸盐岩油藏三重介质渗流数学模型

三重介质油藏渗流模式(一)的简化物理模型如图 1-29 所示，溶洞和基岩系统作为地层流体的主要储集空间，溶洞和基岩系统分别向裂缝系统供液，基岩和洞穴系统之间不发生流体交换，洞穴和基岩系统不直接向井筒供液；裂缝系统作为地层溶洞和基岩系统与井筒系统的连接通道，裂缝系统直接与井筒沟通。根据前面的简化物理模型和相应假设，应用渗流力学的基本理论，可以得到孔、洞、缝三重介质油藏渗流微分方程(张烈辉等，2007)。

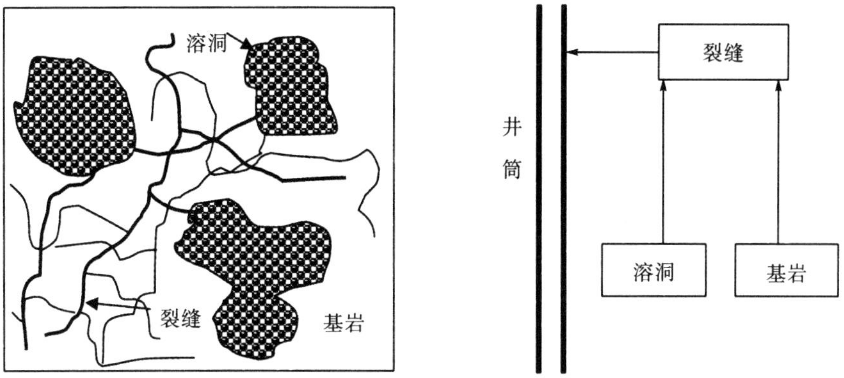

图 1-29　三重介质油藏渗流物理模型示意图

$$\text{裂缝：}\quad c_3^* \frac{\partial p_1}{\partial t} - \frac{k_3}{\mu}\nabla^2 p_3 + q_1 + q_2 = 0 \tag{1-80}$$

$$\text{基岩：}\quad c_1^* \frac{\partial p_1}{\partial t} - \frac{k_1}{\mu}\nabla^2 p_1 - q_1 = 0 \tag{1-81}$$

$$\text{溶洞：}\quad c_2^* \frac{\partial p_2}{\partial t} - \frac{k_2}{\mu}\nabla^2 p_2 - q_2 = 0 \tag{1-82}$$

式中，c_i^*——综合压缩系数，$c_i^* = \varphi_{i0}c_p + c_{\varphi i}$；1——基质岩块系统；2——溶洞系统；3——裂缝系统；φ_j——各系统孔隙度，c_j——各系统岩石压缩系数。

假定流体在孔隙和溶洞系统中不流动，只是源源不断地向裂缝系统供给液源。在拟稳态窜流情况下，孔隙和溶洞系统中流体拟稳态窜流过程满足达西定律。

$$q_1 = -\frac{\alpha_1 k_1}{\mu}(p_1 - p_3) \tag{1-83}$$

$$q_2 = -\frac{\alpha_2 k_2}{\mu}(p_2 - p_3) \tag{1-84}$$

利用公式(1-83)、(1-84)，缝洞型三重介质油藏渗流微分方程可以改写为如下形式：

$$\text{裂缝：}\quad c_3\varphi_3 \frac{\partial p_1}{\partial t} - \frac{k_3}{\mu}\nabla^2 p_3 + q_1 + q_2 = 0 \tag{1-85}$$

$$\text{基岩：}\quad c_1\varphi_1 \frac{\partial p_1}{\partial t} = \frac{\alpha_1 k_1}{\mu}(p_1 - p_3) \tag{1-86}$$

$$\text{溶洞：}\quad c_1\varphi_2 \frac{\partial p_2}{\partial t} = \frac{\alpha_2 k_2}{\mu}(p_2 - p_3) \tag{1-87}$$

为了便于简化研究，通过以下无量纲定义将缝洞型三重介质油藏渗流微分方程数学模型进行无因次化：

$$r_D = \frac{r}{r_w} t_D = \frac{3.6k_3 t}{\mu r_w^2(\varphi_1 c_1 + \varphi_2 c_2 + \varphi_3 c_3)} \tag{1-88}$$

$$p_{Dj}(r_D, t_D) = \frac{k_3 h}{1.842 \times 10^{-3} qB\mu}[p_i - p_j(r,t)] \quad (j = 1,2,3) \tag{1-89}$$

式中，r_w——井筒半径；h——油层厚度；q——流量(常量)；p_i——原始地层压力；B——体积系数；k_j——各系统渗透率；μ——流体黏度。

则孔、洞、缝三重介质油藏无因次渗流微分方程组为裂缝： $$\frac{1}{r_D}\frac{\partial}{\partial r_D}\left(r_D\frac{\partial p_{D3}}{\partial r_D}\right)-\omega_1\frac{\partial p_{D1}}{\partial t_D}-\omega_2\frac{\partial p_{D2}}{\partial t_D}=(1-\omega_1-\omega_2)\frac{\partial p_{D3}}{\partial t_D} \quad (1\text{-}90)$$

基岩： $$\omega_1\frac{\partial p_{D1}}{\partial t_D}=\lambda_1(p_{D3}-p_{D1}) \quad (1\text{-}91)$$

溶洞： $$\omega_2\frac{\partial p_{D2}}{\partial t_D}=\lambda_2(p_{D3}-p_{D2}) \quad (1\text{-}92)$$

式中，弹性储容比：

$$\omega_j=\frac{\varphi_j c_j}{\varphi_1 c_1+\varphi_2 c_2+\varphi_3 c_3}\quad (j=1,2,3) \quad (1\text{-}93)$$

窜流系数：

$$\lambda_j=\frac{\alpha_j k_j r_w^2}{k_3}\quad (j=1,2) \quad (1\text{-}94)$$

式中，1——表示溶洞系统到裂缝系统拟稳态窜流；2——基质系统到裂缝系统拟稳态窜流。

根据渗流力学的基本理论，可以得到孔、洞、缝三重介质油藏渗流微分方程的无因次内、外边界条件和初始边界条件：

内边界条件：$\left(\frac{\partial p_{D3}}{\partial r_D}\right)\Big|_{r_D=1}=-1$；

无限大地层外边界条件：$\lim\limits_{r_D\to\infty} p_{D3}(r_D,t_D)=0$；

封闭外边界条件：$\left(\frac{\partial p_{D3}}{\partial r_D}\right)\Big|_{R_D=R_{eD}}=0$；

定压外边界：$p_{D3}(r_D,t_D)\big|_{R_D=R_{eD}}=0$；

初始条件条件：$p_{Dj}(r_D,t_D)\big|_{t_D=0}=0 \quad (j=1,2,3)$。

六、考虑解吸吸附的页岩、煤层气藏渗流数学模型

根据煤层气藏的地质特征和渗流规律，建立了双孔单渗煤层气藏物理模型，如图 1-30所示。对该图做出如下假设(宫平志，2013)：

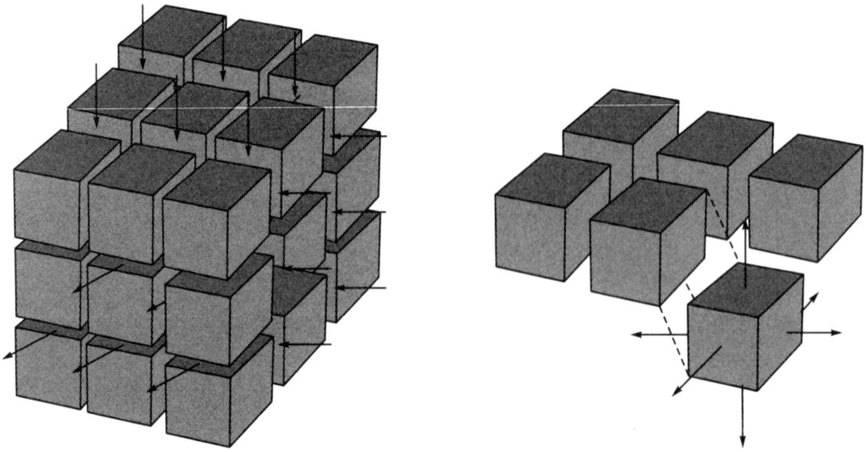

图 1-30　双孔单渗物理模型

①煤层气在解吸－扩散－渗流过程中不发生温度变化。②煤岩微割理不发育，煤层气由基质直接扩散到割理中，此扩散为非稳态扩散。③割理中气体的流动为径向的层状流动，并且符合达西定律。④重力和毛管力的影响忽略不计。⑤煤储层中的水全部被排出，只有单相气体渗流。⑥煤层气储层的顶底均为封闭平行边界。⑦煤层气等温吸附过程符合 Langmuir 等温吸附规律，且初始状态均位于等温吸附曲线上。⑧气井半径视为无限小，气井以恒定产量生产。

基于假设的物理模型，柱坐标系下只考虑气体径向流时有

$$-\frac{1}{r}\frac{\partial(r\rho v_r)}{\partial r}=\frac{\partial(\varphi\rho)}{\partial t} \tag{1-95}$$

因为：

$$C_m=\frac{1}{\varphi}\frac{\partial\varphi}{\partial p}C_g=\frac{1}{\rho}\frac{\partial\rho}{\partial p}C_t=C_g+C_m$$

式中，C_m——基质压缩系数，MPa^{-1}；C_g——气体压缩系数，MPa^{-1}；C_t——综合压缩系数，MPa^{-1}；φ——孔隙度，无量纲；ρ——气体密度，kg/m^3；p——压力，MPa。

则有

$$\frac{\partial(\varphi\rho)}{\partial t}=\varphi\rho C_t\frac{\partial p}{\partial t} \tag{1-96}$$

由达西定律得

$$v=-\frac{k}{\mu}\frac{\partial p}{\partial r} \tag{1-97}$$

将上式代入 $\mathrm{div}(\rho v)=\frac{1}{r}\frac{\partial(r\rho v_r)}{\partial r}$，有

$$\frac{1}{r}\frac{\partial}{\partial r}\left(r\rho\frac{k}{\mu}\frac{\partial p}{\partial r}\right)=\varphi\rho C_t\frac{\partial p}{\partial t} \tag{1-98}$$

其中：

$$\frac{1}{r}\frac{\partial}{\partial r}\left(r\rho\frac{k}{\mu}\frac{\partial p}{\partial r}\right)=\frac{1}{r}\rho\frac{k}{\mu}\frac{\partial p}{\partial r}+\frac{\partial\rho}{\partial p}\frac{k}{\mu}\left(\frac{\partial p}{\partial r}\right)^2$$
$$+\rho\frac{\partial k}{\partial r}\frac{1}{\mu}\frac{\partial p}{\partial r}-\rho\frac{k}{\mu^2}\frac{\partial\mu}{\partial p}\left(\frac{\partial p}{\partial r}\right)^2+\rho\frac{k}{\mu}\frac{\partial^2 p}{\mu r^2}$$

由于地下渗流速度很慢，故可忽略二阶小量，$\left(\frac{\partial p}{\partial r}\right)^2\approx 0$，且均质情况下$\frac{\partial k}{\partial r}=0$。

解吸气量：

$$q_d=-\rho_{sc}\frac{\partial V_d}{\partial t} \tag{1-99}$$

式中，q_d——解析气量，m^3；V_d——吸附体积，m^3。

则割理单元流入流出质量和气体扩散量之和等于割理自身气体质量变化量：

$$\begin{cases}q_d=-\rho_{sc}\dfrac{\partial V_d}{\partial t} & \text{（基质扩散）}\\[2ex] \dfrac{1}{r}\dfrac{\partial}{\partial r}\left(r\rho\dfrac{k}{\mu_g}\dfrac{\partial p}{\partial r}\right)+q_d=\rho\varphi C_t\dfrac{\partial p}{\partial t} & \text{（割理渗流）}\end{cases} \tag{1-100}$$

对于煤层气：

$$\rho_{sc}=\frac{M}{RT_{sc}}\frac{p_{sc}}{Z},\ pq=\frac{z}{z_{sc}}\frac{T}{T_{sc}}p_{sc}q_{sc},\ C_g=\frac{1}{p}-\frac{1}{z}\frac{\mathrm{d}z}{\mathrm{d}p}$$

式中，气体压缩因子 Z 标况时等于 1；SC——标况；ρ_{sc}——标况下气体的密度，kg/m^3；p_{sc}——标况下压力，MPa；T_{sc}——标况下温度，K；M——摩尔分子量。

将上式代入基质渗流方程：

$$\frac{1}{r}\frac{\partial}{\partial r}\left(r\frac{Mp}{zRT}\frac{k}{\mu_g}\frac{\partial p}{\partial r}\right)-\frac{Mp_{sc}}{RT_{sc}}\frac{\partial V_d}{\partial t}=\varphi C_t\frac{Mp}{zRT}\frac{\partial p}{\partial t}$$

定义拟压力：

$$\psi=2\int\frac{p}{\mu z}\mathrm{d}p \tag{1-101}$$

则双孔单渗煤层气藏渗流数学模型：

$$\frac{1}{r}\frac{\partial}{\partial r}\left(r\frac{\partial\psi}{\partial r}\right)-\frac{2p_{sc}T}{kT_{sc}}\frac{\partial V}{\partial t}=\frac{\mu\varphi C_t}{k}\frac{\partial\psi}{\partial t} \tag{1-102}$$

为了方便应用和求解，将方程写为无量纲形式，定义以下无量纲参数：

无因次半径：$r_D=\dfrac{r}{r_w}$；

无因次时间：$t_D=\dfrac{3.6kt}{\theta r_w^2}$；储容比：$\omega=(\varphi c_t\mu)/\theta$；扩散系数：$\lambda=\dfrac{3.6k\tau}{\theta r_w^2}$；

无因次拟压力：$\psi_D=\dfrac{\psi_i-\psi}{\psi_i q_D}$；无因次产量：$q_D=\dfrac{1.842\times10^{-3}q_{sc}p_{sc}T}{khT_{sc}\psi_i}$；

综合储容系数：$\theta=\varphi c_t\mu+\dfrac{6p_{sc}T}{q_DT_{sc}\psi_i}$；吸附时间：$\tau=\dfrac{R^2}{D}$。

式中，p_{sc}、q_{sc}、T_{sc} 分别为标准状况下的压力、流量、温度；D 为标准颗粒大小；R 为煤颗粒大小。

无量纲方程组变为：

$$\begin{cases}\dfrac{1}{r_{iD}^2}\dfrac{\partial}{\partial r_{iD}}\left(r_{iD}^2\dfrac{\partial c_D}{\partial r_{iD}}\right)=\lambda\dfrac{\partial c_D}{\partial t_D} & \text{（基质扩散）}\\ \dfrac{1}{r_D}\dfrac{\partial}{\partial r_D}\left(r_D\dfrac{\partial\psi_D}{\partial r_D}\right)+\dfrac{(1-\omega)}{\lambda}\dfrac{\partial c_D}{\partial r_{iD}}=\omega\dfrac{\partial\psi_D}{\partial t_D} & \text{（割理渗流）}\end{cases} \tag{1-103}$$

无量纲初始条件和边界条件：

初始条件：$\psi_D(r_D,t_D=0)=0$；

内边界条件：$\dfrac{\partial\psi_D}{\partial r_D}(r_D=1,t_D)=-1$；

无限大外边界条件：$\psi_D(r_D\to\infty,t_D)=0$；

圆形定压外边界条件：$\psi_D(r_{eD},t_D)=0$；

圆形封闭外边界条件：$\dfrac{\partial\psi_D}{\partial r_D}(r_{eD},t_D)=0$。

第四节　拉普拉斯变换法求解渗流数学模型及主要问题

一、均质无限大油藏拉普拉斯空间解

拉普拉斯(Laplace)变换法广泛应用于求解不稳定渗流问题，由 Van Everdinger 和 Hurst(1949)将该方法引入到油气渗流后，在求解试井问题时得到了广泛深入的应用。这是因为应用拉普拉斯变换的方法能把对时间变量的偏导数从渗流微分方程中消去。虽然应用拉普拉斯变换消去偏导数是比较简单的，然而，要对拉普拉斯变换后所得的解进行反换，除了其在标准的拉普拉斯变换表中可查到外，一般是相当复杂的，因此该方法的应用受到了很大程度的限制。但是，从 20 世纪 70 年代以来，拉普拉斯(Laplace)变换的数值反演有了长足的发展。

1. 拉普拉斯变换的定义及其性质

1)拉普拉斯变换的定义

假设函数 $F(t)$的拉普拉斯(Laplace)变换定义为

$$L[F(t)] \equiv \overline{F}(u) = \int_0^{\infty} e^{-ut'} F(t')\mathrm{d}t' \tag{1-104}$$

反变换式

$$F(t) = \frac{1}{2\pi i}\int_{u=v-l\infty}^{v+l\infty} e^{ut}\overline{F}(u)\mathrm{d}u \tag{1-105}$$

由此可见，函数 $F(t)$的拉普拉斯变换式是函数 $F(t)$ 乘以 e^{-ut}，并对自变量 t 从 0 到 ∞的积分。反变换式，如式(1-105)所定义，是对自变量的积分组成。

由式(1-104)定义的拉普拉斯变换式的存在条件可概括为：

(1)当 $t>0$ 时，在 $t_1 \leqslant t \leqslant t_2$ 区间内，函数 $F(t)$ 和 $F'(t)$ 连续或分段连续；

(2)当 $t \to 0$，对某些 n 数($n<1$)，$tn|F(t)|$是有界的；

(3)函数 $F(t)$是指数型的，即当 $t \to \infty$时，对某些正数 v，$e^{-vt}|F(t)|$ 是有界的。

例如，$F(t)=e^{t^2}$ 不是指数型的，即对任意值 v，当 $t \to \infty$时，$e^{-vt}e^{t^2}$ 是无界的，因此，其拉普拉斯变换式不存在。根据条件(2)，当 $n \leqslant -1$ 时，函数 $F(t)=tn$，拉普拉斯变换不存在，即当 $n \leqslant -1$ 时，$\int_0^{\infty} e^{-ut}t^n\mathrm{d}t$ 在原点是发散的。

2)拉普拉斯变换的部分性质

(1)线性性质。

如果 $\overline{F}(u)$ 和 $\overline{G}(u)$ 分别是函数 $F(t)$ 和 $G(t)$ 关于变量 t 的拉普拉斯变换，则可写出：

$$\xi[c_1F(t) + c_2G(t)] = c_1\overline{F}(u) + c_2\overline{G}(u) \tag{1-106}$$

(2)导数的拉普拉斯变换。

利用拉普拉斯变换的定义及对其进行分部积分，可以很容易地求得函数 $F(t)$的一阶偏导数 $\mathrm{d}F(t)/\mathrm{d}t$ 的拉普拉斯变换。

$$L[F'(t)]=\int_0^{\infty}F''\mathrm{e}^{-ut}\mathrm{d}t=[F(t)\mathrm{e}^{-ut}]_0^{\infty}+u\int_0^{\infty}F\mathrm{e}^{-ut}\mathrm{d}t \tag{1-107}$$

$$L[F'(t)]=u\bar{F}(u)-F(0) \tag{1-108}$$

式中，“′”表示对 t 的导数，$F(0)$表示 $t=0^+$ 时 $F(t)$的值。$t=0^+$ 的意思是从正的一边趋近于零。因此，一个函数的一阶导数的拉普拉斯变换等于函数的变换式乘以 u 减去该函数在 $t=0^+$ 时的值。

类似地，反复利用分部积分可定函数 $F(t)$的二阶导数的拉普拉斯变换得

$$\begin{aligned}L[F''(t)]&=uL[F''(t)]-F(0)\\&=u[u\bar{F}(u)-F(0)]-F'(0)\\&=u^2\bar{F}(u)-uF(0)-F'(0)\end{aligned} \tag{1-109}$$

同样，三阶导数的拉普拉斯变换为：

$$L[F'''(t)]=u^3\bar{F}(u)-F(0)-u^2F(0)-uF'(0)-F''(0) \tag{1-110}$$

一般情况下，n 阶导数的拉普拉斯变换为

$$L[F^{(n)}(t)]=u^n\bar{F}(u)-u^{n-1}F(0)-u^{n-2}F^{(1)}(0)-u^{n-3}F^{(2)}(0)-\cdots-F^{(n-1)}(0) \tag{1-111}$$

式中，$F^{(n)}(t)\equiv\dfrac{\mathrm{d}^nF(t)}{\mathrm{d}t^n}$。

(3)积分的拉普拉斯变换。

下面介绍关于确定函数 $F(t)$的积分 $\int_0^t F(\tau)\mathrm{d}\tau$ 的拉普拉斯变换。令

$$g(t)\equiv\int_0^t F(\tau)\mathrm{d}\tau \tag{1-112}$$

则

$$g'(t)=F(t) \tag{1-113}$$

对式(1-113)的两边进行拉普拉斯变换并将结果代入式(1-112)，得到

$$u\bar{g}(u)=\bar{F}(t) \tag{1-114}$$

在上式算中，利用了 $g(0)=0$。式(1-113)还可以写作：

$$\bar{g}(u)\equiv L\left[\int_0^t F(\tau)\mathrm{d}\tau\right]=\frac{1}{u}\bar{F}(u) \tag{1-115}$$

重复上述步骤即可得到函数 $F(t)$双重积分的拉普拉斯变换：

$$L\left[\int_0^t\int_0^{\tau_2}F(\tau_1)\mathrm{d}\tau_1\mathrm{d}\tau_2\right]=\frac{1}{u^2}\bar{F}(u) \tag{1-116}$$

函数 $F(t)$的 n 重积分的拉普拉斯变换一般形式：

$$L\left[\int_0^t\cdots\int_0^{\tau_2}F(\tau_1)\mathrm{d}\tau_1\cdots\mathrm{d}\tau_2\right] \tag{1-117}$$

2. 均质无限大油藏拉普拉斯空间解

1)渗流微分方程由实空间向拉氏空间的转换

在均质无限大油藏中进行试井，我们可以作如下假设：

(1)单相微可压缩流体在地层中作平面径向渗流；

(2)忽略重力、毛管力；

(3)测试前 $r>r_w$ 范围内地层各处压力为原始油藏压力 p_i；

(4)流体流动满足线性达西渗流；

(5)井筒流动考虑井筒储存和表皮系数的影响；

(6)地层为无限大等厚油藏，油井以一常产量 q 生产，测试在该口井进行；

(7)地层中只有一种介质，均匀分布在地层中。

根据无因次渗流微分方程：

$$\frac{\partial^2 p_D}{\partial r_D^2}+\frac{1}{r_D}\frac{\partial p_D}{\partial r_D}=\frac{\partial p_D}{\partial t_D} \tag{1-118}$$

初始条件：

$$p_D(r_D,0)=0 \tag{1-119}$$

内边界条件：

$$p_{wD}=\left[p_D-S\left(\frac{\partial p_D}{\partial r_D}\right)\right]_{r_D=1} \tag{1-120}$$

$$C_D\frac{\mathrm{d}p_{wD}}{\mathrm{d}t_D}-\left[r_D\left(\frac{\partial p_D}{\partial r_D}\right)\right]_{r_D=1}=1 \tag{1-121}$$

外边界条件：

$$p_D(r_D\to\infty,0)=0 \tag{1-122}$$

根据拉普拉斯变换的定义式(1-104)

$$L[F(t)]\equiv\overline{F}(u)=\int_0^\infty \mathrm{e}^{-ut'}F(t')\mathrm{d}t'$$

得：

$$\overline{p_D}(r_D,u)=\int_0^\infty p_D(r_D,t_D)\mathrm{e}^{-ut_D}\mathrm{d}t_D \tag{1-123}$$

其中，u 为拉普拉斯变量。

故式(1-118)左边对时间作拉氏变换后得到

$$\frac{\partial^2 p_D}{\partial r_D^2}+\frac{1}{r_D}\frac{\partial p_D}{\partial r_D}=\frac{\mathrm{d}^2\overline{p_D}}{\mathrm{d}r_D^2}+\frac{1}{r_D}\frac{\mathrm{d}\overline{p_D}}{\mathrm{d}r_D} \tag{1-124}$$

式(1-118)右边对时间作拉氏变换，考虑到 $t_D=0$，即：

$$\begin{aligned}\partial\mathrm{e}\left(\frac{\partial p_D}{\partial t_D}\right)&=\int_0^\infty\left(\frac{\partial p_D}{\partial t_D}\right)\mathrm{e}^{-ut_D}\mathrm{d}t_D=\int_0^\infty \mathrm{e}^{-ut_D}\mathrm{d}p_D\\&=\mathrm{e}^{-ut_D}p_D\,|_0^\infty+u\int_0^\infty p_D\mathrm{e}^{-ut_D}\mathrm{d}t_D=u\,\overline{p_D}\end{aligned} \tag{1-125}$$

于是，式(1-118)的拉氏变换为

$$\frac{\mathrm{d}^2\overline{p_D}}{\mathrm{d}r_D^2}+\frac{1}{r_D}\frac{\mathrm{d}\overline{p_D}}{\mathrm{d}r_D}=u\,\overline{p_D} \tag{1-126}$$

即：

$$\frac{1}{r_D^2}\frac{\mathrm{d}}{\mathrm{d}r_D}\left(r\frac{\mathrm{d}\overline{p_D}}{\mathrm{d}r_D}\right)-u\overline{p}_D=0 \tag{1-127}$$

则对方程(1-119)～(1-122)进行拉普拉氏变换得：

初始条件：

$$\overline{p}_D(r_D,\infty)=0 \tag{1-128}$$

内边界条件：

$$\bar{p}_{wD} = \left[\bar{p}_D - S\left(\frac{\mathrm{d}\bar{p}_D}{\mathrm{d}r_D}\right)\right]_{r_D=1} \tag{1-129}$$

$$C_D u \bar{p}_{wD} - \left[r_D\left(\frac{\mathrm{d}\bar{p}_D}{\mathrm{d}r_D}\right)\right]_{r_D=1} = \frac{1}{u} \tag{1-130}$$

外边界条件：

$$\bar{p}_{wD}(r_D \to \infty, u) = 0 \tag{1-131}$$

对方程(1-127)可转化为 Besel 方程式：

$$r_D^2 \frac{\mathrm{d}^2 \overline{p_D}}{\mathrm{d}r_D^2} + r_D \frac{\mathrm{d}\,\overline{p_D}}{\mathrm{d}r_D} - u r_D^2 \overline{p_D} = 0 \tag{1-132}$$

其通解形式为

$$\overline{p_D} = AI_0(r_D\sqrt{u}) + BK_0(r_D\sqrt{u}) \tag{1-133}$$

由式(1-131)的要求，可得 $A=0$。所以

$$\overline{p_D} = BK_0(r_D\sqrt{u}) \tag{1-134}$$

由于 $K_0' = -K_1$，所以

$$\frac{\mathrm{d}\bar{p}_D}{\mathrm{d}r_D} = -BK_1(r_D\sqrt{u}) \tag{1-135}$$

式中，$K_0(x)$ 为 0 阶贝塞尔函数，$I_0(x)$ 为 0 阶贝塞尔函数虚宗；$K_1(x)$ 为 1 阶贝塞尔函数，$I_1(x)$ 为 1 阶贝塞尔函数虚宗。

将式(1-134)和(1-135)代入式(1-130)并整理得

$$B = \frac{1 - C_D u^2 \bar{p}_{wD}}{u\sqrt{u}K_1(\sqrt{u})} \tag{1-136}$$

将式(1-134)和(1-135)代入式(1-129)并整理得

$$\bar{p}_{wD} = B[K_0(r_D\sqrt{u}) + S\sqrt{u}K_1(\sqrt{u})] \tag{1-137}$$

由式(1-136)和(1-137)可得

$$\bar{p}_{wD} = \frac{1 - C_D u^2 \bar{p}_{wD}}{u\sqrt{u}K_1(\sqrt{u})}[K_0(r_D\sqrt{u}) + S\sqrt{u}K_1(\sqrt{u})] \tag{1-138}$$

即可得 Laplace 空间上的井底压力的表达式为

$$\bar{p} = \frac{K_0(\sqrt{u}) + S\sqrt{u}K_1(\sqrt{u})}{u\{\sqrt{u}K_1(\sqrt{u}) + C_D u[K_0(\sqrt{u}) + S\sqrt{u}K_1(\sqrt{u})]\}} \tag{1-139}$$

式中，$K_0(x)$、$K_1(x)$分别是零阶、一阶虚宗量贝塞尔函数。

2)无限大均质油藏试井数学模型解析解及简化公式

通过对以上式子进行拉普拉斯解析反演，最后可得到无量纲井底压力的表达式 p_{wD} 为

$$p_{wD}(S, C_D, t_D) = \frac{4}{\pi^2}\int_0^\infty \frac{[1 - \exp(-u^2 t_D)\mathrm{d}_u]}{u^3\{[C_D u J_0(u) - (1 - C_D u^2 s)J_1(u)]^2 + [C_D u Y_0(u) - (1 - C_D u^2 s)Y_1(u)]^2\}} \tag{1-140}$$

式中，$Y_0(x)$、$Y_1(x)$——零阶、一阶第二类贝塞尔函数；$J_0(x)$、$J_1(x)$——零阶、一阶第一类贝塞尔函数。

(1)早期简化式。

在早期，时间 t_D 较小，如果 $C_D \neq 0$，并且 $S \neq 0$，则无量纲井底压力 p_{wD} 的表达式可简化为

$$p_{wD}(S,C_D,t_D) = \frac{1}{C_D}\left[t_D - \frac{t_D^2}{2C_D S} + \frac{8t_D^{5/2}}{15\sqrt{\pi}C_D S^2} + O(t_D^3)\right] \tag{1-141}$$

在早期，时间 t_D 较小，如果 $C_D \neq 0$，并且 $S=0$，则无量纲井底压力 p_{wD} 的表达式可简化为

$$p_{wD}(S,t_D) = \frac{1}{C_D}\left[t_D - \frac{4t_D^{3/2}}{3\sqrt{\pi}C_D} + O(t_D^3)\right] \tag{1-142}$$

如果省略以上两式中 $O(t_D)$ 以上的高阶小量，则可得无量纲井底压力 p_{wD} 的表达式可简化为

$$p_{wD} = \frac{t_D}{C_D} \tag{1-143}$$

(2)晚期简化式。

在晚期，时间 t_D 较大，无量纲井底压力 p_{wD} 的表达式可简化为

$$p_{wD} = \frac{1}{2}\left\{\ln 4t_D - \gamma + 2S + \frac{1}{2t_D}[\ln 4t_D - \gamma + 1 - 2C_D(\ln 4t_D - \gamma + 2S) + O(t_D^{-2})]\right. \tag{1-144}$$

如果省略以上两式中 $O(1/t_D)$ 以上的高阶小量，则可得无量纲井底压力 p_{wD} 的表达式可简化为

$$p_{wD} = 0.5(\ln 4t_D - \gamma + 2S) \tag{1-145}$$

即：

$$p_{wD} = 0.5[(\ln(t_D) + 0.80907 + 2S)] \tag{1-146}$$

二、拉普拉斯法及点源函数法的优缺点

目前求解油藏渗流微分方程的数学手段主要有分离变量法、积分变换法、点源函数法、拉普拉斯变换法等。拉普拉斯变换法是求解渗流微分方程的一种经典方法，目前得到广泛应用，但该方法无法描述复杂结构井的渗流问题，也无法描述不规则边界的油藏渗流问题。此外随着石油工业的发展，有利的含油气盆地和已开发的油气田都进入了勘探开发高成熟期，勘探工作逐步转向地处偏远、自然条件恶劣的地区，其中大部分为低渗透、超低渗、应力敏感、双重节奏、三重介质、考虑解析吸附影响的油气藏。上述复杂油气藏复杂结构井井底压力响应数学模型必须采用点源函数法求解(边凤晓，2012)。

因此本书在前人研究基础上开展了均质油气藏、低渗透油气藏、应力敏感油气藏、煤层气藏、页岩气藏直井、部分射孔井、压裂井、水平井渗流数学模型；同时将边界元和点源函数相结合，利用点源函数求解了低渗透、超低渗、应力敏感、双重节奏、三重介质、考虑解析吸附影响的油气藏直井、部分射孔井、压裂井、水平井边界元基本解，解决复杂结构井在复杂外边界和严重非均质油藏的渗流问题。

第二章 利用点源函数求解均质油藏不稳定渗流问题

早在 20 世纪 70 年代 Gringarten 等通过将井筒边界条件处理成源汇项，然后在实空间中利用 Green 函数法和 Newman 乘积法等数学手段，建立了一系列的油气藏渗流数学模型，为油气藏试井分析理论和油气藏工程研究奠定了坚实的理论基础(边凤晓，2012)。90 年代，Ozkan 等将 Gringarten 的思想进一步推广到 Laplace 空间中，并建立了系列理论模型(Ozkan and Raghavan，1991)。众所周知，利用 Green 函数求解具有源汇项的非齐次边界条件和初始条件的不稳定渗流问题时，主要困难在于如何寻找给定条件下的基本解。本章从弱可压缩流体不稳定渗流微分方程出发，推导出了瞬时点源基本解，求解了复杂油藏井底压力响应函数。

第一节 均质无限大空间瞬时点源函数基本解

方程 $\dfrac{\partial^2 p_D}{\partial r_D^2}+\dfrac{1}{r_D}\dfrac{\partial p_D}{\partial r_D}=\dfrac{\partial p_D}{\partial t_D}$ 的解为：

$$\begin{aligned}P_D&=\frac{v}{2r_D(\pi t)^{\frac{1}{2}}}\int_0^a r'\{e^{-(r_D-r'_D)^2/4t}-e^{-(r_D+r'_D)^2/4t}\}dr'_D\\&=\frac{v}{2r_D(\pi t)^{\frac{1}{2}}}e^{-r_D^{2/4t}}\int_0^a r'_D e^{-r_D^{2'}/2t}\{e^{r_Dr'_D/2t}-e^{-r_Dr'_D/2t}\}dr'_D\\&=\frac{1}{2}v\left\{erf\frac{r_D+a}{2t^{\frac{1}{2}}}-erf\frac{r_D-a}{2t^{\frac{1}{2}}}-\frac{2t^{\frac{1}{2}}}{r_D\pi^{\frac{1}{2}}}\left[e^{-(r_D-a)^2/4t}-e^{-(r_D+a)^2/4t}\right]\right\}\end{aligned}\tag{2-1}$$

忽略 a，我们可以得到方程的近似解：

$$P_D=\frac{Q}{8(\pi t)^{\frac{3}{2}}}e^{-r_D^{2/4t}}\left\{1+\left(\frac{r_D^2}{t}-6\right)\frac{a^2}{40t}\right\}\tag{2-2}$$

因 $Q=\dfrac{4\pi a^3v}{3}$，当 r 趋近于零时，Q 依然存在，我们又可将式(2-1)化解为

$$\bar{p}_D=\frac{Q}{8(\pi t)^{\frac{3}{2}}}e^{-r_D^{2/4t}}\tag{2-3}$$

由拉氏变换公式：$\dfrac{x}{2\sqrt{\pi t^3}}e^{-x^2/4t}\rightarrow e^{-ax}(a=\sqrt{u})$ 把式(2-3)变换为

$$\begin{aligned}\bar{p}&=\frac{1}{4\pi}\frac{1}{r_D}\frac{r_D}{2\sqrt{\pi t^3}}e^{-r_D^2/4t}\\&=\frac{1}{4\pi}\frac{1}{r_D}e^{-r_D\sqrt{u}}\end{aligned}$$

$$= \exp(-r_D\sqrt{u})/4\pi r_D \tag{2-4}$$

方程(2-4)就是著名的 Lord Kelvin 点源解，Lord Kelvin 将瞬时点源引入到求解热传导方程基本解中，而其他解可以通过叠加的方式求得(杨海涛，2009)。

第二节　考虑顶底边界的瞬时点源函数基本解

一、顶底封闭边界的瞬时点源函数基本解

顶底封闭边界瞬时点源扩散方程的数学模型为

$$\begin{cases} \bar{L}\gamma(M_D,M'_D,u,0) = \nabla_D^2\gamma - u\gamma = -\delta(M_D,M'_D) \\ \dfrac{\partial\gamma}{\partial n} = 0, z = 0 \text{ 或 } z_e \\ \gamma(r_D,0) = 0 \\ \gamma(\infty,u) = 0 \end{cases} \tag{2-5}$$

结合第一节的推导，根据 Lord Kelvin 的点源解，通过镜像反映可以得到上述模型的基本解。用镜像反映的方法，我们可以将一个具有边界反映的瞬时点源看成是无数多个与之相对应的点源叠加。这些点源关于平面对称，且分别位于离边界 $(x=0)2nZ_e$ 和 $-2nZ_e$ 远处，$(n=1, \cdots, \infty)$。对于具有边界的瞬时点源可以利用无限多个对应的瞬时点源叠加求取(图 2-1)。

在镜像反映中，把 $z=0$ 的上下两层作为一个整体，其他反映层均为这两层的镜像反映，因此：

当 $n=0$ 时，像点与响应点在 z 轴上的距离分别为 $Z_D - Z'_D$ 与 $Z_D + Z'_D$；

当 $n=1$ 时，像点与响应点在 z 轴上的距离分别为 $2Z_{eD} - Z_D + Z'_D$ 与 $Z_D + Z'_D - 2Z_{eD}$；

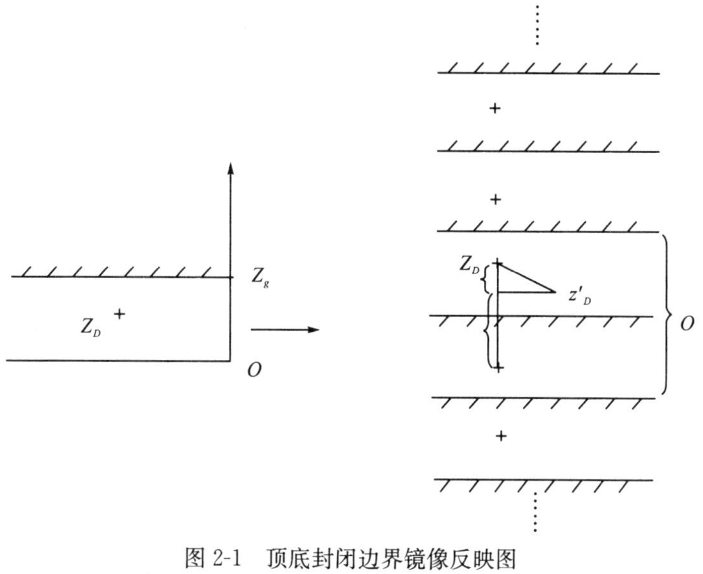

图 2-1　顶底封闭边界镜像反映图

得到顶底封闭边界瞬时点源的基本解为

$$\gamma = \frac{1}{4\pi}\sum_{-\infty}^{+\infty}\left\{\frac{\exp(-\sqrt{u}\ \sqrt{R_D^2 + (Z_D + Z'_D - 2nZ_{eD})^2})}{\sqrt{R_D^2 + (Z_D + Z'_D - 2nZ_{eD})^2}}\right.$$

$$+\frac{\exp(-\sqrt{u}\ \sqrt{R_D^2+(Z_D-Z'_D-2nZ_{eD})^2})}{\sqrt{R_D^2+(Z_D-Z'_D-2nZ_{eD})^2}}\Bigg\} \tag{2-6}$$

在方程中：

$$R_D^2=(x_D-x'_D)^2+(y_D-y'_D)^2$$

$$x_D=\frac{x}{l}\sqrt{\frac{K}{K_x}},\ y_D=\frac{y}{l}\sqrt{\frac{K}{K_y}}$$

$$z_D=\frac{z}{l}\sqrt{\frac{K}{K_z}},\ z_{eD}=\frac{z_e}{l}\sqrt{\frac{K}{K_z}}$$

由于式(2-6)的计算很复杂，可以通过 Poisson 叠加公式将上述方程简化为更方便的表达式：

$$\sum_{n=-\infty}^{n=+\infty}\exp\left(-\frac{(\xi-2n\xi_e)^2}{4t_D}\right)=\frac{\sqrt{\pi t_D}}{\xi_e}\left[1+2\sum_{n=1}^{n=+\infty}\exp\left(-\frac{n^2\pi^2t_D}{{\xi_e}^2}\right)\cos\left(n\pi\frac{\xi}{\xi_D}\right)\right] \tag{2-7}$$

对方程(2-6)同乘以 $t_D^{-\frac{3}{2}}\exp[-a^2/(4t_D)]$，式中 a 为一个客观存在的常数，对 t_D 进行拉氏变换，由拉普拉斯计算公式可以知道：

$$\frac{\mathrm{e}^{-\frac{a^2}{4t}}}{t^{\frac{3}{2}}}=\frac{2\sqrt{\pi}}{a}\mathrm{e}^{-a\sqrt{u}}\qquad \frac{\mathrm{e}^{-\frac{a^2}{4t}}}{t^{v+1}}=\frac{2^{v+1}u^{\frac{v}{2}}}{a^v}K_v(a\sqrt{u})$$

对式(2-6)的左边乘以 $t_D^{-\frac{3}{2}}\exp[-a^2/(4t_D)]$，可得

$$\begin{aligned}&t_D^{-\frac{3}{2}}\exp[-a^2/(4t_D)]\sum_{n=-\infty}^{n=+\infty}\exp\left(-\frac{(\xi-2n\xi_e)^2}{4t_D}\right)\\&=\sum_{n=-\infty}^{n=+\infty}\exp\left(-\frac{(\xi-2n\xi_e)^2}{4t_D}\right)t^{-\frac{3}{2}}\exp\left[\frac{-a^2}{(4t_D)}\right]\\&=\sum_{n=-\infty}^{n=+\infty}\frac{\exp\left[-\frac{(\xi-2n\xi_e)^2+a^2}{4t_D}\right]}{t^{\frac{3}{2}}}\end{aligned}$$

将上式进行拉普拉斯变换

$$\sum_{n=-\infty}^{n=+\infty}\frac{\exp\left[-\frac{(\xi-2n\xi_e)^2+a^2}{4t_D}\right]}{t^{\frac{3}{2}}}=2\sqrt{\pi}\sum_{n=-\infty}^{n=+\infty}\frac{\exp[-\sqrt{u}\cdot\sqrt{(\xi-2n\xi_e)^2+a^2}]}{\sqrt{(\xi-2n\xi_e)^2+a^2}}$$

方程右边项乘以 $t_D^{-\frac{3}{2}}\exp[-a^2/(4t_D)]$，可得

$$\begin{aligned}&t_D^{-\frac{3}{2}}\exp[-a^2/(4t_D)]\frac{\sqrt{\pi t_D}}{\xi_e}\left[1+2\sum_{n=1}^{n=+\infty}\exp\left(-\frac{n^2\pi^2t_D}{\xi_e^2}\right)\cos\left(n\pi\frac{\xi}{\xi_e}\right)\right]\\&=\frac{1}{2t_D\xi_e}\exp[-a^2/(4t_D)]\left[1+2\sum_{n=1}^{n=+\infty}\exp\left(-\frac{n^2\pi^2t_D}{\xi_e^2}\right)\cos\left(n\pi\frac{\xi}{\xi_e}\right)\right]\end{aligned} \tag{2-8}$$

对式(2-8)进行拉氏变换得：

$$\begin{aligned}&\frac{1}{2t_D\xi_e}\exp[-a^2/(4t_D)]\left[1+2\sum_{n=1}^{n=+\infty}\exp\left(-\frac{n^2\pi^2t_D}{\xi_e^2}\right)\cos\left(n\pi\frac{\xi}{\xi_e}\right)\right]\\&=\frac{1}{Z_{eD}}\left[K_0(R_D\sqrt{u})+2\sum_{n=1}^{n=\infty}K_0\left(R_D\sqrt{u+\frac{n^2\pi^2}{Z_{eD}^2}}\right)\cos\left(n\pi\frac{Z_D-Z'_D}{Z_{eD}}\right)\right]\end{aligned}$$

因此，$\xi=Z-Z'_D$ 时，由 Poisson 叠加公式的变化式(2-8)可得

$$\sum_{-\infty}^{+\infty}\left\{\frac{\exp(-\sqrt{u}\ \sqrt{R_D^2+(Z_D-Z'_D-2nZ_{eD})^2})}{\sqrt{R_D^2+(Z_D-Z'_D-2nZ_{eD})^2}}\right. \\ =\frac{1}{Z_{eD}}\left[K_0(R_D\sqrt{u})+2\sum_{n=1}^{n=\infty}K_0\left(R_D\sqrt{u+\frac{n^2\pi^2}{Z_{eD}^2}}\right)\cos\left(n\pi\frac{Z_D-Z'_D}{Z_{eD}}\right)\right] \tag{2-9}$$

当 $\xi = Z + Z'_D$ 时，同理可得：

$$\sum_{-\infty}^{+\infty}\left\{\frac{\exp(-\sqrt{u}\ \sqrt{R_D^2+(Z_D+Z'_D-2nZ_{eD})^2})}{\sqrt{R_D^2+(Z_D+Z'_D-2nZ_{eD})^2}}\right. \\ =\frac{1}{Z_{eD}}\left[K_0(R_D\sqrt{u})+2\sum_{n=1}^{n=\infty}K_0\left(R_D\sqrt{u+\frac{n^2\pi^2}{Z_{eD}^2}}\right)\cos\left(n\pi\frac{Z_D+Z'_D}{Z_{eD}}\right)\right] \tag{2-10}$$

将式(2-9)与(2-10)代入式(2-6)中，利用 Poisson 叠加公式可以将上式进行简化，在 $Z=0$ 和 $Z=Z_e$ 处均为封闭边界的瞬时源函数基本解为

$$\gamma=\frac{1}{2\pi Z_{eD}}\left[K_0(R_D\sqrt{u})+2\sum_{n=1}^{n=\infty}K_0\left(R_D\sqrt{u+\frac{n^2\pi^2}{Z_{eD}^2}}\right)\cos\left(n\pi\frac{Z_D}{Z_{eD}}\right)\cos\left(n\pi\frac{Z'_D}{Z_{eD}}\right)\right] \tag{2-11}$$

二、顶底混合边界的瞬时点源函数基本解

顶底混合边界、瞬时点源的扩散方程的数学模型为

$$\begin{cases}\bar{L}\gamma(M_D,M'_D,u,0)=\nabla_D^2\gamma-u\gamma=-\delta(M_D,M'_D)\\ \dfrac{\partial\gamma}{\partial n}=0 \quad z=0\\ \gamma=0 \quad z=z_e\\ \gamma(r_D,0)=0\end{cases} \tag{2-12}$$

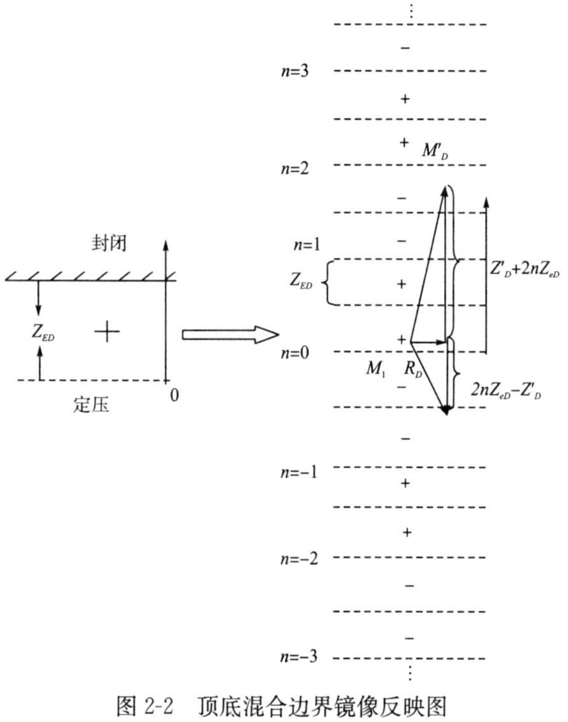

图 2-2 顶底混合边界镜像反映图

镜像反映以后，以 $Z=0$ 的上面那层作为其本层，在这层里设一个响应点，然后把每一层里的像点在响应点的压力影响叠加起来。为了便于表达，以 $Z=0$ 的上下两层作为一个基本层，以此类推，向上或向下都是两层合为一层。

定义：

$$R_D^2 = (x_D - x'_D)^2 + (y_D - y'_D)^2$$

$$x_D = \frac{x}{l}\sqrt{\frac{K}{K_x}} \quad y_D = \frac{y}{l}\sqrt{\frac{K}{K_y}} \quad z_D = \frac{z}{l}\sqrt{\frac{K}{K_z}} \quad z_{eD} = \frac{z_e}{l}\sqrt{\frac{K}{K_z}}$$

根据第一节中解出的 Lord Kelvin 点源解式(2-4)：

$$\bar{p} = \frac{1}{4\pi}\frac{1}{r_D}\frac{r_D}{2\sqrt{\pi t^3}}\mathrm{e}^{-r_D^{2/4t}} = \frac{1}{4\pi}\frac{1}{r_D}\mathrm{e}^{-r_D\sqrt{s}} = \exp(-r_D\sqrt{s})4\pi r_D$$

当 $n=0$ 时，

$$\gamma_0 = \frac{1}{4\pi}\left\{\frac{\exp(-\sqrt{u}\ \sqrt{R_D^2+(Z_D-Z'_D)^2}}{\sqrt{R_D^2+(Z_D-Z'_D)^2}} - \frac{\exp[-\sqrt{u}\ \sqrt{R_D^2+(Z_D+Z'_D)^2}]}{\sqrt{R_D^2+(Z_D+Z'_D)^2}}\right\}$$

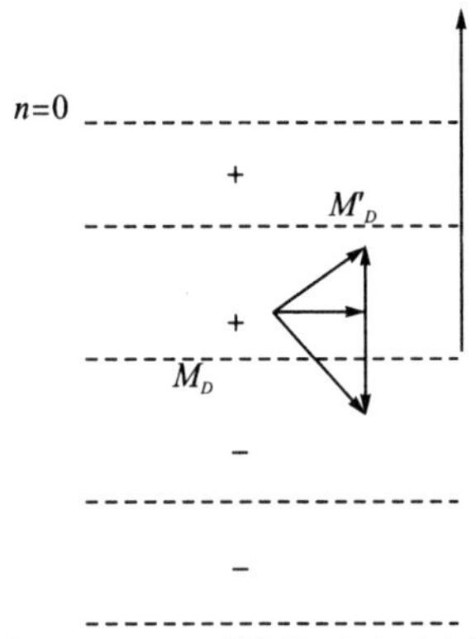

图 2-3　$n=0$ 时镜像反映示意图

当 $n=1$ 时，

$$\gamma_1 = \frac{1}{4\pi}(-1)\left\{\frac{\exp(-\sqrt{u}\ \sqrt{R_D^2+(Z_D-Z'_D-2Z_{eD})^2}}{\sqrt{R_D^2+(Z_D-Z'_D-2Z_{eD})^2}} - \frac{\exp[-\sqrt{u}\ \sqrt{R_D^2+(Z_D+Z'_D-2Z_{eD})^2}]}{\sqrt{R_D^2+(Z_D+Z'_D-2Z_{eD})^2}}\right\}$$

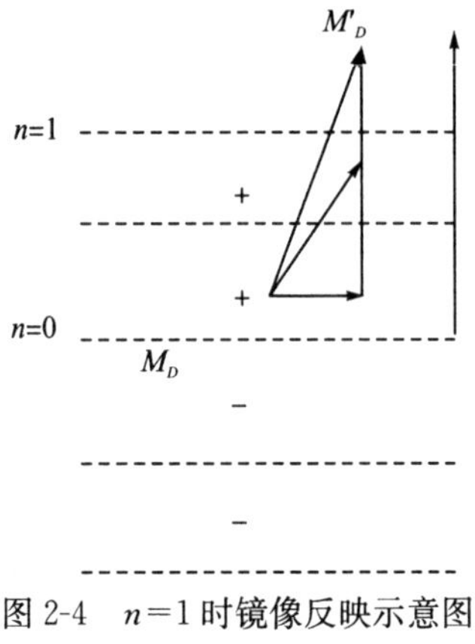

图 2-4　$n=1$ 时镜像反映示意图

当 $n=-1$ 时，

$$\gamma_2=\frac{1}{4\pi}(-1)^{-1}\left\{\frac{\exp(-\sqrt{u}\ \sqrt{R_D^2+(Z_D-Z'_D+2Z_{eD})^2}}{\sqrt{R_D^2+(Z_D-Z'_D+2Z_{eD})^2}}-\frac{\exp(-\sqrt{u}\ \sqrt{R_D^2+(Z_D+Z'_D+2Z_{eD})^2})}{\sqrt{R_D^2+(Z_D+Z'_D+2Z_{eD})^2}}\right\}$$

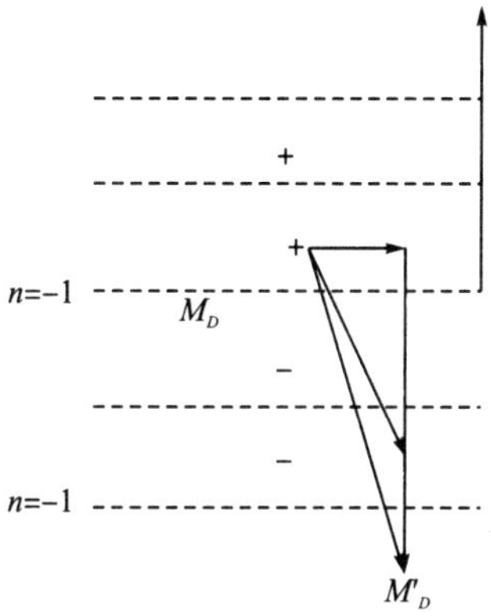

图 2-5　$n=-1$ 时镜像反映示意图

……

当 $n=n$ 时，

$$\gamma_n=\frac{1}{4\pi}(-1)^{n}\left\{\frac{\exp(-\sqrt{u}\ \sqrt{R_D^2+(Z_D-Z'_D-2nZ_{eD})^2}}{\sqrt{R_D^2+(Z_D-Z'_D-2nZ_{eD})^2}}-\frac{\exp(-\sqrt{u}\ \sqrt{R_D^2+(Z_D+Z'_D-2nZ_{eD})^2})}{\sqrt{R_D^2+(Z_D+Z'_D-2nZ_{eD})^2}}\right\}$$

于是根据镜像反映法，得到含底水、顶封闭边界瞬时点源的基本解为

$$\gamma=\frac{1}{4\pi}\sum_{-\infty}^{+\infty}(-1)^{n}\left\{\frac{\exp(-\sqrt{u}\ \sqrt{R_D^2+(Z_D-Z'_D-2nZ_{eD})^2})}{\sqrt{R_D^2+(Z_D-Z'_D-2nZ_{ed})^2}}-\frac{\exp(-\sqrt{u}\ \sqrt{R_D^2+(Z_D+Z'_D-2nZ_{eD})^2})}{\sqrt{R_D^2+(Z_D+Z'_D-2nZ_{eD})^2}}\right\}\tag{2-13}$$

据级数函数的性质可以知道：

$$\begin{aligned}&\sum_{-\infty}^{+\infty}(-1)^{n}\exp\left[-\frac{a(\xi-2k\xi_e)^2}{4t_D}\right]\\&=\sum_{-\infty}^{+\infty}\left\{2\exp\left[-\frac{a(\xi-2k2\xi_e)^2}{4t_D}\right]-\exp\left[-\frac{a(\xi-2k\xi_e)^2}{4t_D}\right]\right\}\end{aligned}\tag{2-14}$$

由 Poisson 叠加公式可知：

$$\sum_{n=-\infty}^{n=+\infty}\exp\left[-\frac{(\xi-2n\xi_e)^2}{4t_D}\right]=\frac{\sqrt{\pi t_D}}{\xi_e}\left[1+2\sum_{n=1}^{n=+\infty}\exp\left(-\frac{n^2\pi^2t_D}{\xi_e^2}\right)\cos\left(n\pi\frac{\xi}{\xi_D}\right)\right]\tag{2-15}$$

对 Poisson 叠加公式进行变行和由拉普拉斯变换，获得在 $Z=0$ 处为定压边界和 $Z=Z_e$ 处为封闭边界的瞬时源函数基本解为

$$\bar{y}=\frac{1}{\pi Z_{eD}}\left\{2\sum_{n=1}^{n\to\infty}K_0\left[R_0\sqrt{u+\frac{(2n-1)^2\pi^2}{4Z_{eD}^2}}\right]\sin\left[(2n-1)\frac{\pi}{2}\frac{Z_D}{Z_{eD}}\right]\sin\left[(2n-1)\frac{\pi}{2}\frac{Z'_D}{Z_{eD}}\right]\right\} \tag{2-16}$$

三、顶底定压边界的瞬时点源函数基本解

顶底定压边界、瞬时点源扩散方程的数学模型为

$$\begin{cases}\bar{L}\gamma(M_D,M'_D,u,0)=\nabla_D^2\gamma-u\gamma=-\delta(M_D,M'_D)\\ \gamma=0 \qquad z=0\text{ 或 }z_e\\ \gamma(r_D,0)=0\end{cases} \tag{2-17}$$

采用上述镜像反映方法，可以得到顶底定压边界瞬时点源的基本解为

$$\gamma=\frac{1}{4\pi}\sum_{-\infty}^{+\infty}\left\{\frac{\exp\left[-\sqrt{u}\sqrt{R_D^2+(Z_D-Z'_D-2nZ_{eD})^2}\right]}{\sqrt{R_D^2+(Z_D-Z'_D-2nZ_{eD})^2}}-\frac{\exp\left[-\sqrt{u}\sqrt{R_D^2+(Z_D+Z'_D-2nZ_{eD})^2}\right]}{\sqrt{R_D^2+(Z_D+Z'_D-2nZ_{eD})^2}}\right\} \tag{2-18}$$

通过 Poisson 叠加公式将方程(2-18)简化为更方便的表达式：

$$\sum_{-\infty}^{+\infty}\left\{\frac{\exp\left[-\sqrt{u}\sqrt{R_D^2+(Z_D-Z'_D-2nZ_{eD})^2}\right]}{\sqrt{R_D^2+(Z_D-Z'_D-2nZ_{eD})^2}}\right.=\frac{1}{Z_{eD}}\left[K_0(R_D\sqrt{u})+2\sum_{n=1}^{n=\infty}\left(R_D\sqrt{u+\frac{n^2\pi^2}{Z_{eD}^2}}\right)\cos\left(n\pi\frac{Z_D-Z'_D}{Z_{eD}}\right)\right] \tag{2-19}$$

和：

$$\sum_{-\infty}^{+\infty}\left\{\frac{\exp\left(-\sqrt{u}\sqrt{R_D^2+(Z_D+Z'_D-2nZ_{eD})^2}\right)}{\sqrt{R_D^2+(Z_D+Z'_D-2nZ_{eD})^2}}\right.=\frac{1}{Z_{eD}}\left[K_0(R_D\sqrt{u})+2\sum_{n=1}^{n=\infty}\left(R_D\sqrt{u+\frac{n^2\pi^2}{Z_{eD}^2}}\right)\cos\left(n\pi\frac{Z_D+Z'_D}{Z_{eD}}\right)\right] \tag{2-20}$$

由公式 $\cos A-\cos B=2\sin\left(\frac{A-B}{2}\right)\sin\left(\frac{A+B}{2}\right)$ 将公式(2-19)和(2-20)进行合并，则 $Z=0$ 和 $Z=Z_e$ 处为定压边界的瞬时源函数基本解为

$$\gamma=\frac{1}{\pi Z_{eD}}\left[2\sum_{n=1}^{n=\infty}K_0\left(R_D\sqrt{u+\frac{n^2\pi^2}{Z_{eD}^2}}\right)\sin\left(n\pi\frac{Z_D}{Z_{eD}}\right)\sin\left(n\pi\frac{Z'_D}{Z_{eD}}\right)\right] \tag{2-21}$$

第三节　均质油藏直井井底压力响应函数

一、均质油藏直井井底压力响应函数

通过前面的数学变换，获得了不同顶底边界的油藏瞬时点源基本解，通过将基本解沿井筒方向进行积分，就可以获得对应的井底压力响应数学模型。对于直井而言，假设 $2L_h$ 为直井长度，q 表示井筒中的流体流量，将瞬时点源基本解沿 Z 方向进行积分，就可以获得均质油藏直井井底压力响应函数。顶底封闭油藏直井井底压力响应函数为

$$\Delta\bar{P} = \frac{\mu L}{2\pi K Z_{eD}}\int_{-L_h/l}^{L_h/l}\bar{\tilde{q}}(\bar{x}_{WD},\bar{z}\ WD\left\{\left[K_0(R_D\sqrt{u}) + 2\sum_{n=1}^{n=\infty}\left(R_D\sqrt{u+\frac{n^2\pi^2}{Z_{eD}^2}}\right)\right.\right.$$
$$\left.\left.\cos\left(n\pi\frac{Z_D}{Z_{eD}}\right)\cos\left(n\pi\frac{\alpha}{Z_{eD}}\right)\right]\right\}d\alpha \tag{2-22}$$

气顶、底水油藏直井井底压力响应函数为

$$\Delta\bar{P} = \int_{-L_h/l}^{L_h/l}\bar{\tilde{q}}(\bar{x}_{WD})\frac{1}{\pi Z_{eD}}\left\{\sum_{n=1}^{n=\infty}K_0\left(R_D\sqrt{u+\frac{n^2\pi^2}{Z_{eD}^2}}\sin\left(n\pi\frac{Z_D}{Z_{eD}}\right)\sin\left(n\pi\frac{\hat{Z}_{WD}}{Z_{eD}}\right)\right\}d\alpha\right. \tag{2-23}$$

含气顶或含底水油藏直井井底压力响应函数为

$$\Delta\bar{P} = \frac{\mu}{Kl}\left\{\int_{-L_h/l}^{L_h/l}\bar{\tilde{q}}(\bar{x}_{WD})\frac{1}{\pi Z_{eD}}\left\{\sum_{n=1}^{n=\infty}K_0\left(R_D\sqrt{u+\frac{(2n-1)^2\pi^2}{4Z_{eD}^2}}\right)\right.\right.$$
$$\left.\left.\cos\left[(2n-1)\frac{\pi}{2}\frac{Z_D}{Z_{eD}}\right]\cos\left[(2n-1)\frac{\pi}{2}\frac{\hat{Z}_{WD}}{Z_{eD}}\right]\right\}d\alpha \tag{2-24}$$

定义无因次压力函数 $P_D(x_D,y_D,z_D,t_D) = \dfrac{2\pi Kh}{q\mu}(P_i - P(x,y,z,t))$，顶底封闭油藏直井无因次井底压力响应拉氏解为

$$\bar{P}_D = \frac{1}{2u}\int_{-1}^{1}K_0(\sqrt{u}\ \sqrt{x_D^2+y_D^2})d\alpha + \frac{1}{u}\sum_{n=1}^{n=\infty}K_0\left(R_D\sqrt{u+\frac{n^2\pi^2}{Z_{eD}^2}}\right)$$
$$\cos(n\pi z_{wD})\int_{-1}^{1}\cos(n\pi\alpha)d\alpha \tag{2-25}$$

气顶、底水油藏直井无因次井底压力响应拉氏解为

$$\bar{P}_D = \frac{1}{u}\sum_{n=1}^{n=\infty}K_0\left(R_D\sqrt{u+\frac{n^2\pi^2}{Z_{eD}^2}}\right)\sin(n\pi z_{wD})\int_{-1}^{1}\sin(n\pi\alpha)d\alpha \tag{2-26}$$

含气顶或含底水油藏直井无因次井底压力响应拉氏解为

$$\bar{P}_D = \frac{1}{u}\sum_{n=1}^{n=\infty}K_0\left[\sqrt{(x_D-\alpha)^2+y_D^2}\sqrt{u+\frac{n^2\pi^2}{4Z_{eD}^2}}\right]\cos\left[(2n-1)\frac{\pi}{2}z_{wD}\right]$$
$$\int_{-1}^{1}\cos\left[(2n-1)\frac{\pi}{2}\alpha\right]d\alpha \tag{2-27}$$

式中，$Z_{WD} = z_{WD} + \alpha\sqrt{K/K_x}$。

在考虑边水或断层等径向边界问题时一般采用 Muskat 方法进行化简，即压力响应函数由两部分组成：

$$\Delta\bar{P} = P + G \tag{2-28}$$

其中，P 为只考虑顶底边界条件的压力解，而 $P+G$ 同时满足顶底和径向边界条件。Muskat 研究发现在考虑径向边界条件时，只需要在考虑顶底边界条件的基础上利用下式取代方程中的 $K_0(\alpha R_D)$ 项，即可满足边界条件的要求。对于受断层影响的径向封闭边界，替换公式为

$$I_0(r_{eD}\varepsilon_n)\frac{K_1(r_{eD}\varepsilon_n)}{I_1(r_{eD}\varepsilon_n)}\qquad \left.\frac{\partial\Delta\bar{P}}{\partial r_D}\right|_{r_D=r_{eD}} = 0 \tag{2-29}$$

对于受边水影响的径向定压边界条件，替换公式为

$$-I_0(r_{eD}\varepsilon_n)\frac{K_0(r_{eD}\varepsilon_n)}{I_0(r_{eD}\varepsilon_n)}\qquad \Delta\bar{P}\big|_{r_D=r_{eD}} = 0 \tag{2-30}$$

顶底和外边界封闭油藏直井井底压力响应函数拉氏解为

$$\overline{P}_D = \left[K_0(\sqrt{u}\ \sqrt{x_D^2+y_D^2}) + I_0(r_{eD}\sqrt{x_D^2+y_D^2})\frac{K_1(r_{eD}\sqrt{x_D^2+y_D^2})}{I_1(r_{eD}\sqrt{x_D^2+y_D^2})}\right]/u \quad (2\text{-}31)$$

顶底封闭、外边界定压的均质油藏直井井底压力响应函数拉氏解为

$$\overline{P}_D = \left(K_0(\sqrt{u}\ \sqrt{x_D^2+y_D^2}) - I_0(r_{eD}\varepsilon_n)\frac{K_0(r_{eD}\sqrt{x_D^2+y_D^2})}{I_0(r_{eD}\sqrt{x_D^2+y_D^2})}\right)/u \quad (2\text{-}32)$$

二、井底压力函数的数值计算

1. 杜哈美叠加原理

由于井筒中流体具有一定的压缩性，在压力测试数据早期一般受到井筒储集效应的影响；此外在钻井、完井、石油、后期生产过程中，工作液对井壁附近储层有一定的伤害，形成一个附加压力降(即表皮效应)。受求解方法的限制，点源函数方法还不能直接在求解过程中考虑表皮效应和井筒储集效应，目前只能采用杜哈美叠加原理间接考虑上述效应的影响。假设油井以产量 $q_D(t_D)$ 进行生产，其对应的井底压力响应函数 $P_{WD}(t_D)$ 可以由褶积方法获得：

$$P_{wD} = \int_0^{t_D} q_D(t_D)\left[\frac{\partial P_D(t_D-\tau)}{\partial\tau} + S\right]\mathrm{d}\tau \quad (2\text{-}33)$$

式中，P_{wD} ——无因次井底压力；$q_D(t_D)$ ——无因次流量；S ——表皮系数。

根据井筒储集系数 C_D 的定义，产量 $q_D(t_D)$ 可以写成如下形式：

$$q_D(t_D) = 1 - C_D\frac{\mathrm{d}P_{wD}}{\mathrm{d}t_D} \quad (2\text{-}34)$$

对式(2-33)和(2-34)进行拉普拉斯变换，上述两个方程可以改写为

$$\overline{P}_{wD}(u) = u\overline{q}_D(u)\overline{P}_D(u) + \frac{S}{u}$$

$$\overline{q}_D(u) = \frac{1}{u} - C_D u\overline{P}_{wD}(u) \quad (2\text{-}35)$$

对两方程进行合并处理，可以获得无因次井底压力与考虑井筒储集效应和表皮效应影响的无因次压力之间的关系：

$$\overline{P}_{wD}(u) = \frac{u\overline{P}_D(u)+S}{u\{1+C_D u[u\overline{P}_D(u)+S]\}} \quad (2\text{-}36)$$

式中，u ——拉氏变量；C_D ——无因次井筒储集系数；S ——表皮系数。

2. Stehfest 数值反演算法

前面的无因次井底压力为拉普拉斯空间中的解，采用 Stehfest 算法将拉普拉斯空间解转换成实空间解，其求解基本思想如下：

$$p_{WD}(t_D) = \frac{\ln 2}{t_D}\sum_{i=1}^{N} V_i\overline{p}_{WD}(u_i) \quad (2\text{-}37)$$

式中，

$$u_i = \frac{\ln 2}{t_D} \times i$$

$$V_i = (-1)^{\frac{N}{2}+i} \sum_{K=\left[\frac{i+1}{2}\right]}^{\min\left\{\frac{N}{2}, i\right\}} \frac{K^{\frac{N}{2}+1}(2K)!}{\left(\frac{N}{2}-K\right)!(K!)^2(i-K)!(2K-i)!}$$

一般 N 取 6 或 8。

三、均质油藏直井井底压力响应特征

图 2-6 给出了顶底封闭直井双对数压力响应和压力导数曲线，从双对数曲线中可以发现直井渗流存在三个渗流阶段(王洋，2011)。

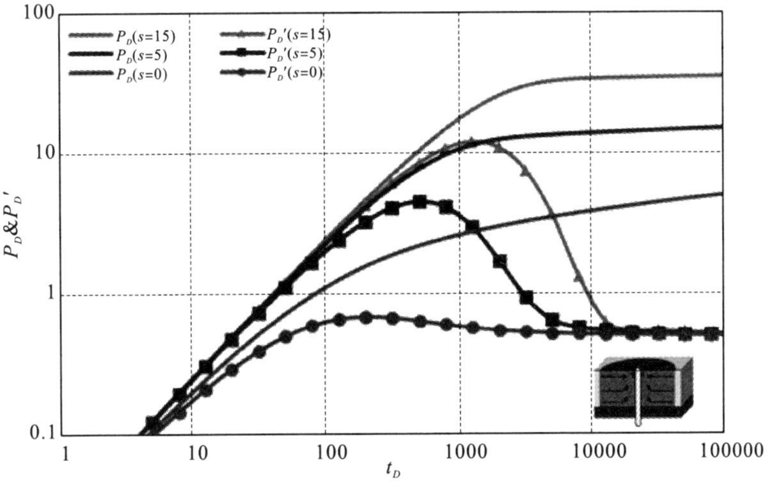

图 2-6　S 对井底压力响应曲线的影响

(1)早期纯井筒储集阶段，在压力和压力导数双对数曲线上表现为斜率为 1 的直线段，该阶段压力和压力导数曲线主要受油藏早期井筒储集效应的影响；

(2)过渡流动阶段，压力导数曲线表现为一驼峰，该阶段压力和压力导数曲线主要受油藏表皮系数的影响；

(3)中期径向流动阶段，在压力和压力导数双对数曲线上压力导数曲线出现水平段且值为 0.5，该阶段反映了水平方向上的系统总径向流动。

图 2-6 是表皮系数 S 对顶底封闭直井井底压力响应曲线的影响关系图。从图中可以看出，表皮效应对井底压力动态曲线的影响存在于除纯井筒储存阶段以外的任何流动阶段，表皮系数 S 越大，无因次压力曲线的位置越高，无因次压力曲线与无因次压力导数曲线之间的距离越大，表示井所受的污染越严重；在压力导数曲线上，表皮系数对曲线形态的影响主要反映在由纯井筒储存阶段向系统径向流动阶段的过渡阶段，表皮系数 S 越大，过渡段的驼峰越高，反之表皮系数越小，过渡段的驼峰越低。

图 2-7 是井筒储存系数 C_D 对顶底封闭直井井底压力动态的影响关系图。从图中可以看出，井筒储存系数对顶底封闭直井井底压力动态的影响主要表现在早期井筒储集效应结束的时间上，井筒储存系数越大，井筒储集的时间越长，反之井筒储存系数越小，井

筒储集的时间越短，在双对数曲线上，各曲线族表现为互为平行的曲线族。

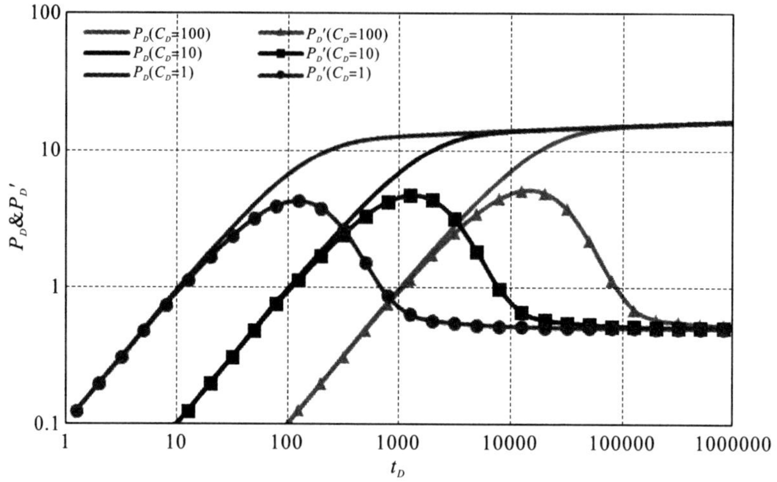

图 2-7 C_D 对井底压力响应曲线的影响

图 2-8 是圆形封闭外边界距离 R_D 对顶底封闭、外边界封闭直井井底压力动态的影响关系图。从图中可以看出，存在圆形封闭外边界情形的流动阶段表现为一个晚期的拟稳态流动阶段，其渗流特征为晚期压力与导数曲线均为一定斜率的直线段，而到边界的距离主要影响径向流动阶段的结束时间；到边界距离 R_D 越大，径向流动阶段的结束时间越晚；反之 R_D 越小，径向流动阶段的结束时间就越早，如果 R_D 足够小，则径向流动阶段就可能观测不到，如图中 $R_D=100$ 的情形。晚期边界反映阶段，压力和压力导数曲线重合，且不同的曲线族表现为互为平行的趋势。

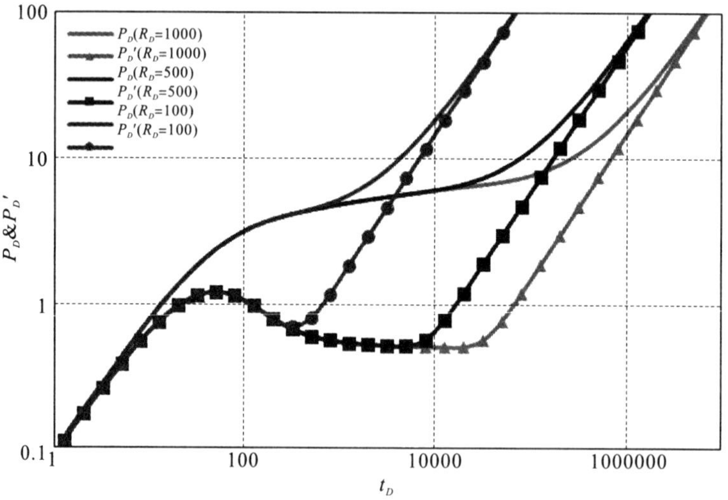

图 2-8 R_D 对井底压力响应的影响

图 2-9 是圆形供给外边界对顶底封闭、外边界定压直井井底压力动态的影响关系图。从图中可以看出，圆形供给外边界情形的流动阶段表现为一个晚期的稳定流动阶段，其渗流特征为晚期无因次压力曲线为一条水平直线段、导数曲线则下降变为零。到外边界

的距离主要影响径向流动阶段的结束时间，到外边界距离 R_{eD} 越大，径向流动阶段持续的时间越长，结束的时间越晚；反之 R_{eD} 越小，径向流动阶段持续的时间越短，结束时间就越早，如果 R_{eD} 足够小，则径向流动阶段将被外边界控制的稳定流动阶段所掩盖，如图中 $R_{eD}=100$ 的情形。

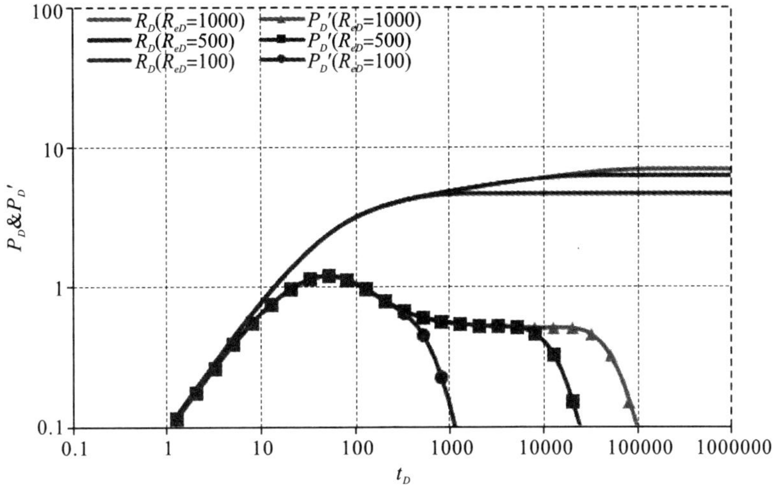

图 2-9　R_{eD} 对井底压力响应的影响

第四节　均质油藏部分射孔井井底压力响应函数

一、均质油藏部分射孔井井底压力响应函数

据前面均质油藏直井的推导，利用级数函数性质、泊松叠加公式、拉普拉斯变换等方法进行化简，气顶油藏的瞬时点源函数基本解为

$$\gamma=\frac{1}{\pi Z_{eD}}\left\{2\sum_{n=1}^{n=\infty}K_0\left[R_D\sqrt{u+\frac{(2n-1)^2\pi^2}{4Z_{eD}^2}}\right]\cos\left[(2n-1)\frac{\pi}{2}\frac{Z_D}{Z_{eD}}\right]\cos\left[(2n-1)\frac{\pi}{2}\frac{Z'_D}{Z_{eD}}\right]\right\} \tag{2-38}$$

底水油藏的瞬时点源函数基本解为

$$\gamma=\frac{1}{\pi Z_{eD}}\left\{2\sum_{n=1}^{n=\infty}K_0\left(R_D\sqrt{u+\frac{(2n-1)^2\pi^2}{4Z_{eD}^2}}\right)\sin\left[(2n-1)\frac{\pi}{2}\frac{Z_D}{Z_{eD}}\right]\sin\left[(2n-1)\frac{\pi}{2}\frac{Z'_D}{Z_{eD}}\right]\right\} \tag{2-39}$$

气顶和底水油藏的瞬时源函数基本解为

$$\gamma=\frac{1}{\pi Z_{eD}}\left[2\sum_{n=1}^{n=\infty}K_0\left(R_D\sqrt{u+\frac{n^2\pi^2}{Z_{eD}^2}}\right)\sin\left(n\pi\frac{Z_D}{Z_{eD}}\right)\sin\left(n\pi\frac{Z'_D}{Z_{eD}}\right)\right] \tag{2-40}$$

顶底封闭油藏的瞬时源函数基本解为

$$\gamma=\frac{1}{2\pi Z_{eD}}\left[\begin{array}{l}K_0(R_D\sqrt{u})+\\ 2\sum_{n=1}^{n=\infty}K_0\left(R_D\sqrt{u+\frac{n^2\pi^2}{Z_{eD}^2}}\right)\cos\left(n\pi\frac{Z_D}{Z_{eD}}\right)\cos\left(n\pi\frac{Z'_D}{Z_{eD}}\right)\end{array}\right] \tag{2-41}$$

假设 $2L_h$ 为井的储层纵向高度，q 表示井筒中的流体流量，采用与直井类似的方法，将瞬时点源函数基本解带入积分方程；在纵向上沿射孔段进行积分就得到了部分射孔井的井底压力响应函数。

气顶油藏部分射孔井无因次压力响应函数拉氏解为

$$\bar{p}_D = \frac{8}{\pi^2 h_{p_D}^2 u}\sum_{n=1}^{\infty}\frac{\Gamma_{cMn}^2}{(2n-1)^2}K_0(\beta_{Mn}r_D) \tag{2-42}$$

式中，$\beta_{Mn}^2 = u + \frac{(2n-1)^2\pi^2}{4h_D^2}$，$\Gamma_{cMn} = \cos\left[\frac{(2n-1)\pi(h_{TD}+h_{PD})}{2}\right] - \cos\left(\frac{(2n-1)\pi h_{TD}}{2}\right]$

底水油藏部分射孔井无因次压力响应函数拉氏解为

$$\bar{p}_D = \frac{8}{\pi^2 h_{p_D}^2 u}\sum_{n=1}^{\infty}\frac{\Gamma'^2_{cMn}}{n^2}K_0(\beta_{Mn}r_D) \tag{2-43}$$

式中，$\beta_{Mn}^2 = u + \frac{(2n-1)^2\pi^2}{4h_{Mn\,D}{}^2}$；

$$\Gamma'_{cMn} = \cos\left[\frac{(2n-1)\pi(1-h_{TD})}{2}\right] - \cos\left[\frac{(2n-1)\pi(1-h_{TD}-h_{PD})}{2}\right]。$$

气顶、底水油藏部分射孔井无因次压力响应函数拉氏解为

$$\bar{p}_D = \frac{2}{\pi^2 h_{p_D}^2 u}\sum_{n=1}^{\infty}\frac{\Gamma_{cn}^2}{n^2}K_0(\beta_n r_D) \tag{2-44}$$

式中，$\beta_n^2 = u + \frac{n^2\pi^2}{h_D^2}$，$\Gamma_{cn} = \cos[n\pi(h_{TD}+h_{PD})] - \cos(n\pi h_{TD})$。

顶底封闭油藏部分射孔井无因次压力响应函数拉氏解为

$$\bar{p}_D = \frac{K_0(\beta_0 r_D)}{u} + \frac{2}{\pi^2 h_{p_D}^2 u}\sum_{n=1}^{\infty}\frac{\Gamma_{sn}^2}{n^2}K_0(\beta_n r_D) \tag{2-45}$$

式中，$\beta_n^2 = u + \frac{n^2\pi^2}{h_D^2}$，$\Gamma_{sn} = \sin[n\pi(h_{TD}+h_{pD})] - \sin(n\pi h_{TD})$；$h_{TD}$——无因次上部未打开段储层厚度，$h_{TD} = h_T/h$；$h_{PD}$——无因次储层打开段厚度，$h_{PD} = h_P/h$；$h_D$——无因次储层厚度，$h_D = h/r_w\sqrt{K_H/K_V}$；$h_T$——上部未打开储层厚度；$h_P$——中部打开储层厚度；$u$——拉普拉斯变量；$K_0(x)$——修正的零阶第二类贝塞尔函数。

在考虑径向边界问题时可以利用 Muskat 的方法进行求解，即压力响应函数由两部分组成：

$$\Delta p' = P + G \tag{2-46}$$

其中，P 为只考虑顶底边界条件的压力解，而 $P+G$ 同时满足顶底和径向边界条件。因此通过推导发现：在考虑径向边界条件时，只需要在考虑顶底边界条件的基础上利用下式取代方程中的 $K_0(\alpha R_D)$ 项，即可满足边界条件的要求。

对于径向封闭边界条件：

$$I_0(r_{eD}\varepsilon_n)\frac{K_1(r_{eD}\varepsilon_n)}{I_1(r_{eD}\varepsilon_n)} \qquad \frac{\partial\Delta\bar{p}}{\partial r_D}\Big|_{r_D=r_{eD}} = 0 \tag{2-47}$$

顶底封闭边界、外边界封闭部分射孔井井底压力响应函数拉氏解为

$$\bar{p}_D = \frac{K_1(\beta_0 r_{eD})I_0(\beta_0 r_D) + I_1(\beta_0 r_{eD})K_0(\beta_0 r_D)}{uI_1(\beta_0 r_{eD})} + \frac{2}{\pi^2 h_{p_D}^2}\sum_{n=1}^{\infty}\frac{\Gamma_{sn}^2}{n^2}$$

$$\left(\frac{K_1(\beta_n r_{eD})I_0(\beta_0 r_D)+I_1(\beta_n r_{eD})K_0(\beta_0 r_D)}{uI_1(\beta_n r_{eD})}\right) \tag{2-48}$$

式中，$\beta_n^2=u+\dfrac{n^2\pi^2}{h_D^2}$，$\Gamma_{sn}=\sin[n\pi(h_{TD}+h_{pD})]-\sin(n\pi h_{TD})$。

顶底恒压、外边界封闭部分射孔井井底压力响应函数拉氏解为

$$\bar{P}_{Df}=\frac{2}{\pi^2 h_{p_D}^2 u}\sum_{n=1}^{\infty}\frac{\Gamma_{cn}^2}{n^2}\frac{K_1(\beta_n r_{eD})I_1(\beta_n r_D)+I_1(\beta_n r_{eD})K_0(\beta_n r_D)}{I_1(\beta_n r_{eD})} \tag{2-49}$$

式中，$\beta_n^2=u+\dfrac{n^2\pi^2}{h_D^2}$，$\Gamma_{cn}=\cos[n\pi(h_{1D}+h_{PD})]-\cos(n\pi h_{1D})$。

气顶、底封闭、外边界封闭部分射孔井井底压力响应函数拉氏解为

$$\bar{p}_D=\frac{8}{\pi^2 h_{p_D}^2 u}\sum_{n=1}^{\infty}\frac{\Gamma_{cMn}^2}{(2n-1)^2}\frac{K_1(\beta_{Mn} r_{eD})I_0(\beta_{Mn} r_D)+I_1(\beta_{Mn} r_{eD})K_0(\beta_{Mn} r_D)}{I_1(\beta_{Mn} r_{eD})} \tag{2-50}$$

顶封闭、底水、外边界封闭部分射孔井井底压力响应函数拉氏解为

$$\bar{p}_D=\frac{8}{\pi^2 h_{p_D}^2 u}\sum_{n=1}^{\infty}\frac{\Gamma'^2_{cMn}}{(2n-1)^2}\frac{K_1(\beta_{Mn} r_{eD})I_0(\beta_{Mn} r_D)+I_1(\beta_{Mn} r_{eD})K_0(\beta_{Mn} r_D)}{I_1(\beta_{Mn} r_{eD})} \tag{2-51}$$

式中，$\beta_{Mn}^2=u+\dfrac{(2n-1)^2\pi^2}{4h_D^2}$，

$$\Gamma_{cMn}=\cos\left[\frac{(2n-1)\pi(h_{TD}+h_{PD})}{2}\right]-\cos\left[\frac{(2n-1)\pi h_{TD}}{2}\right],$$

$$\Gamma'_{cMn}=\cos\left[\frac{(2n-1)\pi(1-h_{TD})}{2}\right]-\cos\left[\frac{(2n-1)\pi(1-h_{TD}-h_{PD})}{2}\right]。$$

在考虑径向定压边界问题时利用 Muskat 的方法进行求解。只需要在考虑顶底边界条件的基础上利用下式取代方程中的 $K_0(\alpha R_D)$ 项，即可满足边界条件的要求。

$$-I_0(r_{eD}\varepsilon_n)\frac{K_0(r_{eD}\varepsilon_n)}{I_0(r_{eD}\varepsilon_n)}\qquad \Delta\bar{P}\,|_{r_D=r_{eD}}=0 \tag{2-52}$$

顶底封闭、外边界定压边界部分射孔井井底压力响应函数拉氏解为

$$\bar{p}_D=\frac{I_0(\beta_0 r_{eD})K_0(\beta_0 r_D)-K_0(\beta_0 r_{eD})I_0(\beta_0 r_D)}{uI_0(\beta_0 r_{eD})}+\frac{2}{\pi^2 h_{p_D}^2 u}\sum_{n=1}^{\infty}\frac{\Gamma_{sn}^2}{n^2}\left[\frac{I_0(\beta_n r_{eD})K_0(\beta_n r_D)-K_0(\beta_n r_{eD})I_0(\beta_n r_D)}{I_0(\beta_n r_{eD})}\right] \tag{2-53}$$

式中，$\beta_n^2=u+\dfrac{n^2\pi^2}{h_D^2}$，$\Gamma_{sn}=\sin[n\pi(h_{TD}+h_{pD})]-\sin(n\pi h_{TD})$。

气顶、边底水油藏部分射孔井井底压力响应函数拉氏解为

$$\bar{p}_D=\frac{2}{\pi^2 h_{p_D}^2 u}\sum_{n=1}^{\infty}\frac{\Gamma_{cn}^2}{n^2}\frac{I_0(\beta_n r_{eD})K_0(\beta_n r_D)-K_0(\beta_n r_{eD})I_0(\beta_n r_D)}{I_0(\beta_n r_{eD})} \tag{2-54}$$

式中，$\beta_n^2=u+\dfrac{n^2\pi^2}{h_D^2}$，$\Gamma_{cn}=\cos[n\pi(h_{1D}+h_{PD})]-\cos(n\pi h_{1D})$。

气顶、底封闭、边水油藏部分射孔井井底压力响应函数拉氏解为

$$\bar{p}_D=\frac{8}{\pi^2 h_{p_D}^2 u}\sum_{n=1}^{\infty}\frac{\Gamma_{cMn}^2}{(2n-1)^2}\frac{I_0(\beta_{Mn} r_{eD})K_0(\beta_{Mn} r_D)-K_0(\beta_{Mn} r_{eD})I_0(\beta_{Mn} r_D)}{I_0(\beta_{Mn} r_{eD})} \tag{2-55}$$

顶封闭、边底水油藏部分射孔井部分射孔井井底压力响应函数拉氏解为

$$\bar{p}_D = \frac{8}{\pi^2 h_{p_D}^2 u}\sum_{n=1}^{\infty}\frac{\Gamma'^2_{cMn}}{(2n-1)^2}\frac{I_0(\beta_{Mn}r_{eD})K_0(\beta_{Mn}r_D)-K_0(\beta_{Mn}r_{eD})I_0(\beta_{Mn}r_D)}{I_0(\beta_{Mn}r_{eD})} \tag{2-56}$$

式中，$\beta_{Mn}^2 = u + \frac{(2n-1)^2\pi^2}{4h_D^2}$，$\Gamma_{cMn} = \cos\left[\frac{(2n-1)\pi(h_{TD}+h_{PD})}{2}\right]-\cos\left[\frac{(2n-1)\pi h_{TD}}{2}\right]$，

$$\Gamma'_{cMn} = \cos\left[\frac{(2n-1)\pi(1-h_{TD})}{2}\right]-\cos\left[\frac{(2n-1)\pi(1-h_{TD}-h_{PD})}{2}\right]。$$

二、均质油藏部分射孔井井底压力响应特征

图 2-10 给出了顶底封闭油藏部分射孔井无因次压力和压力导数与无因次时间双对数曲线，从曲线上可以发现顶底封闭油藏部分射孔直井渗流存在四个流动阶段(孙来喜等，2008)：

(1)早期纯井筒储集阶段，在压力和压力导数双对数曲线上表现为斜率为 1 的直线段，该阶段压力和压力导数曲线主要受油藏早期井筒储集效应的影响。

(2)部分径向流动阶段，在压力和压力导数双对数曲线上压力导数曲线出现水平段，该阶段反映了部分射孔段直井的径向流动。

(3)球形流动阶段，在压力导数与无因次时间双对数图上表现为一斜率为－0.5 的下倾直线段，表明射开层段以外的储层参与流动，使平面径向流动转化为球形流动阶段。

(4)拟径向流动阶段，压力和压力导数双对数曲线上压力导数曲线呈现值为 0.5 的水平直线段，该阶段反映了整个储层范围内的拟径向流动。

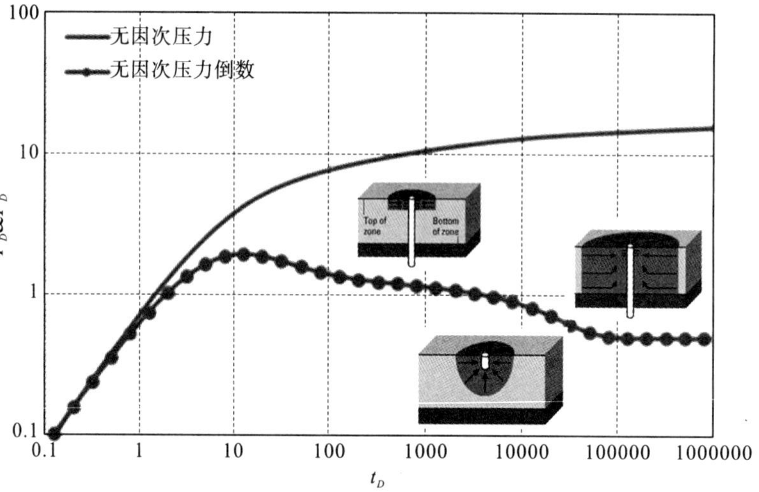

图 2-10 顶底封闭无限大油藏部分射孔井压力井底动态

图 2-11 是打开程度 h_{PD} 对顶底封闭无限大油藏部分射孔直井井底压力动态的影响关系图。从图中可以看出，打开程度的大小对井储效应以后的井底压力动态均有影响，打开程度越低，打开层段局部径向流出现的可能性越小，压力曲线越高，生产压差越大；反之，打开程度越高，打开层段局部径向流出现的可能性越大，持续时间越长，压力曲线越低，生产压差相对越小。

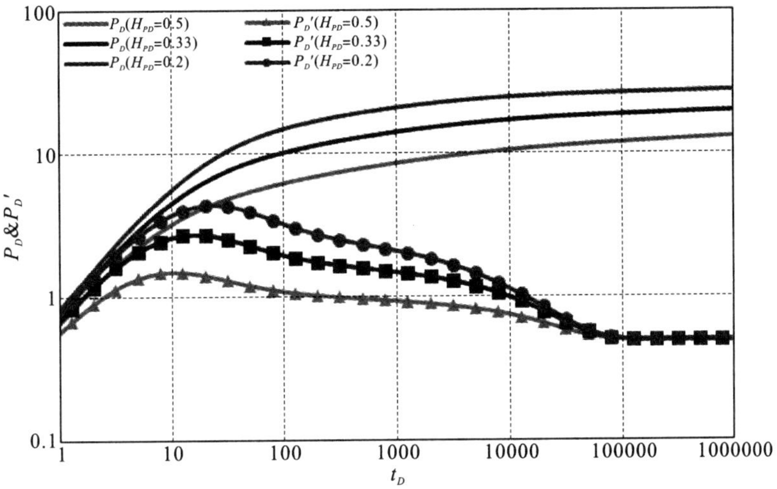

图 2-11 打开程度对顶底封闭无限大油藏部分射孔井压力井底动态的影响

图 2-12 是储层厚度对顶底封闭无限大油藏部分射孔井井底压力动态的影响关系图(中部打开 40%)。从图中可以看出，储层越薄，压力波很快就探测到顶底边界，早期部分射孔段局部径向流动期越不易表现出来，且持续的时间越短而较快地进入晚期的拟径向流动阶段；反之，储层越厚，早期径向流动阶段越容易表现出来，并且持续的时间越长。

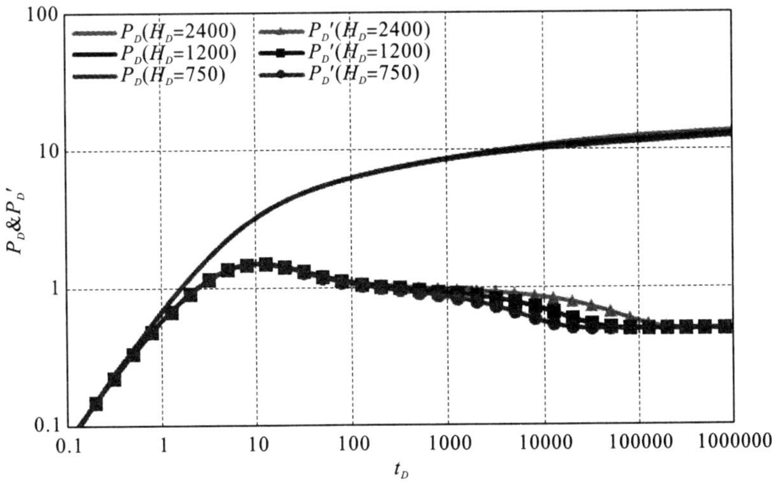

图 2-12 储层厚度对顶底封闭无限大油藏部分射孔井压力井底动态的影响

图 2-13 给出了底水/气顶油藏部分射孔井无因次压力和压力导数与无因次时间双对数曲线，从曲线上可以发现底水/气顶油藏部分射孔井渗流仍然存在四个流动阶段，其中前三个流动阶段同顶底封闭无限大油藏相同。①早期纯井筒储集阶段，在压力和压力导数双对数曲线上表现为斜率为 1 的直线段，该阶段压力和压力导数曲线主要受油藏早期井筒储集效应的影响。②部分径向流动阶段，在压力和压力导数双对数曲线上压力导数曲线出现水平段，该阶段反映了部分射孔段直井的径向流动。③球形流动阶段，在压力

导数与无因次时间双对数图上表现为一斜率为−0.5的下倾直线段，表明射开层段以外的储层参与流动，使平面径向流动转化为球形流动阶段。④顶底边界反映阶段，具体表现为：在双对数曲线上，压力导数曲线迅速下掉，且压力曲线趋于某一定值，该阶段反映了底水/气顶对压力和压力导数曲线的影响。

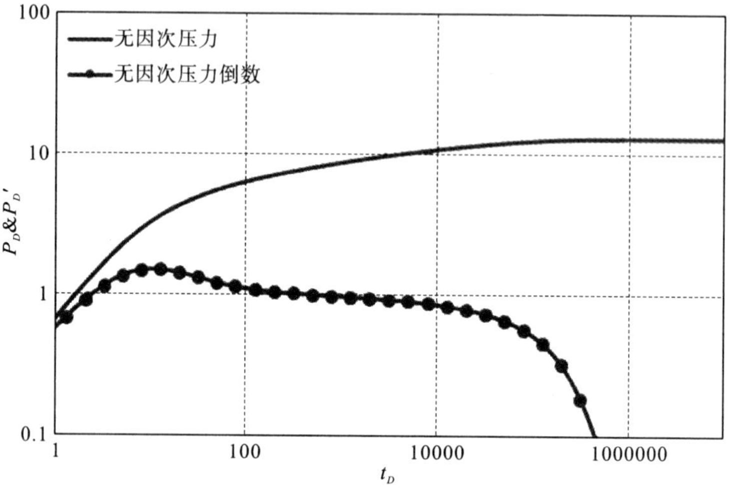

图 2-13　底水/气顶油藏部分射孔井流动阶段特征

图2-14给出了顶底封闭、径向封闭边界油藏部分射孔井无因次压力和压力导数与无因次时间双对数曲线，从曲线上可以发现其渗流存在五个流动阶段：①早期纯井筒储集阶段，在压力和压力导数双对数曲线上表现为斜率为1的直线段，该阶段压力和压力导数曲线主要受油藏早期井筒储集效应的影响；②局部径向流动阶段，在压力和压力导数双对数曲线上压力导数曲线呈现水平直线段，该阶段反映了部分射孔段的径向流动；③球形流动阶段，在压力导数与无因次时间双对数图上表现为一斜率为−0.5的下倾直线段，表明射开层段以外的储层参与流动，使平面径向流动转化为球行流动阶段；④中期

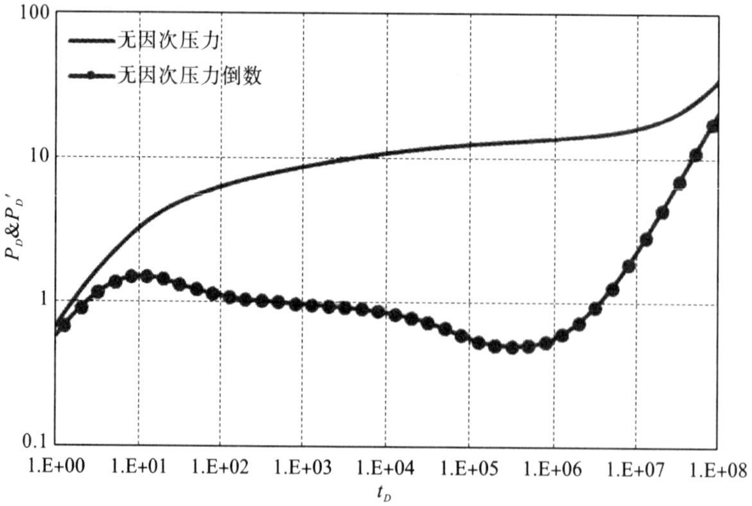

图 2-14　顶底封闭、径向封闭边界油藏部分射孔井流动阶段划分

径向流动阶段，在压力导数与无因次时间双对数图上表现为值为0.5的水平直线段，该阶段反映了系统总的径向流动；⑤径向封闭边界反映阶段，当压力波探测到圆形封闭边界后，在无因次压力导数与无因次时间双对数图上，呈现一段斜率为1的直线段，描述系统拟稳定流动的特征。

图2-15给出了顶底封闭边水油藏部分射孔井无因次压力和压力导数与无因次时间双对数曲线，从曲线上可以发现边水油藏部分射孔井渗流存在五个流动阶段：①早期纯井筒储集阶段，在压力和压力导数双对数曲线上表现为斜率为1的直线段，该阶段压力和压力导数曲线主要受油藏早期井筒储集效应的影响；②部分径向流动阶段，在压力和压力导数双对数曲线上压力导数曲线呈现一水平直线段，该阶段反映了部分射孔段的径向流动；③球形流动阶段，在压力导数与无因次时间双对数图上表现为斜率为−0.5的下倾直线段，表明射开层段以外的储层参与流动，使局部的平面径向流动转化为球形流动阶段；④径向流动阶段，在压力导数与无因次时间双对数图上表现为值为0.5的水平直线段，该阶段反映了系统总的径向流动，如果边水距井很近，该流动阶段可能被边水的影响所掩盖；⑤晚期圆形定压边界反映阶段，具体表现为：在双对数曲线上，压力导数曲线迅速下掉，且压力曲线趋于某一定值，该阶段反映了边水对井底压力动态的影响。

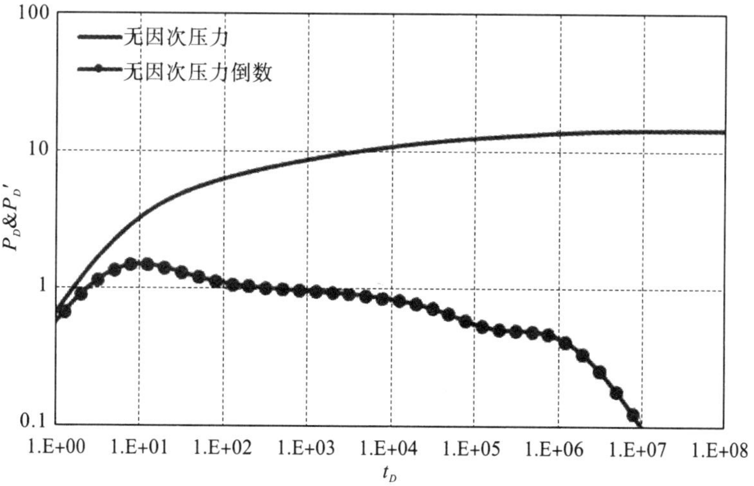

图2-15　边水油藏部分射孔直井流动阶段划分

第五节　均质油藏水平井井底压力响应函数

一、均质油藏水平井井底压力响应函数

根据前面均质油藏直井的推导，利用级数函数性质、泊松叠加公式、拉普拉斯变换等方法进行化简，顶底封闭油藏的瞬时源函数基本解(张烈辉等，2007)为

$$\gamma=\frac{1}{2\pi Z_{eD}}\left[K_0(R_D\sqrt{u})+2\sum_{n=1}^{n=\infty}K_0\left(R_D\sqrt{u+\frac{n^2\pi^2}{Z_{eD}^2}}\right)\cos\left(n\pi\frac{Z_D}{Z_{eD}}\right)\cos\left(n\pi\frac{Z_D'}{Z_{eD}}\right)\right]\tag{2-57}$$

气顶、底水油藏的瞬时源函数基本解为

$$\gamma = \frac{1}{\pi Z_{eD}}\left[2\sum_{n=1}^{n=\infty}K_0\left(R_D\sqrt{u+\frac{n^2\pi^2}{Z_{eD}^2}}\right)\sin\left(n\pi\frac{Z_D}{Z_{eD}}\right)\sin\left(n\pi\frac{Z'_D}{Z_{eD}}\right)\right] \tag{2-58}$$

含气顶或底水油藏的瞬时源函数基本解为

$$\gamma = \frac{1}{\pi Z_{eD}}\left\{2\sum_{n=1}^{n=\infty}K_0\left(R_D\sqrt{u+\frac{n^2\pi^2}{Z_{eD}^2}}\right)\cos\left[(2n-1)\frac{\pi}{2}\frac{Z_D}{Z_{eD}}\right]\cos\left[(2n-1)\frac{\pi}{2}\frac{Z'_D}{Z_{eD}}\right]\right\} \tag{2-59}$$

沿着水平井井筒方向，对基本解进行积分就可以获得顶底压力响应函数。顶底封闭油藏水平井井底压力响应函数拉氏解为

$$\begin{aligned}\bar{P}_D = &\frac{1}{2u}\int_{-1}^{1}K_0(R_D\sqrt{u})\mathrm{d}\alpha + \frac{1}{u}\sum_{n=1}^{n=\infty}\cos(n\pi z_D)\cos(n\pi z_{wD})\\ &\int_{-1}^{1}K_0\left(\sqrt{(x_D-\alpha)^2+y_D^2}\sqrt{u+\frac{n^2\pi^2}{Z_{eD}^2}}\right)\mathrm{d}\alpha\end{aligned} \tag{2-60}$$

含气顶、底水油藏水平井井底压力响应函数拉氏解为

$$\begin{aligned}\bar{P}_D = &\frac{1}{u}\sum_{n=1}^{n=\infty}\sin(n\pi z_D)\sin(n\pi z_{wD})\\ &\int_{-1}^{1}K_0\left(\sqrt{(x_D-\alpha)^2+y_D^2}\sqrt{u+\frac{n^2\pi^2}{Z_{eD}^2}}\right)\mathrm{d}\alpha\end{aligned} \tag{2-61}$$

含气顶或底水油藏水平井井底压力响应函数拉氏解为

$$\begin{aligned}\bar{P}_D = &\frac{1}{u}\sum_{n=1}^{n=\infty}\cos\left[(2n-1)\frac{\pi}{2}z_D\right]\cos\left[(2n-1)\frac{\pi}{2}z_{wD}\right]\\ &\int_{-1}^{1}K_0\left(\sqrt{(x_D-\alpha)^2+y_D^2}\sqrt{u+\frac{(2n-1)^2\pi^2}{4Z_{eD}^2}}\right)\mathrm{d}\alpha\end{aligned} \tag{2-62}$$

上式同样利用 Muskat 的方法求解径向边界问题，即压力函数由两部分组成：

$$\Delta\bar{P} = P + G$$

其中，P 为只考虑顶底边界条件的压力解，而 $P+G$ 同时满足顶底和径向边界条件。因此通过推导发现：在考虑径向边界条件时，只需要在考虑顶底边界条件的基础上利用下式取代方程中的 $K_0(\alpha R_D)$ 项，即可满足边界条件的要求。

对于径向封闭边界条件：

$$I_0(r_{eD}\varepsilon_n)\frac{K_1(r_{eD}\varepsilon_n)}{I_1(r_{eD}\varepsilon_n)} \qquad \frac{\partial\Delta\bar{P}}{\partial r_D}\Big|_{r_D=r_{eD}} = 0 \tag{2-63}$$

对于径向定压边界条件：

$$-I_0(r_{eD}\varepsilon_n)\frac{K_0(r_{eD}\varepsilon_n)}{I_0(r_{eD}\varepsilon_n)} \qquad \Delta\bar{P}\,\big|_{r_D=r_{eD}} = 0 \tag{2-64}$$

顶底封闭、径向封闭油藏水平井井底压力响应函数拉氏解为

$$\begin{aligned}\bar{P}_D = \frac{1}{2u}\Bigg\{&\int_{-1}^{1}K_0(\sqrt{(x_D-\alpha)^2}\varepsilon_0)\mathrm{d}\alpha + \frac{K_1(r_{eD}\varepsilon_0)}{I_1(r_{eD}\varepsilon_0)}\int_{-1}^{1}I_0(\sqrt{(x_D-\alpha)^2}\varepsilon_0)\mathrm{d}\alpha\\ &+2\sum_{n=1}^{\infty}\Bigg[\int_{-1}^{1}K_0(\sqrt{(x_D-\alpha)^2}\varepsilon_n)\mathrm{d}\alpha\\ &+\frac{K_1(r_{eD}\varepsilon_n)}{I_1(r_{eD}\varepsilon_n)}\int_{-1}^{1}I_0(\sqrt{(x_D-\alpha)^2}\varepsilon_n)\mathrm{d}\alpha\cdot\cos(\beta_n z_{rD})\cos(\beta_n z_{wD})\Bigg]\Bigg\}\end{aligned} \tag{2-65}$$

式中，$\beta_n = n\pi$，$\varepsilon_n = \sqrt{u(h_D L_D)^2 + \beta_n L_D^2}$，$L_D = \dfrac{1}{Z_{eD}}$。

顶底封闭、径向定压油藏水平井井底压力响应函数拉氏解为

$$\begin{aligned}\bar{P}_D = \frac{1}{2u}\Big\{ &\int_{-1}^{1} K_0(\sqrt{(x_D-\alpha)^2}\varepsilon_0)\mathrm{d}\alpha - \frac{K_0(r_{eD}\varepsilon_0)}{I_0(r_{eD}\varepsilon_0)}\int_{-1}^{1} I_0(\sqrt{(x_D-\alpha)^2}\varepsilon_0)\mathrm{d}\alpha \\ &+ 2\sum_{n=1}^{\infty}\Big[\int_{-1}^{1} K_0(\sqrt{(x_D-\alpha)^2}\varepsilon_n)\mathrm{d}\alpha \\ &- \frac{K_0(r_{eD}\varepsilon_n)}{I_0(r_{eD}\varepsilon_n)}\int_{-1}^{1} I_0(\sqrt{(x_D-\alpha)^2}\varepsilon_n)\mathrm{d}\alpha \cdot \cos(\beta_n z_{rD})\cos(\beta_n z_{wD})\Big]\Big\}\end{aligned} \tag{2-66}$$

式中，$\beta_n = n\pi$，$\varepsilon_n = \sqrt{u(h_D L_D)^2 + \beta_n L_D^2}$。

顶底混合边界、径向封闭油藏水平井井底压力响应函数拉氏解为

$$\begin{aligned}\bar{P}_D = \frac{1}{u}\Big\{ &\sum_{n=1}^{\infty}\Big[\int_{-1}^{1} K_0(\sqrt{(x_D-\alpha)^2}\varepsilon_n)\mathrm{d}\alpha \\ &+ \frac{K_1(r_{eD}\varepsilon_n)}{I_1(r_{eD}\varepsilon_n)}\int_{-1}^{1} I_0(\sqrt{(x_D-\alpha)^2}\varepsilon_n)\mathrm{d}\alpha \cdot \cos(\beta_n z_{rD})\cos(\beta_n z_{wD})\Big]\Big\}\end{aligned} \tag{2-67}$$

式中，$\beta_n = \dfrac{2n-1}{2}\pi$，$\varepsilon_n = \sqrt{u(h_D L_D)^2 + \beta_n L_D^2}$。

顶底混合、径向定压油藏水平井井底压力响应函数拉氏解为

$$\begin{aligned}\bar{P}_D = \frac{1}{u}\Big\{ &\sum_{n=1}^{\infty}\Big[\int_{-1}^{1} K_0(\sqrt{(x_D-\alpha)^2}\varepsilon_n)\mathrm{d}\alpha \\ &- \frac{K_0(r_{eD}\varepsilon_n)}{I_0(r_{eD}\varepsilon_n)}\int_{-1}^{1} I_0(\sqrt{(x_D-\alpha)^2}\varepsilon_n)\mathrm{d}\alpha \cdot \cos(\beta_n z_{rD})\cos(\beta_n z_{wD})\Big]\Big\}\end{aligned} \tag{2-68}$$

式中，$\beta_n = \dfrac{2n-1}{2}\pi$，$\varepsilon_n = \sqrt{u(h_D L_D)^2 + \beta_n L_D^2}$。

顶底定压径向封闭油藏水平井井底压力响应函数拉氏解为

$$\begin{aligned}\bar{P}_D = \frac{1}{u}\Big\{ &\sum_{n=1}^{\infty}\Big[\int_{-1}^{1} K_0(\sqrt{(x_D-\alpha)^2}\varepsilon_n)\mathrm{d}\alpha \\ &+ \frac{K_1(r_{eD}\varepsilon_n)}{I_1(r_{eD}\varepsilon_n)}\int_{-1}^{1} I_0(\sqrt{(x_D-\alpha)^2}\varepsilon_n)\mathrm{d}\alpha \cdot \sin(\beta_n z_{rD})\sin(\beta_n z_{wD})\Big]\Big\}\end{aligned} \tag{2-69}$$

式中，$\beta_n = n\pi$，$\varepsilon_n = \sqrt{u(h_D L_D)^2 + \beta_n L_D^2}$。

顶底定压径向定压油藏水平井井底压力响应函数拉氏解为

$$\begin{aligned}\bar{P}_D = \frac{1}{u}\Big\{ &\sum_{n=1}^{\infty}\Big[\int_{-1}^{1} K_0(\sqrt{(x_D-\alpha)^2}\varepsilon_n)\mathrm{d}\alpha \\ &- \frac{K_0(r_{eD}\varepsilon_n)}{I_0(r_{eD}\varepsilon_n)}\int_{-1}^{1} I_0(\sqrt{(x_D-\alpha)^2}\varepsilon_n)\mathrm{d}\alpha \cdot \sin(\beta_n z_{rD})\sin(\beta_n z_{wD})\Big]\Big\}\end{aligned} \tag{2-70}$$

式中，$\beta_n = n\pi$，$\varepsilon_n = \sqrt{u(h_D L_D)^2 + \beta_n L_D^2}$，$\hat{x}_{WD} = x_{WD} + \alpha\sqrt{K/K_x}$。

二、均质油藏水平井井底压力响应特征

图 2-16 给出了顶底封闭油藏水平井双对数压力响应和压力导数曲线，从双对数曲线中可以发现存在三个流动阶段(李成勇等，2007)：

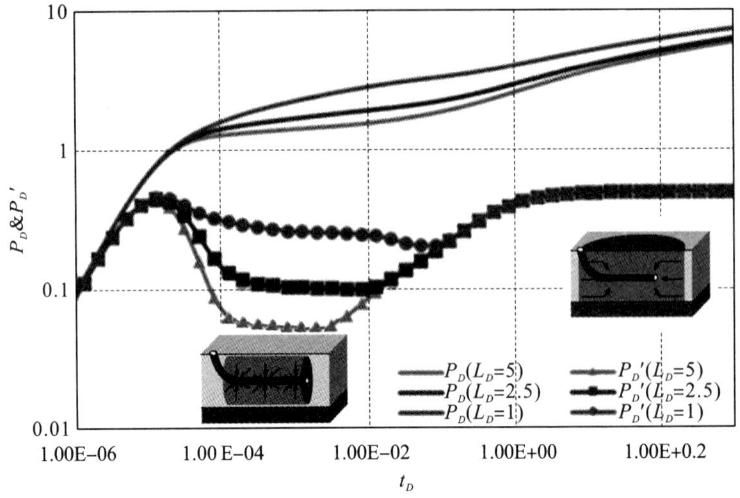

图 2-16　L_D 对井底压力响应曲线的影响

(1)早期纯井储阶段，在压力和压力导数双对数曲线上表现为斜率为 1 的直线段，与直井类似压力和压力导数曲线受早期油藏井筒储集效应和表皮效应影响；

(2)第一径向流动阶段，在压力和压力导数双对数曲线上，压力导数曲线出现第一水平段，该段反映了早期垂直于水平井井筒的径向流动；

(3)第二径向流动阶段，在压力和压力导数双对数曲线上，压力导数曲线出现第二水平段且值为 0.5，该段反映了早期水平方向的径向流动阶段；

值得注意的是在实际中由于存在表皮效应和井筒储集效应的影响，第一径向流动阶段较难出现。此外若存在偏心距的影响，还可能出现探测到较近距离封闭顶底边界的影响。

图 2-16 是水平井长度 L_D 对顶底封闭水平井井底压力动态的影响关系图。从图中可以看出，L_D 的值越小，压力曲线的值就越高，与压力导数曲线的距离就越大，反之 L_D 的值越大，压力曲线的值就越低，与压力导数曲线的距离就越小。这主要是因为：水平井的长度越短，则流体流动对油藏造成的压力损失就相对变缓。

图 2-17 是各向异性 K_h/K_v 对顶底封闭水平井井底压力响应曲线的影响。从图中可以看出渗透率各向异性 K_h/K_v 对压力和压力导数曲线的影响因素分析与图 2-16 相似，这主要是根据渗透率各向异性的定义决定的 $i_D = \frac{i}{l}\sqrt{\frac{k}{k_i}}$，因此当考虑渗透率各向异性后，无形中增加了试井解释多解的可能。

图 2-18 是水平井中心位置到油藏底面的距离 Z_{WD} 对顶底封闭水平井井底压力响应曲线的影响关系图，从图中可以看出：Z_{WD} 的值越小，第一径向流动阶段结束的时间越早(如 $Z_{WD}=0.11$ 的情形)，反之 Z_{WD} 的值越大，第一径向流动阶段结束的时间越晚(如 $Z_{WD}=0.51$ 的情形)。这主要是因为：Z_{WD} 的值越接近 0.5，则水平井到油藏边界的距离就越大，压力波传到边界所需要的时间就越长。

由于受定压边界的干扰，在压力和压力导数双对数曲线上，顶底定压或混合边界水平井很难识别出径向边界的影响。因此本文就未对上述情形与以说明。本书只分析了顶底封闭外边界封闭或定压情形。

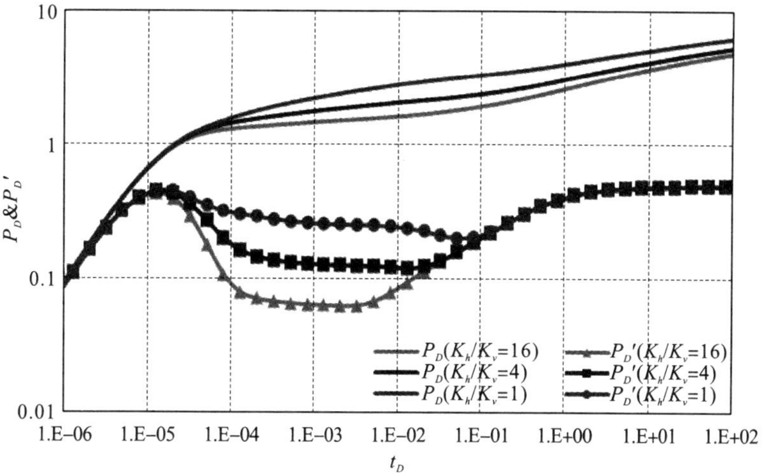

图 2-17 K_h/K_v 对井底压力响应曲线的影响

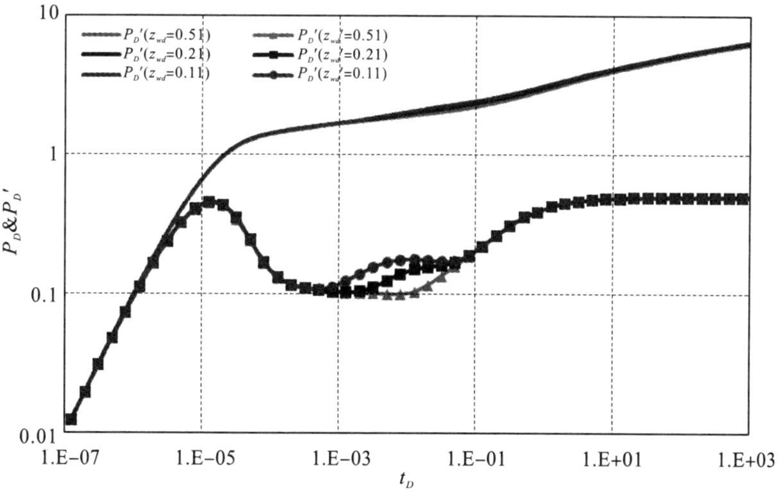

图 2-18 Z_{WD} 对井底压力响应曲线的影响

第六节 均质油藏压裂井井底压力响应函数

一、无限大油藏压裂井井底压力响应函数

由前推导可知，利用级数函数性质、泊松叠加公式、拉普拉斯变换等方法进行化简，顶底封闭油藏瞬时点源基本解为

$$\gamma=\frac{1}{2\pi Z_{eD}}\left[K_0(R_D\sqrt{u})+2\sum_{n=1}^{n=\infty}K_0\left(R_D\sqrt{u+\frac{n^2\pi^2}{Z_{eD}^2}}\right)\cos\left(n\pi\frac{Z_D}{Z_{eD}}\right)\cos\left(n\pi\frac{Z_D'}{Z_{eD}}\right)\right] \tag{2-71}$$

假设油井井筒定流量生产，井位于裂缝中心点$(0,0,Z_e/2)$，缝长为$2L_f$，缝高为h，令$l=L_f$对点源基本解进行积分，则具有一条垂直裂缝模型井底压力响应函数拉氏解为

$$\bar{P}_D(x_D,y_D)=\frac{1}{2u}\int_{-1}^{1}K_0[\sqrt{u}\ \sqrt{(x_D-\alpha)^2+y_D^2}]\mathrm{d}\alpha \tag{2-72}$$

其裂缝面（$|x_D|\leqslant 1, y_D=0$）的压力响应函数为

$$\bar{P}_D(|x_D|\leqslant 1,y_D=0)=\frac{1}{2s\sqrt{u}}\left[\int_0^{\sqrt{u}(1-x_D)}K_0(\xi)\mathrm{d}\xi+\int_0^{\sqrt{u}(1+x_D)}K_0(\xi)\mathrm{d}\xi\right] \tag{2-73}$$

对上式进行积分，可以得到垂直裂缝模型井底压力响应函数拉氏解为

$$\bar{P}_D=\frac{1}{2}\int_{-1}^{1}\bar{P}_D(x_D,y_D=0,u)\mathrm{d}x_D \tag{2-74}$$

$$\bar{P}_D=\frac{1}{2s\sqrt{u}}\left[\pi-\frac{1-K_{i2}(2\sqrt{u})}{\sqrt{u}}\right] \tag{2-75}$$

式中，$K_{i2}(z)=\int_Z^{\infty}K_{i1}(\xi)\mathrm{d}\xi \quad K_{i1}(z)=\int_Z^{\infty}K_0(\xi)\mathrm{d}\xi$。

由贝塞尔函数积分性质可以得知：$K_{i2}(z)=-zK_{i1}(z)+zK_1(z)$

二、径向封闭油藏压裂井井底压力响应函数

假设地层各向同性，并且在 $z=0$，$z=z_e$，$r=r_e$ 处为封闭边界，垂直裂缝缝高为 $h=|Z_e|$，缝长为 $2L_f$，裂缝中心位置为 $(0,0,Z_e/2)$，裂缝从 $(L_f,\alpha+\pi)$ 延伸到(L_f,α)，裂缝中流量分别均匀。瞬时点源基本解(宫平志等，2012)为

$$\begin{aligned}\gamma=\frac{1}{2\pi Z_{eD}}\Bigg\{&K_0(R_D\sqrt{u})-\sum_{k=-\infty}^{+\infty}I_k(\sqrt{u}r_D)\frac{I_k(\sqrt{u}r'_D)K_k(\sqrt{u}r_{eD})}{I'_k(\sqrt{u}r_{eD})}\cos k(\theta-\theta')\\&+2\sum_{n=1}^{\infty}\cos n\pi\frac{z_D}{z_{eD}}\cos n\pi\frac{z'_D}{z_{eD}}\Bigg[K_0\left(R_D\sqrt{u+\frac{n^2\pi^2}{Z_{eD}^2}}\right)\\&-\sum_{k=-\infty}^{+\infty}I_k\left(\sqrt{u+\frac{n^2\pi^2}{Z_{eD}^2}}r_D\right)\frac{I_k\left(\sqrt{u+\frac{n^2\pi^2}{Z_{eD}^2}}\right)K'_k\left(\sqrt{u+\frac{n^2\pi^2}{Z_{eD}^2}}r_{eD}\right)}{I'_k\left(\sqrt{u+\frac{n^2\pi^2}{Z_{eD}^2}}r_{eD}\right)}\cos k(\theta-\theta')\Bigg]\Bigg\}\end{aligned} \tag{2-76}$$

对 z' 从 $Z_w-h/2$ 到 $Z_w+h/2$ 进行积分，则在点 (r'_D,θ') 处的垂直裂缝线源解井底压力响应函数拉氏解为：

$$\begin{aligned}\Delta\bar{P}&=\frac{\tilde{q}\mu h}{2\pi klZ_{eD}s}\left[K_0(\sqrt{u}R_D)-\sum_{k=-\infty}^{+\infty}I_K(\sqrt{u}r_D)\frac{I_k(\sqrt{u}r'_D)K'_k(\sqrt{u}r_{eD})}{I'_K(\sqrt{u}r_{eD})}\cos(\theta-\theta')\right]\\&=\frac{\tilde{q}\mu h}{2\pi klZ_{eD}s}\sum_{k=-\infty}^{+\infty}F_k\cos k(\theta-\theta')\end{aligned} \tag{2-77}$$

式中，

$$R_D^2=r_D^2+r'^2_D-2r_Dr'_D\cos(\theta-\theta')$$

$$F_K=\begin{cases}F_K(r_D,r'_D) & r_D<r'_D\\ F_K(r'_D,r_D) & r_D>r'_D\end{cases}$$

$$F_K(a,b)=I_K(a\sqrt{u})\left[\frac{K_K(b\sqrt{u})I'_K(r_{eD}\sqrt{u})-I_K(b\sqrt{u})K'_K(r_{eD}\sqrt{u})}{I'_K(r_{eD}\sqrt{u})}\right]$$

对上式从 $(L_f,\alpha+\pi)$ 到 (L_f,α) 进行积分可以得到垂直裂缝井底压力响应函数拉氏解为：

$$\Delta\bar{P}=\frac{\tilde{q}\mu h}{2\pi klZ_{eD}s}\sum_{k=-\infty}^{+\infty}\left[\cos k(\theta-\alpha-\pi)\int_0^{L_{fD}}F_k\mathrm{d}r'_D+\cos k(\theta-\alpha)\int_0^{L_{fD}}F_k\mathrm{d}r'_D\right]$$
$$=\frac{\tilde{q}\mu h}{\pi kZ_{eD}s}\sum_{k=-\infty}^{+\infty}\cos k(\theta-\alpha-\pi)\cos k\,\frac{\pi}{2}\int_0^{L_{fD}}F_k\mathrm{d}r'_D \tag{2-78}$$

令 $L_{fD}=L_f/l$，则上式可以变为

$$\bar{P}_D=\frac{1}{u}\sum_{k=-\infty}^{+\infty}\cos k(\theta-\alpha-\pi)\cos k\,\frac{\pi}{2}\int_0^{L_{fD}}F_K\mathrm{d}r'_D \tag{2-79}$$

三、考虑不对称缝井底压力动态响应数学模型

受储层非均质性影响，在驱油过程中极易出现优势渗流通道，即裂缝在某方向发育另外一方向不发育的情形。因此本书创造性地提出了不对称裂缝井渗流数学模型，具体数学模型如图 2-21 所示。

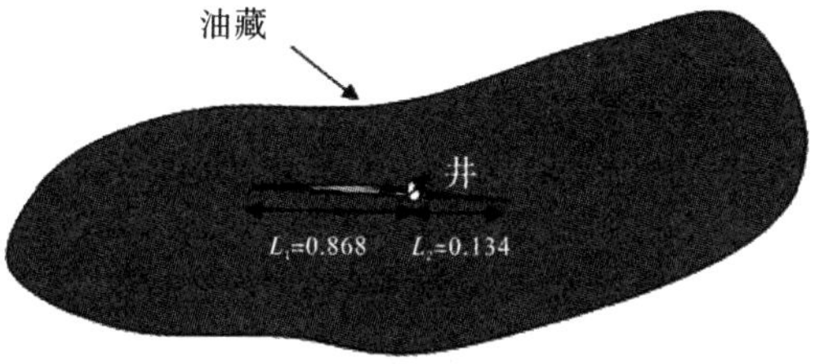

图 2-21　不对称裂缝井渗流物理模型

根据前面的推导可知，顶底封闭边界瞬时点源基本解为

$$\gamma=\frac{1}{4\pi}\sum_{-\infty}^{+\infty}\left\{\frac{\exp\left[-\sqrt{u}\ \sqrt{R_D^2+(Z_D+Z'_D-2nZ_{eD})^2}\right]}{\sqrt{R_D^2+(Z_D+Z'_D-2nZ_{eD})^2}}+\frac{\exp\left[-\sqrt{u}\ \sqrt{R_D^2+(Z_D-Z'_D-2nZ_{eD})^2}\right]}{\sqrt{R_D^2+(Z_D-Z'_D-2nZ_{eD})^2}}\right\} \tag{2-80}$$

式中，$R_D^2=(x_D-x'_D)^2+(y_D-y'_D)^2$，$x_D=\frac{x}{l}\sqrt{\frac{K}{K_x}}$，$y_D=\frac{y}{l}\sqrt{\frac{K}{K_y}}$，$z_D=\frac{z}{l}\sqrt{\frac{K}{K_z}}$，$z_{eD}=\frac{z_e}{l}\sqrt{\frac{K}{K_z}}$。

根据正、余弦函数性质，两个封闭边界瞬时源函数基本解可以合并为

$$\gamma=\frac{1}{2\pi Z_{eD}}\left[K_0(R_D\sqrt{u})+2\sum_{n=1}^{n=\infty}K_0\left(R_D\sqrt{u+\frac{n^2\pi^2}{Z_{eD}^2}}\right)\cos\left(n\pi\frac{Z_D}{Z_{eD}}\right)\cos\left(n\pi\frac{Z'_D}{Z_{eD}}\right)\right] \tag{2-81}$$

假设井的中心点 $(0,0,Z_e/2)$，裂缝长度为 $2L_f$，压裂井缝高为 h，令变量 $l=L_f$，对点源基本解沿裂缝延伸方向积分，则含有一条裂缝的井底压力响应函数拉氏解为

$$\bar{P}_D(x_D,y_D)=\frac{1}{2u}\int_{-1}^{1}K_0\left[\sqrt{u}\ \sqrt{(x_D-\alpha)^2+y_D^2}\right]\mathrm{d}\alpha \tag{2-82}$$

则测试点 $(|x_D|\leqslant 1,y_D=0)$ 的压力响应函数可以写为

$$\overline{P}_D(|x_D| \leqslant 1, y_D = 0) = \frac{1}{2u\sqrt{u}}\left[\int_0^{\sqrt{u}(1-x_D)} K_0(\xi)\mathrm{d}\xi + \int_0^{\sqrt{u}(1+x_D)} K_0(\xi)\mathrm{d}\xi\right] \tag{2-83}$$

四、压裂水平井井底压力响应数学模型

对于水平井而言，假设 $2L_H$ 为源的长度，流体通过一个线源流入或流出，线源平行于 X 轴，且水平井的中心为 (X_W, Y_W, Z_W)，从 $X_W - L_h$ 到 $X_W + L_h$ 在 X 轴方向上进行积分。可以得到水平井在相应地层的压力响应函数。压裂水平井井底压力响应函数拉氏解为

$$\begin{aligned}\overline{P}_D = &\frac{1}{2u}\int_{-1}^{1} K_0(R_D\sqrt{u})\mathrm{d}\alpha + \frac{1}{u}\sum_{n=1}^{n=\infty}\cos(n\pi z_D)\cos(n\pi z_{wD}) \\ &\int_{-1}^{1} K_0\left(\sqrt{(x_D-\alpha)^2 + y_D^2}\sqrt{u + \frac{n^2\pi^2}{Z_{eD}^2}}\right)\mathrm{d}\alpha\end{aligned} \tag{2-84}$$

对上式进行 Z 方向进行积分可以得到垂直裂缝压裂水平井井底压力响应函数拉氏解为

$$\begin{aligned}\overline{P}_D = &\frac{1}{2u\sqrt{u}}\left[\pi - \frac{1 - K_{i2}(2\sqrt{u})}{\sqrt{u}}\right] \\ &+ \frac{1}{u}\sum_{n=1}^{\infty}\frac{\cos n\pi z_D \cos n\pi z_{wD}}{\sqrt{u + n^2\pi^2 L_D^2}}\left[\pi - \frac{1 - K_{i2}(2\sqrt{u + n^2\pi^2 L_D^2})}{\sqrt{u + n^2\pi^2 L_D^2}}\right]\end{aligned} \tag{2-85}$$

式中，$K_{i2}(z) = \int_Z^{\infty} K_{i1}(\xi)\mathrm{d}\xi$。

五、均质油藏压裂井井底压力响应特征

图 2-20 给出了直井双对数压力响应和压力导数曲线，从双对数曲线中可以发现直井存在至少三个流动阶段：①早期纯井筒储集阶段，在压力和压力导数双对数曲线上表现为斜率为 1 的直线段，该阶段主要表现为：压力和压力导数曲线受早期井筒储集效应的

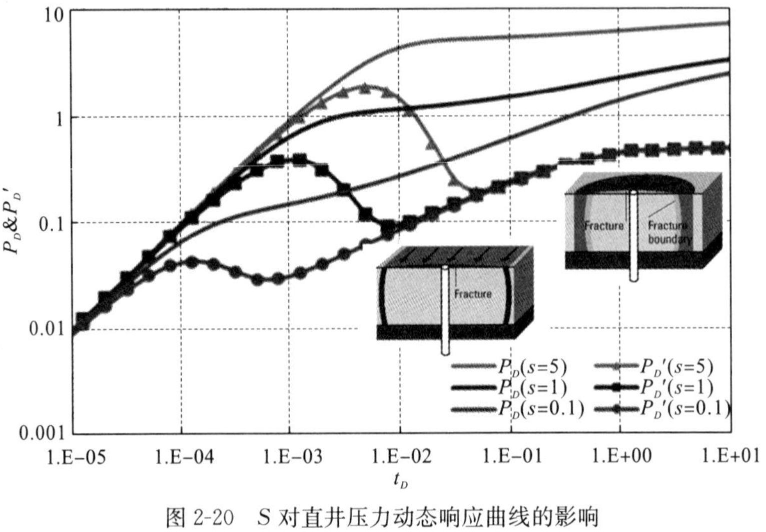

图 2-20　S 对直井压力动态响应曲线的影响

影响；②早期裂缝线性流动阶段，在压力和压力导数双对数曲线上表现为斜率为 0.5 的直线段；③中期径向流动阶段，具体表现为：在双对数曲线上，压力导数表现为一值为 0.5 的水平段，其表现为系统总的径向流动阶段。

图 2-20 是表皮系数 S 对顶底封闭，压裂直井井底压力响应曲线的影响井底压力动态的影响关系图。从图中可以看出，表皮效应对井底压力动态曲线的影响存在除纯井筒储存阶段以外的任何流动阶段，表皮系数 S 越大，无因次压力曲线的位置越高，无因次压力曲线与无因次压力导数曲线之间的距离越大，表示井所受的污染越严重；在压力导数曲线上，表皮系数对曲线形态的影响主要反映在由纯井筒储存阶段向内区径向流动阶段的过渡阶段，表皮系数 S 越大，过渡段的驼峰越高，反之表皮系数越小，过渡段的驼峰越低，由于表皮系数 S 的存在，早期的裂缝线性流动阶段不同程度地被掩盖。

图 2-21 给出了顶底封闭，外边界封闭压裂直井双对数压力响应和压力导数曲线，从双对数曲线中可以发现直井存在四个流动阶段：①早期纯井筒储集阶段，在压力和压力导数双对数曲线上表现为斜率为 1 的直线段，该阶段主要表现为：压力和压力导数曲线受早期井筒储集效应的影响；②早期裂缝线性流动阶段，在压力和压力导数双对数曲线表现为斜率为 0.5 的直线段；③中期径向流动阶段，具体表现为：压力导数表现为一值为 0.5 的水平段，其表现为系统总的径向流动阶段；④晚期径向封闭边界反映阶段，具体表现为：压力导数曲线迅速上升，且压力导数呈一定斜率的直线，该阶段反映了封闭边界对压力和压力导数曲线的影响；

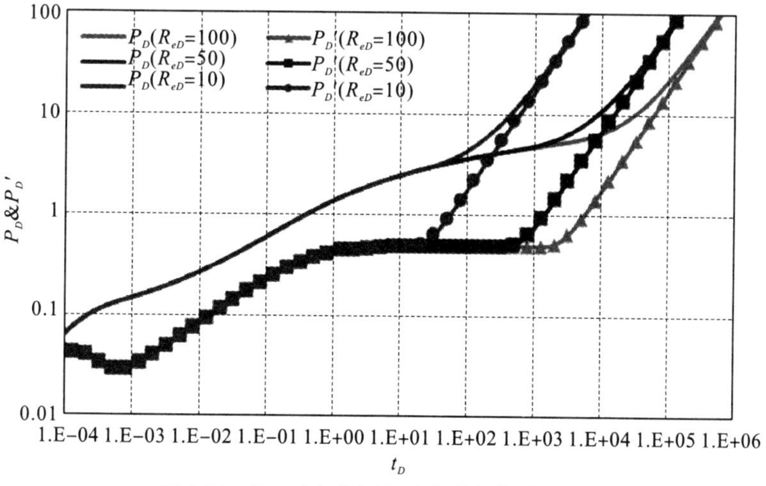

图 2-21 R_{eD} 对直井压力动态响应曲线的影响

图 2-22 给出了顶底封闭，外边界定压压裂直井双对数压力响应和压力导数曲线，从双对数曲线中可以发现直井存在至少四个流动阶段：①早期纯井筒储集阶段，在压力和压力导数双对数曲线上表现为斜率为 1 的直线段，该阶段主要表现为：压力和压力导数曲线受早期井筒储集效应的影响；②裂缝线性流动阶段，在压力和压力导数双对数曲线上表现为斜率为 0.5 的直线段；③中期径向流动阶段，具体表现为：在双对数曲线上，压力导数表现为一值为 0.5 的水平段，其表现为系统总的径向流动阶段；④晚期径向定压边界反映阶段，具体表现为：在双对数曲线上，压力导数曲线迅速下掉，且压力曲线趋于某一定值，该阶段反映了定压边界对压力和压力导数曲线的影响。

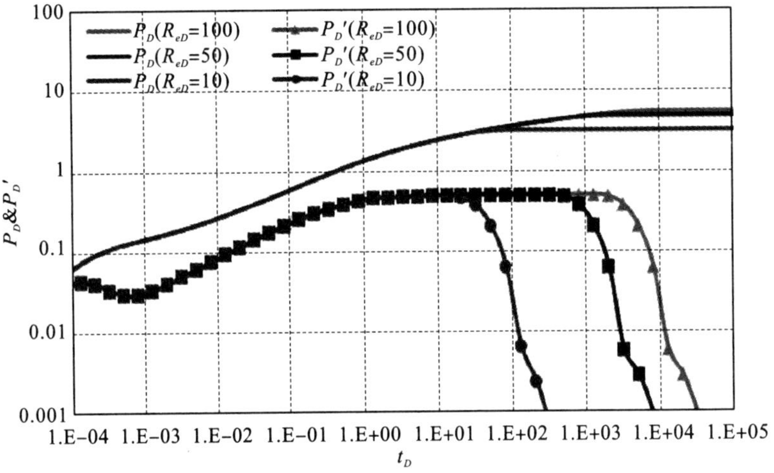

图 2-22 R_{eD}对直井压力动态响应曲线的影响

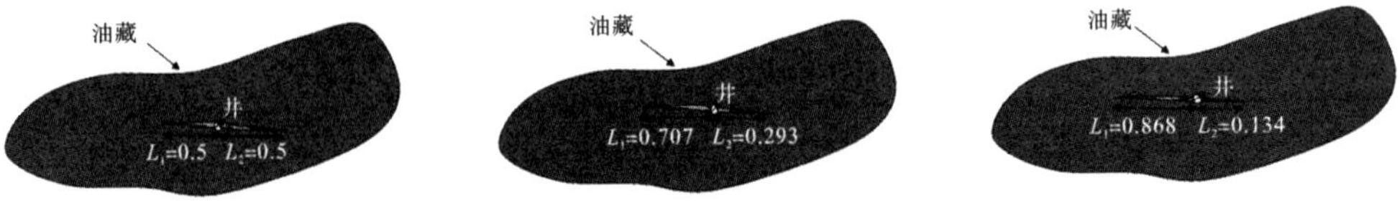

图 2-23 裂缝不对称程度示意图

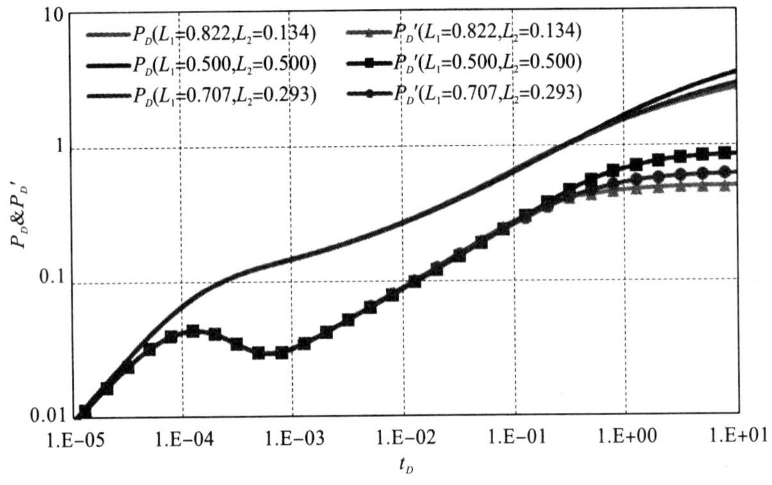

图 2-24 裂缝不对称程度对井底压力动态的影响

利用本书建立的不对称裂缝模型，研究压裂井不同方向发育程度对井底压力动态的影响。裂缝不对称程度如图 2-23 所示，从图 2-24 中可以看出，裂缝不对称程度主要影响后期径向流动阶段的水平值，受不对称裂缝的影响，油藏进入系统径向流动阶段后，压力导数呈一条水平直线段，但其值再也不等于 0.5。裂缝越不对称则压力导数曲线的位置越低，压力曲线位置也相应越低。

在注水开发过程中，由于储层结构和注采井网的差异，可能存在多条裂缝(图 2-25)。图 2-26 是不同条数裂缝对井底压力动态响应的影响关系图。从图中可以看出裂缝条数的变化主要影响线性流动阶段；在优势渗流裂缝通道长度一定的情况下，裂缝越多，则单条裂缝的长度就越短，压力导数曲线越难出现线性流动阶段，压力和压力导数曲线的位置就越高，流体渗流相对就越困难。反之裂缝条数越少，则单条裂缝的长度就越长，压力导数曲线就越易出现斜率为 1/4 的直线段，压力和压力导数曲线的位置越低，流体渗流就越容易，对注水开发不利(李峰进，2012)。

图 2-25 多条裂缝示意图

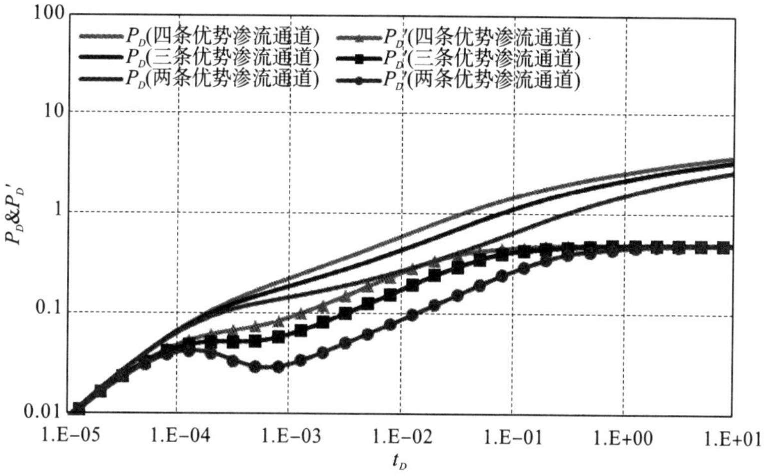

图 2-26 裂缝条数对井底压力的影响

图 2-27 给出了顶底封闭压裂水平井双对数压力响应和压力导数曲线，从双对数曲线中可以发现存在四个流动阶段(李成勇等，2007)：①早期纯井筒储集阶段，在压力和压力导数双对数曲线上表现为斜率为 1 的直线段，该阶段主要表现为：压力和压力导数曲

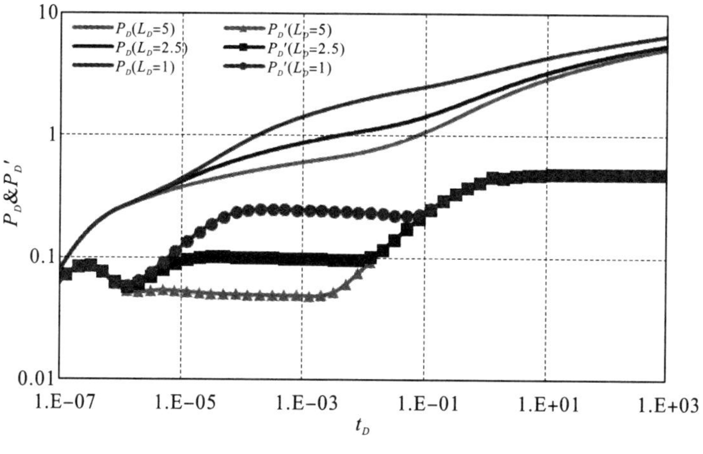

图 2-27 L_D 对水平井井底压力动态响应曲线的影响因素

线受早期井筒储集效应的影响；②裂缝线性流动阶段，具体表现为：压力和压力导数曲线表现为斜率为0.5的直线段；③第一径向流动阶段，具体表现为：压力导数曲线出现第一水平段，该段反映了早期垂直于水平井井筒的径向流动；④中期径向流动阶段，具体表现为：压力导数曲线出现第二水平段且值为0.5，该段反映了水平方向的径向流动阶段。

图2-27是水平井长度 L_D 对顶底封闭压裂水平井井底压力动态的影响关系图。从图中可以看出，水平井长度 L_D 表现在早期流动阶段，集中影响前两个流动阶段压力导数曲线的形态，如 L_D 的值越小，则压力导数早期水平段的值越大，如 $L_D=1.0$ 曲线；反之 L_D 的值越大，相应压力导数早期水平段的值较小，如 $L_D=5.0$ 曲线。

第七节 规则边界叠加方法

由于在成藏过程中受到多次构造运动的作用，实际油气藏的外边界比较复杂(孙来喜等，2008)。通过渗流力学中的镜像反映原理，可以解决规则形状外边界油藏的渗流问题。本节主要考虑了直线边界、夹角边界、平行边界、半封闭边界和全封闭边界几种模式，具体推导过程如下：

一、一条直线边界

对于井附近存在直线边界的油藏，可以用1口对应的虚拟井来表示(如图2-28)，利用渗流力学中的叠加原理，可以得到该类油藏的井底压力响应函数。

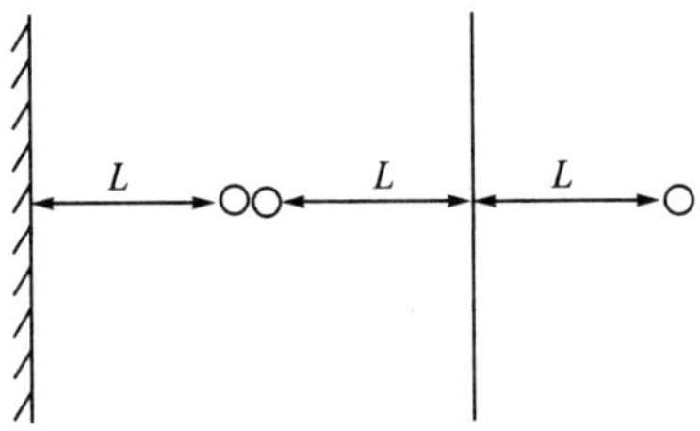

图2-28 直线断层油藏镜像反映示意图

$$\bar{p}_{WDB} = P' + (-1)^j \bar{p}_D(2L_D) \tag{2-86}$$

式中，不渗透边界，$j=2$；定压边界，$j=1$；P'——无限大地层压力响应解。

二、60°夹角边界

设测试井距直线边界1的距离为 L_1，距直线边界2的距离为 L_2，$L_{D1}=L_1/r_w$，$L_{D2}=L_2/r_w$。对于井附近存在60°夹角边界的油藏，可以用5口对应的虚拟井来表示(如图2-29)。

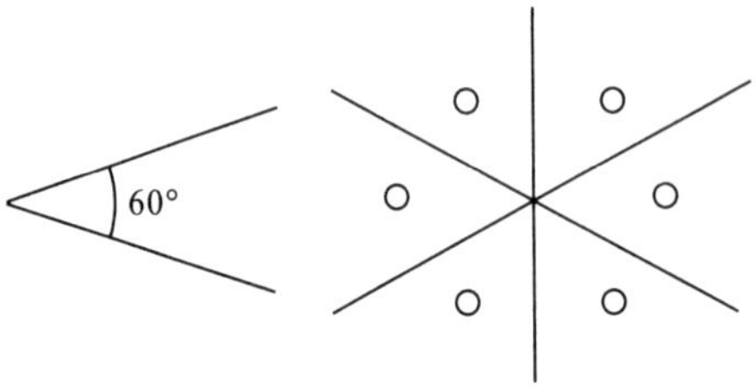

图2-29 60°夹角边界镜像反映示意

利用渗流力学中的叠加原理，同样可以得到该类油藏的井底压力响应函数。

$$\bar{p}_{WDB}=P'+(-1)^j*\bar{p}_D(2L_{D1})+(-1)^i*\bar{p}_D(2L_{D2})+(-1)^{j+1}*\bar{p}_D\left(\frac{4\sqrt{3}}{3}\sqrt{L_{D1}^2+L_{D2}^2+L_{D1}*L_{D2}}\right)+(-1)^{i+1}*\bar{p}_D\left(\frac{4\sqrt{3}}{3}\sqrt{L_{D1}^2+L_{D2}^2+L_{D1}*L_{D2}}\right)+(-1)^{i+j}\bar{p}_D\left(\sqrt{\frac{19}{3}L_{D1}^2+\frac{7}{3}L_{D2}^2+\frac{10}{3}L_{D1}*L_{D2}}\right) \tag{2-87}$$

式中，不渗透边界，$i=2$，$j=2$；定压边界，$i=1$，$j=1$。

三、直角边界

设测试井距直线边界 1 的距离为 L_1，距直线边界 2 的距离为 L_2，$L_{D1}=L_1/r_w$，$L_{D2}=L_2/r_w$。对于井附近存在直角边界的油藏，可以用 3 口对应的虚拟井来表示(如图 2-30)。利用渗流力学中的叠加原理，同样可以得到该类油藏的井底压力响应函数。

$$\bar{p}_{WDB}=P'+(-1)^j*\bar{p}_D(2L_{D1})+(-1)^i*\bar{p}_D(2L_{D2})+(-1)^{\min(i,j)}\bar{p}_D(2\sqrt{L_{D1}^2+L_{D2}^2}) \tag{2-88}$$

式中，不渗透边界，$i=2$，$j=2$；定压边界，$i=1$，$j=1$。

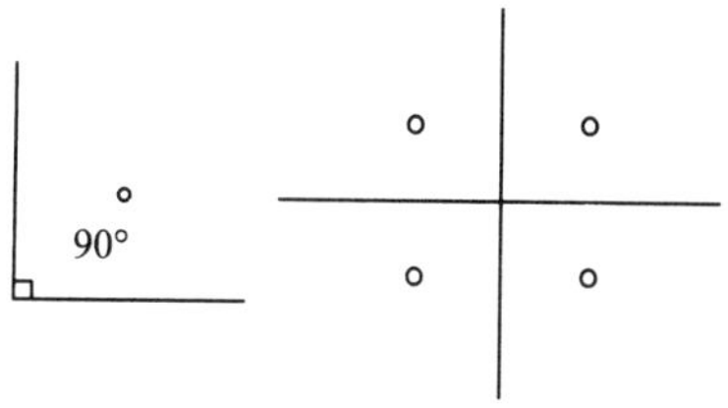

图 2-30　90°夹角边界镜像反映示意图

四、120°夹角边界

设测试井距直线边界 1 的距离为 L_1，距直线边界 2 的距离为 L_2，$L_{D1}=L_1/r_w$，$L_{D2}=L_2/r_w$。对于井附近存在 120°夹角边界的油藏，可以用 2 口对应的虚拟井来表示(如图 2-31)。

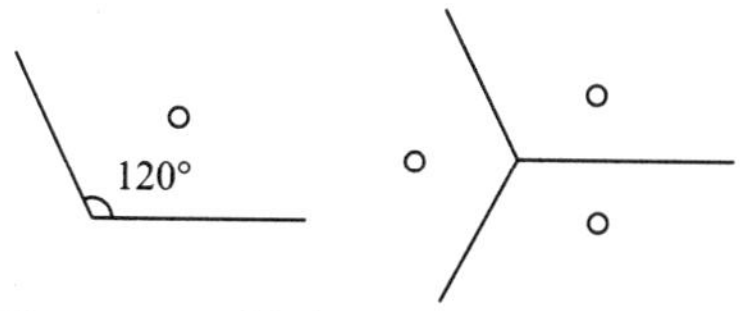

图 2-31　120°夹角边界镜像反映示意图

利用渗流力学中的叠加原理，同样可以得到该类油藏的井底压力响应函数。

$$\bar{p}_{WDB}=P'+(-1)^j*\bar{p}_D(2L_{D1})+(-1)^i*\bar{p}_D(2L_{D2}) \tag{2-89}$$

式中，不渗透边界，$i=2$，$j=2$；定压边界，$i=1$，$j=1$。

五、平行直线边界

平行边界模型在河道沉积相中比较常见，设测试井距直线边界 1 的距离为 L_1，距直线边界 2 的距离为 L_2，$L_{D1}=L_1/r_w$，$L_{D2}=L_2/r_w$。对于井附近存在平行直线边界的油藏，可以用无数口对应的虚拟井来表示(如图 2-32)。

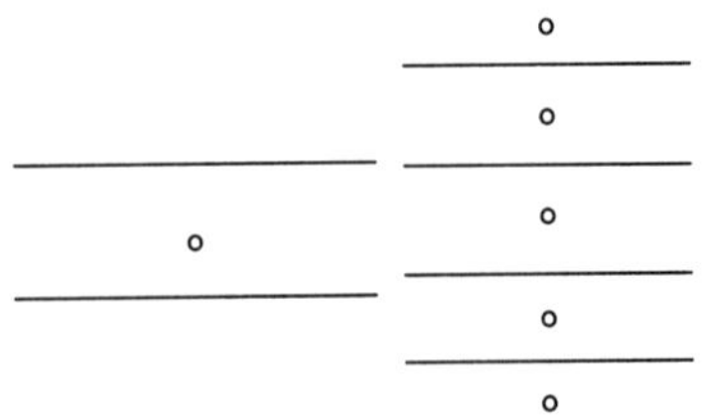

图 2-32 平行边界镜像反映示意图

利用渗流力学中的叠加原理，同样可以得到该类油藏的井底压力响应函数。

$$\begin{aligned}\bar{p}_{WDB} = p' &+ (-1)^i \sum_{n=1}^{\infty} \bar{p}_D[2n(L_{D1}+L_{D2})] \\ &+ (-1)^j \sum_{n=1}^{\infty} \bar{p}_D[2n(L_{D1}+L_{D2})] \\ &+ (-1)^i \sum_{n=1}^{\infty} \bar{p}_D[2(n-1)(L_{D1}+L_{D2})+2L_{D1}] \\ &+ (-1)^j 2\sum_{n=1}^{\infty} \bar{p}_D[2(n-1)(L_{D1}+L_{D2})+2L_{D2}]\end{aligned} \tag{2-90}$$

式中，不渗透边界，$i=2$，$j=2$；定压边界，$i=1$，$j=1$。

六、三条直线边界

三条直线边界指的是两条平行直线边界垂直于另一直线边界。该类型边界组合在复杂断块油藏中较常见。设井距边界 1 的距离为 L_1，距边界 2 的距离为 L_2，距边界 3 的距离为 L_3。$L_{D1}=L_1/r_w$，$L_{D2}=L_2/r_w$，$L_{D3}=L_3/r_w$。对于井附近存在半封闭边界的油藏，可以用两排无数多口对应的虚拟井来表示(如图 2-32)。

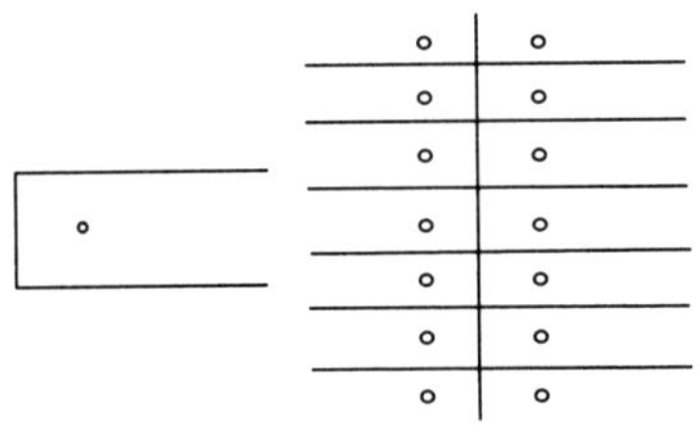

图 2-32 半封闭边界镜像反映示意图

利用渗流力学中的叠加原理，同样可以得到该类型油藏的井底压力响应函数。

$$\begin{aligned}\bar{p}_{WDB} = p' &+ (-1)^i \sum_{n=1}^{\infty} \bar{p}_D[2n(L_{D1}+L_{D2})] \\ &+ (-1)^j \sum_{n=1}^{\infty} \bar{p}_D[2n(L_{D1}+L_{D2})] \\ &+ (-1)^i \sum_{n=1}^{\infty} \bar{p}_D[2(n-1)(L_{D1}+L_{D2})+2L_{D1}] \\ &+ (-1)^j 2\sum_{n=1}^{\infty} \bar{p}_D[2(n-1)(L_{D1}+L_{D2})+2L_{D2}] \\ &+ (-1)^{i+z} \sum_{n=1}^{\infty} \bar{p}_D\{\sqrt{(2L_{D3})^2+[2n(L_{D1}+L_{D2})]^2}\}\end{aligned}$$

$$
\begin{aligned}
&+(-1)^{j+z}\sum_{n=1}^{\infty}\bar{p}_D\{\sqrt{(2L_{D3})^2+[2n(L_{D1}+L_{D2})]^2}\}\\
&+(-1)^{i+z}\sum_{n=1}^{\infty}\bar{p}_D\{\sqrt{(2L_{D3})^2+[2(n-1)(L_{D1}+L_{D2})+2L_{D1}]^2}\}\\
&+(-1)^{j+z}\sum_{n=1}^{\infty}\bar{p}_D\{\sqrt{(2L_{D3})^2+[2(n-1)(L_{D1}+L_{D2})+2L_{D2}]^2}\}\\
&+(-1)^{z}\bar{p}_D(2L_{D3})
\end{aligned}
\tag{2-91}
$$

式中，不渗透边界，$i=2$、$j=2$、$z=2$；定压边界，$i=1$，$j=1$、$z=1$。

七、矩形边界

设井距边界 1 的距离为 L_1，距边界 2 的距离为 L_2，距边界 3 的距离为 L_3，距边界 4 的距离为 L_4。$L_{D1}=L_1/r_w$，$L_{D2}=L_2/r_w$，$L_{D3}=L_3/r_w$，$L_{D4}=L_4/r_w$。对于井附近存在封闭边界的油藏，可以用图 2-33 虚拟井来表示。利用渗流力学中的叠加原理，同样可以得到该类型油藏的井底压力响应函数。

$$
\begin{aligned}
\bar{p}_{WDB}=p'&+(-1)^{i}\sum_{n=1}^{\infty}\bar{p}_D[2n(L_{D1}+L_{D2})]\\
&+(-1)^{j}\sum_{n=1}^{\infty}\bar{p}_D[2n(L_{D1}+L_{D2})]\\
&+(-1)^{i}\sum_{n=1}^{\infty}\bar{p}_D[2(n-1)(L_{D1}+L_{D2})+2L_{D1}]\\
&+(-1)^{j}2\sum_{n=1}^{\infty}\bar{p}_D[2(n-1)(L_{D1}+L_{D2})+2L_{D2}]\\
&+(-1)^{i+z}\sum_{k=1}^{\infty}\sum_{n=1}^{\infty}\bar{p}_D\{\sqrt{[2(k-1)(L_{D3}+L_{D4})+2L_{D3}]^2+[2n(L_{D1}+L_{D2})]^2}\}\\
&+(-1)^{j+h}\sum_{k=1}^{\infty}\sum_{n=1}^{\infty}\bar{p}_D\{\sqrt{[2(k-1)(L_{D3}+L_{D4})+2L_{D4}]^2+[2n(L_{D1}+L_{D2})]^2}\}\\
&+(-1)^{i+z+h}\sum_{k=1}^{\infty}\sum_{n=1}^{\infty}\bar{p}_D\{\sqrt{[2(k-1)(L_{D3}+L_{D4})]^2+[2(n-1)(L_{D1}+L_{D2})+2L_{D1}]^2}\}\\
&+(-1)^{j+z+h}\sum_{k=1}^{\infty}\sum_{n=1}^{\infty}\bar{p}_D\{\sqrt{[2(k-1)(L_{D3}+L_{D4})]^2+[2(n-1)(L_{D1}+L_{D2})+2L_{D2}]^2}\}
\end{aligned}
\tag{2-92}
$$

式中，不渗透边界，$i=2$、$j=2$、$z=2$、$h=2$；定压边界，$i=1$、$j=1$、$z=1$、$h=1$。

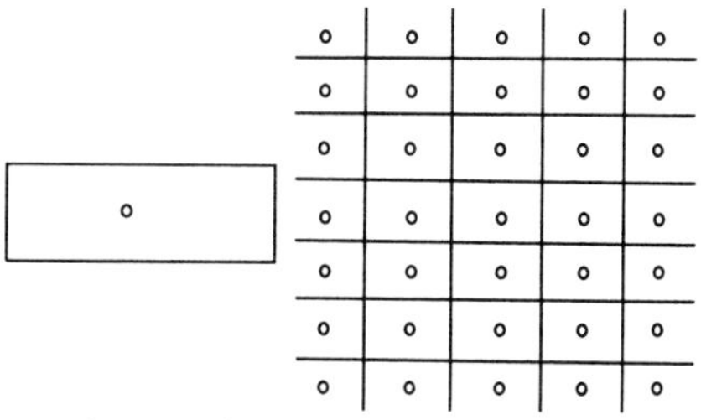

图 2-33　封闭边界镜像反映示意图

第八节 特征点特征线解释方法

特征线解释方法是根据各个流动阶段的压力动态曲线在双对数图中所表现出来的特征直线段来进行试井解释(韩道明，2011)。

一、纯井筒储存分析

在纯井筒储存阶段，$p_{WD} \sim t_D/C_D$ 曲线及其压力导数曲线在双对数坐标图上都表现为斜率为 1 的互相重合的直线段。

$$p_{WD} = \frac{t_D}{C_D} \tag{2-93}$$

$$p'_{WD} \cdot \frac{t_D}{C_D} = \frac{t_D}{C_D} \tag{2-94}$$

将上式化为有因次形式，即可获得根据早期纯井筒储存阶段的时间、压力点数据求取井筒储存常数 C 的方法。

在双对数坐标系中绘制压差和压差对时间自然对数的导数与时间 Δt 的关系曲线，利用早期 45°直线的位置即可计算出井筒储存常数 C。

$$C = \frac{qB}{24}\frac{\Delta t}{\Delta p} \tag{2-95}$$

二、局部径向流分析

在局部径向流动阶段，井底无因次压力对无因次时间的自然对数的导数是值为 $0.5h_{PD}$的水平直线：

$$\frac{t_D}{C_D}p'_D = \frac{t_D}{C_D}\frac{\mathrm{d}p_D}{\mathrm{d}\dfrac{t_D}{C_D}} = \frac{1}{2h_{PD}} \tag{2-96}$$

有因次形式为

$$\frac{kh(t\Delta p')}{1.842\times 10^{-3}qB\mu} = 0.5\frac{h_P}{h} \tag{2-97}$$

于是，在压力及压力导数双对数图中，根据局部径向流动阶段压力导数水平线的位置($t\Delta p'$的值)可计算地层渗透率 k, S, p^* 等。

$$k = \frac{0.5\times 1.842\times 10^{-3}qB\mu h_P}{h^2(t\Delta p')_{pr}} \tag{2-98}$$

$$S = 0.5\left(\frac{\Delta p_{pr}h}{(t\Delta p')_{pr}h_p} - \ln\frac{3.6kt_{pr}}{\varphi\mu c_t r_w^2} - 0.80907\right) \tag{2-99}$$

式中，Δp_{pr}、t_{pr}——表示局部径向流动段上一点对应的压差和时间；$(t\Delta p')_{pr}$——局部径向流压力导数水平直线段的值；h_P——打开段厚度。

外推地层压力(压力恢复)：

$$p_i = p_{ws0} + \left((t\Delta p')_{pr}\frac{h_p}{h}\right)\left(\ln\frac{3.6kt_p}{\varphi\mu c_t r_w^2} + 0.80907 + 2S\right) \tag{2-100}$$

式中，p_{ws0}——关井时刻的井底压力；t_p——关井前累积生产时间。

三、系统径向流分析

在径向流动期，井底无因次压力对无因次时间的自然对数的导数为0.5水平线：

$$\frac{t_D}{C_D}p_D' = \frac{t_D}{C_D}\frac{\mathrm{d}p_D}{\mathrm{d}\frac{t_D}{C_D}} = 0.5 \tag{2-101}$$

有因次形式为：

$$\frac{kh(t\Delta p')}{1.842\times10^{-3}qB\mu} = 0.5 \tag{2-102}$$

于是，在压力及压力导数双对数图中，根据径向流阶段压力导数水平线的位置($t\Delta p'$的值)可计算地层渗透率k，S，p^*等。

$$k = \frac{0.5\times1.842\times10^{-3}qB\mu}{h(t\Delta p')_r} \tag{2-103}$$

表皮系数：

$$S = 0.5\left(\frac{\Delta p_r}{(t\Delta p')_r} - \ln t_{Dr} - 0.80907\right) \tag{2-104}$$

式中，Δp_r、t_r——表示局部径向流动段上一点对应的压差和时间；$(t\Delta p')_r$——局部径向流压力导数水平直线段的值。

外推地层压力(压力恢复)：

$$p_i = p_{ws0} + (t\Delta p')_r\left(\ln\frac{3.6kt_p}{\varphi\mu c_t r_w^2} + 0.80907 + 2S\right) \tag{2-105}$$

四、球形流分析

在球形流动阶段，井底无因次压力对无因次时间的自然对数的导数为−0.5斜率直线：

$$\frac{t_D}{C_D}p_D' = \frac{t_D}{C_D}\frac{\mathrm{d}p_D}{\mathrm{d}\frac{t_D}{C_D}} = \frac{h_D}{4\sqrt{\pi}}\frac{1}{\sqrt{t_D}} \tag{2-106}$$

有因次形式为

$$\frac{k_H h(t\Delta p')}{1.842\times10^{-3}qB\mu} = \frac{h}{4\sqrt{\pi}r_w}\sqrt{\frac{k_H}{k_V}}\sqrt{\frac{\varphi\mu c_t r_w^2}{3.6k_H t}} \tag{2-107}$$

于是，在压力及压力导数双对数图中，利用−0.5斜率直线段的特征，可计算垂向渗透率k_V。

$$\sqrt{k_V} = \frac{1.842\times10^{-3}qB\mu\sqrt{\varphi\mu c_t}}{4\sqrt{3.6\pi}k_H}\frac{1}{(t\Delta p')_s\sqrt{t_s}} \tag{2-108}$$

式中，$(t\Delta p')_s$——表示球形流动阶段双对数压力导数曲线在t_s时刻的值。

五、双线性流分析

该分析方法适用于有限导流垂直裂缝井试井资料的早期分析。

在双对数坐标系中，双线性流动阶段的压力曲线及其导数曲线均为1/4斜率并且平行的直线。

$$p_{WD} = \frac{2.451}{\sqrt{k_{fD}w_{fD}}} \sqrt[4]{t_{Dxf}} \tag{2-109}$$

$$t_{Dxf} \frac{dp_{WD}}{dt_{Dxf}} = t_{Dxf} p'_{WD} = \frac{2.451}{4\sqrt{k_{fD}w_{fD}}} \sqrt[4]{t_{Dxf}} \tag{2-110}$$

于是，在压力及压力导数双对数图中，利用 1/4 斜率的平行直线的特征，可计算裂缝的导流能力：

$$k_f w_f = \left(\frac{2.451}{4} \times \frac{1.842 \times 10^{-3} qB\mu}{h}\right)^2 \sqrt{\frac{3.6}{\varphi\mu c_t k}} \Big/ \left(\frac{(t\Delta p')_{BL}}{\sqrt[4]{t_{BL}}}\right)^2 \tag{2-111}$$

式中，$(t\Delta p')_{BL}$——双线性流阶段双对数压力导数曲线在 t_{BL} 时刻的值。

同常规直线分析方法一样，当利用双线性流特征线计算裂缝的导流能力时，必须先根据径向流的资料计算出地层的渗透率 k。

六、线性流分析

该分析方法适用于无限导流垂直裂缝井试井资料的早期分析。

在双对数坐标系中，早期线性流动阶段的压力曲线及其导数曲线均为 1/2 斜率的平行直线，即：

$$p_{WD} = \sqrt{\pi t_{Dxf}} \tag{2-112}$$

$$t_{Dxf} \frac{dp_{WD}}{dt_{Dxf}} = t_{Dxf} p'_{WD} = \frac{1}{2}\sqrt{\pi t_{Dxf}} \tag{2-113}$$

于是，在压力及压力导数双对数图中，利用 1/2 斜率的平行直线的特征，可计算裂缝的半长。

$$x_f = \frac{\sqrt{\pi}}{2} \frac{1.842 \times 10^{-3} qB\mu}{h} \sqrt{\frac{3.6}{\varphi\mu c_t k}} \frac{\sqrt{t_L}}{(t\Delta p')_L} \tag{2-114}$$

式中，$(t\Delta p')_L$——表示线性流动阶段双对数压力导数曲线在 t_L 时刻的值。

七、拟稳态流分析

该分析方法适用于封闭地层压降试井资料的晚期分析。

在双对数坐标系中，晚期拟稳态流动阶段的压力曲线及其导数曲线均成单位斜率的直线。

$$p_{WD} = 2\pi t_{DA} + S + \frac{1}{2}\ln\frac{4A}{\gamma C_A r_w^2} \tag{2-115}$$

$$t_{DA} \frac{dp_{WD}}{dt_{DA}} = t_{DA} p'_{WD} = 2\pi t_{DA} \tag{2-116}$$

于是，在压力及压力导数双对数图中，利用晚期导数曲线单位斜率线的特征，可计算井控孔隙体积。

$$\varphi_h A = \frac{qB}{24c_t} \frac{t_{PS}}{(t\Delta p')_{PS}} \tag{2-117}$$

式中，$(t\Delta p')_{PS}$——表示压降试井晚期拟稳态流动阶段双对数压力导数曲线在 t_{PS} 时刻的值。

第三章　利用点源函数求解复杂油藏不稳定渗流问题

第一节　利用点源函数求解低渗透油藏不稳定渗流问题

一、低渗透油藏瞬时点源函数基本解

$$\frac{1}{\rho_D^2}\frac{\partial}{\partial \rho_D}\left[\rho_D^2\left(\frac{\partial \bar{r}}{\partial \rho_D}-\frac{\lambda}{u}\right)\right]-u\bar{r}=0 \text{ 且 } M_D \neq M_D' \tag{3-1}$$

外边界条件：$\gamma(\infty, u)=0$

内边界条件：$\rho_D \dfrac{\partial \gamma}{\partial \rho_D}\Big|_{\rho_{D=1}}=\dfrac{1-\lambda}{u}$

方程(3-1)的基本解表达式可表示为

$$\gamma(\rho_D, S)=A\mathrm{e}^{-\rho_D\sqrt{u}}+B\mathrm{e}^{\rho_D\sqrt{u}}+\frac{2\lambda}{u^2\rho_D} \tag{3-2}$$

由(3-2)对 ρ_D 求导，并且由内边界条件 A 可从方程(3-1)得到

$$\bar{r}_D=\frac{1}{4\pi\rho_D}\exp(-\rho_D\sqrt{u})+\frac{2\lambda}{u^2\rho_D} \tag{3-3}$$

方程(3-3)就是考虑启动压力梯度影响的低渗透油藏瞬时点源基本解，根据 Lord Kelvin 的点源解，通过镜像反映可以得到上述模型的基本解。对于具有边界的瞬时点源可以利用无限多个对应的瞬时点源叠加求取(宫平志，2012)。得到顶底封闭边界瞬时点源的基本解为

$$\begin{aligned}\gamma=&\frac{1}{4\pi}\sum_{-\infty}^{+\infty}\left[\frac{\exp\left(-\sqrt{u}\sqrt{R_D^2+(Z_D+Z_D'-2nZ_{eD})^2}\right)}{\sqrt{R_D^2+(Z_D+Z_D'-2nZ_{eD})^2}}\right.\\&\left.+\frac{\exp\left(-\sqrt{u}\sqrt{R_D^2+(Z_D-Z_D'-2nZ_{eD})^2}\right)}{\sqrt{R_D^2+(Z_D-Z_D'-2nZ_{eD})^2}}\right]\\&-\frac{2\lambda}{u^2}\sum_{-\infty}^{+\infty}\left[\frac{1}{\sqrt{R_D^2+(Z_D-Z_D'-2nZ_{eD})^2}}+\frac{1}{\sqrt{R_D^2+(Z_D+Z_D'-2nZ_{eD})^2}}\right]\end{aligned} \tag{3-4}$$

在方程中：

$$R_D^2=(x_D-x_D')^2+(y_D-y_D')^2$$

$$x_D=\frac{x}{l}\sqrt{\frac{K}{K_x}}\quad y_D=\frac{y}{l}\sqrt{\frac{K}{K_y}}\quad z_D=\frac{z}{l}\sqrt{\frac{K}{K_z}}\quad z_{eD}=\frac{z_e}{l}\sqrt{\frac{K}{K_z}}$$

利用级数函数性质、泊松叠加公式、拉普拉斯变换等方法对上述公式进行化简，顶底封闭低渗透油藏瞬时点源基本解为

$$\gamma=\frac{1}{2\pi Z_{eD}}\left[K_0(R_D\sqrt{u})+2\sum_{n=1}^{n=\infty}K_0\left(R_D\sqrt{u+\frac{n^2\pi^2}{Z_{eD}^2}}\right)\cos\left(n\pi\frac{Z_D}{Z_{eD}}\right)\cos\left(n\pi\frac{Z'_D}{Z_{eD}}\right)\right]$$
$$-\frac{2\lambda}{u^2}\sum_{-\infty}^{+\infty}\left[\frac{1}{\sqrt{R_D^2+(Z_D-Z'_D-2nZ_{eD})^2}}+\frac{1}{\sqrt{R_D^2+(Z_D+Z'_D-2nZ_{eD})^2}}\right] \tag{3-5}$$

顶底定压低渗透油藏瞬时点源基本解为

$$\gamma=\frac{1}{\pi Z_{eD}}\left[2\sum_{n=1}^{n=\infty}K_0\left(R_D\sqrt{u+\frac{n^2\pi^2}{Z_{eD}^2}}\right)\sin\left(n\pi\frac{Z_D}{Z_{eD}}\right)\sin\left(n\pi\frac{Z'_D}{Z_{eD}}\right)\right]$$
$$-\frac{2\lambda}{u^2}\sum_{-\infty}^{+\infty}\left[\frac{1}{\sqrt{R_D^2+(Z_D-Z'_D-2nZ_{eD})^2}}-\frac{1}{\sqrt{R_D^2+(Z_D+Z'_D-2nZ_{eD})^2}}\right] \tag{3-6}$$

底水低渗透油藏瞬时点源基本解为

$$\gamma=\frac{1}{\pi Z_{eD}}\left[2\sum_{n=1}^{n=\infty}K_0\left(R_D\sqrt{u+\frac{n^2\pi^2}{Z_{eD}^2}}\right)\cos\left((2n-1)\frac{\pi}{2}\frac{Z_D}{Z_{eD}}\right)\cos\left((2n-1)\frac{\pi}{2}\frac{Z'_D}{Z_{eD}}\right)\right]$$
$$-\frac{2\lambda}{u^2}\sum_{-\infty}^{+\infty}(-1)^n\left[\frac{1}{\sqrt{R_D^2+(Z_D-Z'_D-2nZ_{eD})^2}}+\frac{1}{\sqrt{R_D^2+(Z_D+Z'_D-2nZ_{eD})^2}}\right] \tag{3-7}$$

二、低渗透油藏井底压力响应函数

沿直井井筒方向进行积分，顶底封闭低渗透油藏直井井底压力响应函数拉氏解为

$$\overline{P}_D=\frac{1}{2u}\int_{-1}^{1}K_0(\sqrt{u}\ \sqrt{x_D^2+y_D^2})\mathrm{d}\alpha+\frac{1}{u}\sum_{n=1}^{n=\infty}K_0\left(R_D\sqrt{u+\frac{n^2\pi^2}{Z_{eD}^2}}\right)\cos(n\pi z_{wD})\int_{-1}^{1}\cos(n\pi\alpha)\mathrm{d}\alpha$$
$$-\int_{-Z_{eD}}^{Z_{eD}}\frac{2\lambda}{u^2}\sum_{-\infty}^{+\infty}\left\{\frac{1}{\sqrt{R_D^2+(Z_D-Z'_D-2nZ_{eD})^2}}+\frac{1}{\sqrt{R_D^2+(Z_D+Z'_D-2nZ_{eD})^2}}\right\}\mathrm{d}Z'_D \tag{3-8}$$

顶底定压低渗透油藏直井井底压力响应函数拉氏解为

$$\overline{P}_D=\frac{1}{u}\sum_{n=1}^{n=\infty}K_0\left(R_D\sqrt{u+\frac{n^2\pi^2}{Z_{eD}^2}}\right)\sin(n\pi z_{wD})\int_{-1}^{1}\sin(n\pi\alpha)\mathrm{d}\alpha+$$
$$\ln\left[(Z_{eD}+Z'_D-2nZ_{eD})+\sqrt{1+(Z_{eD}+Z'_D-2nZ_{eD})^2}\right] \tag{3-9}$$
$$-\ln\left[(-Z_{eD}+Z'_D-2nZ_{eD})+\sqrt{1+(-Z_{eD}+Z'_D-2nZ_{eD})^2}\right]$$

含气顶或底水低渗透油藏直井井底压力响应函数拉氏解为

$$\overline{P}_D=\frac{1}{u}\sum_{n=1}^{n=\infty}K_0\left[\sqrt{(x_D-\alpha)^2+y_D^2}\sqrt{u+\frac{n^2\pi^2}{4Z_{eD}^2}}\right]\cos\left[(2n-1)\frac{\pi}{2}z_{wD}\right]$$
$$\int_{-1}^{1}\cos\left[(2n-1)\frac{\pi}{2}\alpha\right]\mathrm{d}\alpha+\ln\left[(Z_{eD}+Z'_D-2nZ_{eD})+\sqrt{1+(Z_{eD}+Z'_D-2nZ_{eD})^2}\right]$$
$$-\ln\left[(-Z_{eD}+Z'_D-2nZ_{eD})+\sqrt{1+(-Z_{eD}+Z'_D-2nZ_{eD})^2}\right] \tag{3-10}$$

顶底封闭低渗透油藏部分射孔井井底压力响应函数拉氏解为

$$\bar{P}_D=\frac{1}{2u}\int_{-1}^{1}K_0(\sqrt{u}\ \sqrt{x_D^2+y_D^2})\mathrm{d}\alpha+\frac{1}{u}\sum_{n=1}^{n=\infty}K_0\left(R_D\sqrt{u+\frac{n^2\pi^2}{Z_{eD}^2}}\right)\cos(n\pi z_{wD})\int_{-1}^{1}\cos(n\pi\alpha)\mathrm{d}\alpha$$
$$-\int_{-Z_{eD}}^{Z_{eD}}\frac{2\lambda}{u^2}\sum_{-\infty}^{+\infty}\left[\frac{1}{\sqrt{R_D^2+(Z_D-Z'_D-2nZ_{eD})^2}}+\frac{1}{\sqrt{R_D^2+(Z_D+Z'_D-2nZ_{eD})^2}}\right]\mathrm{d}Z'_D \tag{3-11}$$

气顶、底水低渗透油藏部分射孔井井底压力响应函数拉氏解为

$$\bar{P}_D=\frac{1}{u}\sum_{n=1}^{n=\infty}K_0\left(R_D\sqrt{u+\frac{n^2\pi^2}{Z_{eD}^2}}\right)\sin(n\pi z_{wD})\int_{-1}^{1}\sin(n\pi\alpha)\mathrm{d}\alpha$$
$$+\ln[(Z_{eD}+Z'_D-2nZ_{eD})+\sqrt{1+(Z_{eD}+Z'_D-2nZ_{eD})^2}]$$
$$-\ln[(-Z_{eD}+Z'_D-2nZ_{eD})+\sqrt{1+(-Z_{eD}+Z'_D-2nZ_{eD})^2}] \tag{3-12}$$

含气顶或底水低渗透油藏部分射孔井井底压力响应函数拉氏解为

$$\bar{P}_D=\frac{1}{u}\sum_{n=1}^{n=\infty}K_0\left[\sqrt{(x_D-\alpha)^2+y_D^2}\sqrt{u+\frac{n^2\pi^2}{4Z_{eD}^2}}\right]\cos\left[(2n-1)\frac{\pi}{2}z_{wD}\right]$$
$$\int_{-1}^{1}\cos\left[(2n-1)\frac{\pi}{2}\alpha\right]\mathrm{d}\alpha+\ln[(Z_{eD}+Z'_D-2nZ_{eD})+\sqrt{1+(Z_{eD}+Z'_D-2nZ_{eD})^2}]$$
$$-\ln[(-Z_{eD}+Z'_D-2nZ_{eD})+\sqrt{1+(-Z_{eD}+Z'_D-2nZ_{eD})^2}] \tag{3-13}$$

顶底封闭低渗透油藏压裂井井底压力响应函数拉氏解为

$$\bar{P}_D=\int_{-1}^{1}\frac{1}{2u}K_0(\sqrt{u}(\alpha-x_D))\mathrm{d}\alpha+\frac{2\lambda}{u^2}\sum_{-\infty}^{+\infty}\int_{-1}^{1}$$
$$\left\{\ln\left[\frac{(Z_{ed}+Z'_D-2n)+\sqrt{(\alpha-x_D)^2+(Z_{ed}+Z'_D-2nZ_{ed})^2}}{(-Z_{ed}+Z'_D-2n)+\sqrt{(\alpha-x_D)^2+(-Z_{ed}+Z'_D-2nZ_{ed})^2}}\right]\right.$$
$$\left.+\ln\left[\frac{(Z_{ed}-Z'_D-2nZ_{ed})+\sqrt{(\alpha-x_D)^2+(Z_{ed}-Z'_D-2nZ_{ed})^2}}{(-Z_{ed}-Z'_D-2nZ_{ed})+\sqrt{(\alpha-x_D)^2+(-Z_{ed}-Z'_D-2nZ_{ed})^2}}\right]\right\}\mathrm{d}\alpha \tag{3-14}$$

顶底封闭、径向边界无限大低渗透油藏水平井拉氏空间井底压力响应函数：

$$\bar{P}_D(u)=\frac{1}{2u}\int_{-1}^{1}K_0(R_D\sqrt{u})\mathrm{d}\alpha+\frac{1}{s}\sum_{n=1}^{n=\infty}\cos(n\pi z_D)\cos(n\pi z_{wD})$$
$$\int_{-1}^{1}K_0\left(\sqrt{(x_D-\alpha)^2+y_D^2}\sqrt{u+\frac{n^2\pi^2}{Z_{eD}^2}}\right)\mathrm{d}\alpha$$
$$-\frac{2\lambda}{u^2}\sum_{-\infty}^{+\infty}\{\ln[\alpha+\sqrt{\alpha^2+(Z_D-Z'_D-2nZ_{eD})^2}]\Big|_{-1}^{1}$$
$$+\ln[\alpha+\sqrt{\alpha^2+(Z_D+Z'_D-2nZ_{eD})^2}]\Big|_{-1}^{1}\} \tag{3-15}$$

顶底定压、径向边界无限大低渗透油藏水平井拉氏空间井底压力响应函数：

$$\bar{P}_D(u)=\frac{1}{u}\sum_{n=1}^{n=\infty}\sin(n\pi z_D)\sin(n\pi z_{wD})\int_{-1}^{1}K_0\left[\sqrt{(x_D-\alpha)^2+y_D^2}\sqrt{u+\frac{n^2\pi^2}{Z_{eD}^2}}\right]\mathrm{d}\alpha$$

$$
-\frac{2\lambda}{u^2}\sum_{-\infty}^{+\infty}\{\ln[\alpha+\sqrt{\alpha^2+(Z_D-Z'_D-2nZ_{eD})^2}]\Big|_{-1}^{1} - \ln[\alpha+\sqrt{\alpha^2+(Z_D+Z'_D-2nZ_{eD})^2}]\Big|_{-1}^{1}\} \tag{3-16}
$$

顶定压底封闭、径向无限大低渗透油藏水平井拉氏空间井底压力响应函数：

$$
\begin{aligned}
\overline{P}_D(u) = & \frac{1}{u}\sum_{n=1}^{n=\infty}\cos\left[(2n-1)\frac{\pi}{2}z_D\right]\cos\left[(2n-1)\frac{\pi}{2}z_{wD}\right] \\
& \int_{-1}^{1}K_0\left[\sqrt{(x_D-\alpha)^2+y_D^2}\sqrt{u+\frac{(2n-1)^2\pi^2}{4Z_{eD}^2}}\right]d\alpha \\
& -\frac{2\lambda}{u^2}\sum_{-\infty}^{+\infty}(-1)^n\{\ln[\alpha+\sqrt{\alpha^2+(Z_D-Z'_D-2nZ_{eD})^2}]\Big|_{-1}^{1} \\
& +\ln[\alpha+\sqrt{\alpha^2+(Z_D+Z'_D-2nZ_{eD})^2}]\Big|_{-1}^{1}\}
\end{aligned} \tag{3-17}
$$

顶封闭底定压、径向无限大边界低渗透油藏水平井拉氏空间井底压力响应函数：

$$
\begin{aligned}
\overline{P}_D(u) = & \frac{1}{u}\sum_{n=1}^{n=\infty}\sin\left[(2n-1)\frac{\pi}{2}z_D\right]\sin\left[(2n-1)\frac{\pi}{2}z_{wD}\right] \\
& \int_{-1}^{1}K_0\left[\sqrt{(x_D-\alpha)^2+y_D^2}\sqrt{u+\frac{(2n-1)^2\pi^2}{4Z_{eD}^2}}\right]d\alpha \\
& -\frac{2\lambda}{u^2}\sum_{-\infty}^{+\infty}(-1)^n\{\ln[\alpha+\sqrt{\alpha^2+(Z_D-Z'_D-2nZ_{eD})^2}]\Big|_{-1}^{1} \\
& -\ln[\alpha+\sqrt{\alpha^2+(Z_D+Z'_D-2nZ_{eD})^2}]\Big|_{-1}^{1}\}
\end{aligned} \tag{3-18}
$$

三、低渗透油藏井底压力响应特征

图 3-1 给出了顶底封闭、外边界定压直井双对数压力响应和压力导数曲线，从双对数曲线中可以发现存在三个流动阶段(李成勇，2005)：①早期纯井储阶段，在压力和压力导数双对数曲线上表现为斜率为 1 的直线段，该阶段主要表现为：压力和压力导数曲线受早期井筒储集效应的影响；②中期径向流动阶段，在压力和压力导数双对数曲线上

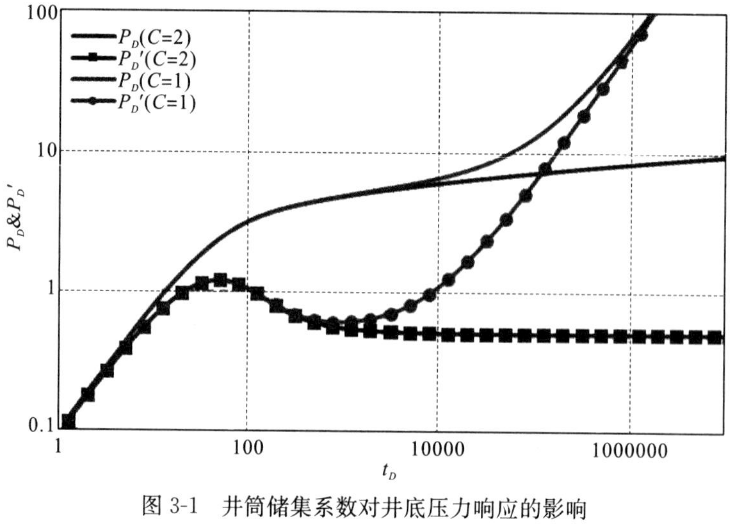

图 3-1 井筒储集系数对井底压力响应的影响

压力导数曲线出现水平段且值为 0.5，该段反映了早期水平方向的径向流动阶段；③后期启动压力梯度反映阶段，具体表现为：由于油藏存在启动压力梯度，外部流体向油井供给的能力更加困难，后期压力导数曲线开始上翘，启动压力梯度值越大，上翘的时间越早(图 3-1)。

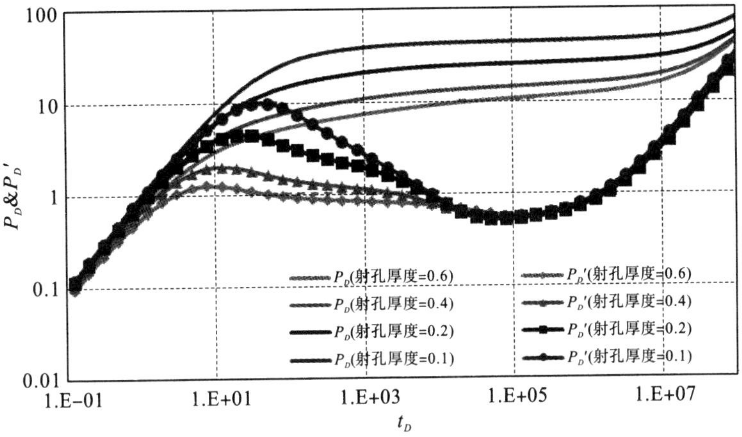

图 3-2　射孔厚度对井底压力响应的影响

图 3-2 为射孔厚度对井底压力响应曲线的影响。随着射孔厚度的增加，压力波探测到顶底封闭边界的时间就越短，早期部分打开段径向流动阶段和球形流动阶段就越不易表现出来，且持续的时间越短而较快地进入晚期的拟径向流动阶段。此外随着射孔厚度增加，射孔段限流效应引起的附加压力将就越弱，压力曲线的位置就越低，压力和压力导数曲线之间的差值就越小，后期启动压力梯度上翘的幅度就越大。

图 3-3 是启动压力梯度对压裂井井底压力动态的影响关系图。从图中可以看出，启动压力梯度越大，外部流体向油井供给的能力越困难，后期压力导数曲线开始上翘，启动压力梯度值越大，上翘的时间越早。图 3-4 是启动压力梯度对水平井井底压力动态的影响关系图。影响规律与压裂井一致。

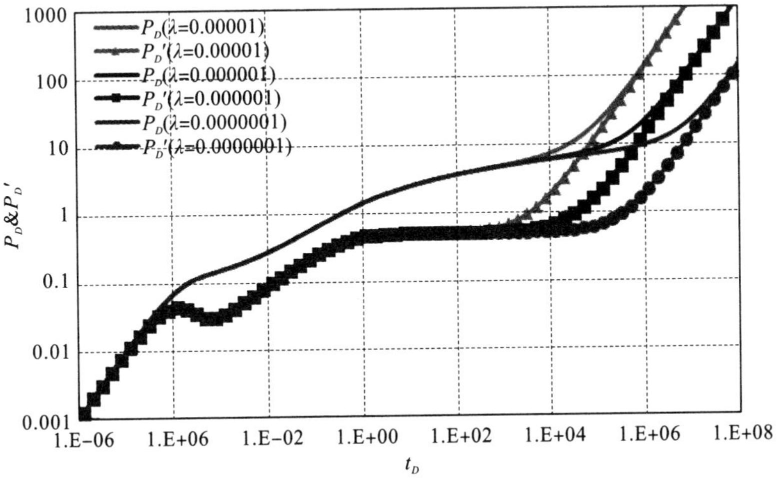

图 3-3　表皮系数对井底压力响应的影响

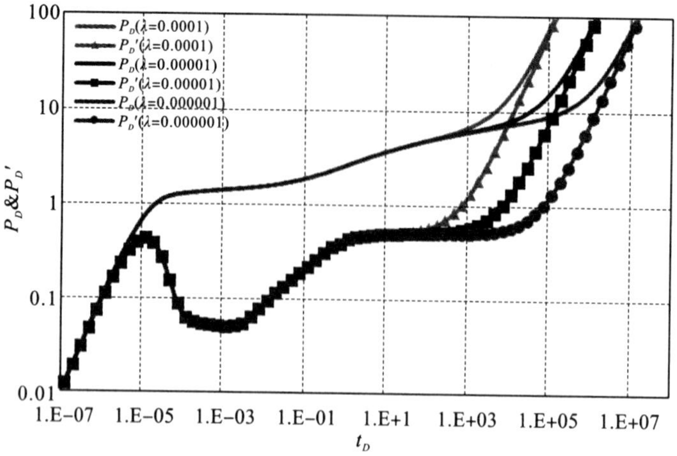

图 3-4 水平井长度对井底压力动态的影响

第二节 利用点源函数求解应力敏感油藏不稳定渗流问题

一、应力敏感油藏瞬时点源函数基本解

将上述无因次变量代入渗流微分方程，考虑应力敏感的试井解释数学模型：

$$\begin{cases} \dfrac{1}{r_D}\dfrac{\partial}{\partial r_D}\left(r_D\dfrac{\partial p_D}{\partial r_D}\right)-\gamma_D\left(\dfrac{\partial p_D}{\partial r_D}\right)^2=e^{\gamma_D p_D}\dfrac{\partial p_D}{\partial t_D} \\ p_D(r_D,0)=0 \\ C_D\dfrac{dp_{wD}}{dt_D}-\left(r_D e^{-\gamma_D p_D}\dfrac{\partial p_D}{\partial r_D}\right)_{r_D=1}=1 \\ p_{wD}=\left[p_D-Sr_D e^{-\gamma_D p_D}\dfrac{\partial p_D}{\partial r_D}\right]_{r_D=1} \\ \lim\limits_{r_D\to\infty}p_D(r_D,t_D)=0 \end{cases} \tag{3-19}$$

引入变换式：

$$p_D(r_D,t_D)=-\frac{1}{\gamma_D}\ln[1-\gamma_D\eta_D(r_D,t_D)]$$

于是，式(3-19)中井筒储存效应内边界条件和表皮效应内边界条件转化为

$$\frac{C_D}{1-\gamma_D\eta_{wD}}\frac{d\eta_{wD}}{dt_D}-\left(r_D\frac{\partial\eta_D}{\partial r_D}\right)_{r_D=1}=1 \tag{3-20}$$

$$-\frac{1}{\gamma_D}\ln(1-\gamma_D\eta_{wD})=\left[-\frac{1}{\gamma_D}\ln(1-\gamma_D\eta_D)-Sr_D\frac{\partial\eta_D}{\partial r_D}\right]_{r_D=1} \tag{3-21}$$

应用以下各式摄动技术变换式：

$$\eta_D=\eta_{0D}+\gamma_D\eta_{1D}+\gamma_D^2\eta_{2D}+\cdots \tag{3-22}$$

$$\frac{1}{1-\gamma_D\eta_{wD}}=1+\gamma_D\eta_{wD}+\gamma_D^2\eta_{wD}^2+\cdots \tag{3-23}$$

$$-\frac{1}{\gamma_D}\ln(1-\gamma_D\eta_D)=\eta_D+\frac{1}{2}\gamma_D\eta_D^2+\cdots \tag{3-24}$$

$$-\frac{1}{\gamma_D}\ln(1-\gamma_D\eta_{wD})=\eta_{wD}+\frac{1}{2}\gamma_D\eta_{wD}^2+\cdots \tag{3-25}$$

考虑到较小无因次渗透率模量，只要取零阶摄动解即可，于是有：

$$\frac{1}{r_D}\frac{\partial}{\partial r_D}\left(r_D\frac{\partial\eta_{0D}}{\partial r_D}\right)=\frac{\partial\eta_{0D}}{\partial t_D} \tag{3-26}$$

$$\eta_{0D}(r_D,0)=0 \tag{3-27}$$

$$C_D\frac{\mathrm{d}\eta_{0wD}}{\mathrm{d}t_D}-\left(r_D\frac{\partial\eta_{0D}}{\partial r_D}\right)_{r_D=1}=1 \tag{3-28}$$

$$\eta_{0wD}=\left[\eta_{0D}-Sr_D\frac{\partial\eta_{0D}}{\partial r_D}\right]_{r_D=1} \tag{3-29}$$

$$\lim_{r_D\to\infty}\eta_{0D}(r_D,t_D)=0 \tag{3-30}$$

利用前面的均质油藏瞬时点源基本解，利用级数函数性质、泊松叠加公式、拉普拉斯变换等方法对基本解进行化简，顶底封闭应力敏感油藏瞬时源函数基本解为

$$\gamma=\frac{1}{2\pi Z_{eD}}\left[K_0(R_D\sqrt{u})+2\sum_{n=1}^{n=\infty}K_0\left(R_D\sqrt{u+\frac{n^2\pi^2}{Z_{eD}^2}}\right)\cos\left(n\pi\frac{Z_D}{Z_{eD}}\right)\cos\left(n\pi\frac{Z'_D}{Z_{eD}}\right)\right] \tag{3-31}$$

气顶应力敏感油藏瞬时点源函数基本解为

$$\gamma=\frac{1}{\pi Z_{eD}}\left\{2\sum_{n=1}^{n=\infty}K_0\left[R_D\sqrt{u+\frac{(2n-1)^2\pi^2}{4Z_{eD}^2}}\right]\cos\left[(2n-1)\frac{\pi}{2}\frac{Z_D}{Z_{eD}}\right]\cos\left[(2n-1)\frac{\pi}{2}\frac{Z'_D}{Z_{eD}}\right]\right\} \tag{3-32}$$

底水应力敏感油藏瞬时点源函数基本解为

$$\gamma=\frac{1}{\pi Z_{eD}}\left\{2\sum_{n=1}^{n=\infty}K_0\left[R_D\sqrt{u+\frac{(2n-1)^2\pi^2}{4Z_{eD}^2}}\right]\sin\left[(2n-1)\frac{\pi}{2}\frac{Z_D}{Z_{eD}}\right]\sin\left[(2n-1)\frac{\pi}{2}\frac{Z'_D}{Z_{eD}}\right]\right\} \tag{3-33}$$

气顶和底水应力敏感油藏瞬时源函数基本解为

$$\gamma=\frac{1}{\pi Z_{eD}}\left[2\sum_{n=1}^{n=\infty}K_0\left(R_D\sqrt{u+\frac{n^2\pi^2}{Z_{eD}^2}}\right)\sin\left(n\pi\frac{Z_D}{Z_{eD}}\right)\sin\left(n\pi\frac{Z'_D}{Z_{eD}}\right)\right] \tag{3-34}$$

二、应力敏感油藏井底压力响应函数

顶底封闭应力敏感油藏直井井底压力响应函数拉氏解为

$$\bar{\eta}_D=\frac{1}{2u}\int_{-1}^{1}K_0(\sqrt{u}\ \sqrt{x_D^2+y_D^2})\mathrm{d}\alpha+\frac{1}{s}\sum_{n=1}^{n=\infty}K_0\left(R_D\sqrt{u+\frac{n^2\pi^2}{Z_{eD}^2}}\right)\cos(n\pi z_{wD})\int_{-1}^{1}\cos(n\pi\alpha)\mathrm{d}\alpha \tag{3-35}$$

$$p_D(r_D,t_D)=-\frac{1}{\gamma_D}\ln[1-\gamma_D\eta_D(r_D,t_D)] \tag{3-36}$$

含气顶、底水应力敏感油藏直井井底压力响应函数拉氏解为

$$\bar{\eta}_D = \frac{1}{u}\sum_{n=1}^{n=\infty} K_0\left(R_D\sqrt{u+\frac{n^2\pi^2}{Z_{eD}^2}}\right)\sin(n\pi z_{wD})\int_{-1}^{1}\sin(n\pi\alpha)\mathrm{d}\alpha \tag{3-37}$$

$$p_D(r_D,t_D) = -\frac{1}{\gamma_D}\ln[1-\gamma_D\eta_D(r_D,t_D)] \tag{3-38}$$

含气顶或底水应力敏感油藏直井井底压力响应函数拉氏解为

$$\bar{\eta}_D = \frac{1}{u}\sum_{n=1}^{n=\infty} K_0\left[\sqrt{(x_D-\alpha)^2+y_D^2}\sqrt{u+\frac{n^2\pi^2}{4Z_{eD}^2}}\right]\cos\left[(2n-1)\frac{\pi}{2}z_{wD}\right]$$
$$\int_{-1}^{1}\cos\left[(2n-1)\frac{\pi}{2}\alpha\right]\mathrm{d}\alpha \tag{3-39}$$

$$p_D(r_D,t_D) = -\frac{1}{\gamma_D}\ln[1-\gamma_D\eta_D(r_D,t_D)] \tag{3-40}$$

式中，$\hat{Z}_{WD}=z_{WD}+\alpha\sqrt{K/K_x}$。

顶底封闭边界的双重介质应力敏感油藏直井拉氏空间井底压力响应函数为

$$\bar{\eta}_D = \frac{1}{2u}\int_{-1}^{1}K_0(\sqrt{uf(u)}\sqrt{x_D^2+y_D^2})\mathrm{d}\alpha+\frac{1}{u}\sum_{n=1}^{n=\infty}K_0\left(R_D\sqrt{uf(u)+\frac{n^2\pi^2}{Z_{eD}^2}}\right)$$
$$\cos(n\pi z_{wD})\int_{-1}^{1}\cos(n\pi\alpha)\mathrm{d}\alpha \tag{3-41}$$

$$p_D(r_D,t_D) = -\frac{1}{\gamma_D}\ln[1-\gamma_D\eta_D(r_D,t_D)] \tag{3-42}$$

顶底定压边界的双重介质应力敏感油藏直井拉氏空间井底压力响应函数为

$$\bar{\eta}_D = \frac{1}{u}\sum_{n=1}^{n=\infty} K_0\left(R_D\sqrt{uf(u)+\frac{n^2\pi^2}{Z_{eD}^2}}\right)\sin(n\pi z_{wD})\int_{-1}^{1}\sin(n\pi\alpha)\mathrm{d}\alpha \tag{3-43}$$

$$p_D(r_D,t_D) = -\frac{1}{\gamma_D}\ln[1-\gamma_D\eta_D(r_D,t_D)] \tag{3-44}$$

顶底混合边界的双重介质应力敏感油藏直井拉氏空间井底压力响应函数：

$$\bar{\eta}_D = \frac{1}{u}\sum_{n=1}^{n=\infty} K_0\left[\sqrt{(x_D-\alpha)^2+y_D^2}\sqrt{uf(u)+\frac{n^2\pi^2}{4Z_{eD}^2}}\right]\cos\left[(2n-1)\frac{\pi}{2}z_{wD}\right]$$
$$\int_{-1}^{1}\cos\left[(2n-1)\frac{\pi}{2}\alpha\right]\mathrm{d}\alpha \tag{3-45}$$

$$p_D(r_D,t_D) = -\frac{1}{\gamma_D}\ln[1-\gamma_D\eta_D(r_D,t_D)] \tag{3-46}$$

气顶应力敏感油藏部分射孔井在拉氏空间的压力响应函数为

$$\bar{\eta}_D = \frac{8}{\pi^2 h_{p_D}^2 u}\sum_{n=1}^{\infty}\frac{\Gamma_{cMn}^2}{(2n-1)^2}K_0(\beta_{Mn}r_D) \tag{3-47}$$

$$p_D(r_D,t_D) = -\frac{1}{\gamma_D}\ln[1-\gamma_D\eta_D(r_D,t_D)] \tag{3-48}$$

式中，$\beta_{Mn}^2=u+\frac{(2n-1)^2\pi^2}{4h_D^2}$，$\Gamma_{cMn}=\cos\left[\frac{(2n-1)\pi(h_{TD}+h_{PD})}{2}\right]-\cos\left[\frac{(2n-1)\pi h_{TD}}{2}\right]$

底水应力敏感油藏部分射孔直井拉氏空间井底压力响应函数为

$$\bar{\eta}_D = \frac{8}{\pi^2 h_{p_D}^2 u}\sum_{n=1}^{\infty}\frac{\Gamma'^2_{cMn}}{n^2}K_0(\beta_{Mn}r_D) \tag{3-49}$$

$$p_D(r_D,t_D) = -\frac{1}{\gamma_D}\ln[1-\gamma_D\eta_D(r_D,t_D)] \tag{3-50}$$

式中，$\beta_{Mn}^2=u+\frac{(2n-1)^2\pi^2}{4h_D^2}$，$\Gamma'_{cMn}=\cos\left[\frac{(2n-1)\pi(1-h_{TD})}{2}\right]-\cos\left[\frac{(2n-1)\pi(1-h_{TD}-h_{PD})}{2}\right]$

气顶、底水应力敏感油藏部分射孔直井拉氏空间井底压力响应函数：

$$\bar{\eta}_D=\frac{2}{\pi^2h_{p_D}^2u}\sum_{n=1}^{\infty}\frac{\Gamma_{cn}^2}{n^2}K_0(\beta_nr_D) \tag{3-51}$$

$$p_D(r_D,t_D)=-\frac{1}{\gamma_D}\ln[1-\gamma_D\eta_D(r_D,t_D)] \tag{3-52}$$

式中，$\beta_n^2=u+\frac{n^2\pi^2}{h_D^2}$，$\Gamma_{cn}=\cos[n\pi(h_{TD}+h_{PD})]-\cos(n\pi h_{TD})$。

顶底封闭应力敏感油藏部分射孔直井拉氏空间井底压力响应函数：

$$\bar{\eta}_D=\frac{K_0(\beta_0r_D)}{u}+\frac{2}{\pi^2h_{p_D}^2u}\sum_{n=1}^{\infty}\frac{\Gamma_{sn}^2}{n^2}K_0(\beta_nr_D) \tag{3-53}$$

$$p_D(r_D,t_D)=-\frac{1}{\gamma_D}\ln[1-\gamma_D\eta_D(r_D,t_D)] \tag{3-54}$$

式中，$\beta_n^2=u+\frac{n^2\pi^2}{h_D^2}$，$\Gamma_{sn}=\sin[n\pi(h_{TD}+h_{pD})]-\sin(n\pi h_{TD})$。

应力敏感油藏无限裂缝导流压裂井压力响应函数为

$$\bar{\eta}_D(x_D,y_D)=\frac{1}{2u}\int_{-1}^{1}K_0[\sqrt{u}\ \sqrt{(x_D-\alpha)^2+y_D^2}]\mathrm{d}\alpha \tag{3-55}$$

$$p_D(r_D,t_D)=-\frac{1}{\gamma_D}\ln[1-\gamma_D\eta_D(r_D,t_D)] \tag{3-56}$$

应力敏感油藏有限裂缝导流压裂井压力响应函数为

$$\bar{\eta}_D=\frac{1}{2s\sqrt{u}}\left[\pi-\frac{1-K_{i2}(2\sqrt{u})}{\sqrt{u}}\right] \tag{3-57}$$

$$p_D(r_D,t_D)=-\frac{1}{\gamma_D}\ln[1-\gamma_D\eta_D(r_D,t_D)] \tag{3-58}$$

式中，$K_{i2}(z)=\int_Z^{\infty}K_{i1}(\xi)\mathrm{d}\xi$；$K_{i1}(z)=\int_Z^{\infty}K_0(\xi)\mathrm{d}\xi$；$K_{i2}(z)=-zK_{i1}(z)+zK_1(z)$。

顶底封闭边界应力敏感油藏水平井拉氏空间井底压力响应函数为

$$\bar{\eta}_D=\frac{1}{2u}\int_{-1}^{1}K_0(R_D\sqrt{u})\mathrm{d}\alpha+\frac{1}{s}\sum_{n=1}^{n=\infty}\cos(n\pi z_D)\cos(n\pi z_{wD})\int_{-1}^{1}K_0\left[\sqrt{(x_D-\alpha)^2+y_D^2}\sqrt{u+\frac{n^2\pi^2}{Z_{eD}^2}}\right]\mathrm{d}\alpha \tag{3-59}$$

$$p_D(r_D,t_D)=-\frac{1}{\gamma_D}\ln[1-\gamma_D\eta_D(r_D,t_D)] \tag{3-60}$$

顶底定压边界应力敏感油藏水平井拉氏空间井底压力响应函数为

$$\bar{\eta}_D=\frac{1}{u}\sum_{n=1}^{n=\infty}\sin(n\pi z_D)\sin(n\pi z_{wD})\int_{-1}^{1}K_0\left[\sqrt{(x_D-\alpha)^2+y_D^2}\sqrt{u+\frac{n^2\pi^2}{Z_{eD}^2}}\right]\mathrm{d}\alpha \tag{3-61}$$

$$p_D(r_D,t_D)=-\frac{1}{\gamma_D}\ln[1-\gamma_D\eta_D(r_D,t_D)] \tag{3-62}$$

顶底混合边界应力敏感油藏水平井拉氏空间井底压力响应函数为

$$\bar{\eta}_D=\frac{1}{u}\sum_{n=1}^{n=\infty}\cos\left[(2n-1)\frac{\pi}{2}z_D\right]\cos\left[(2n-1)\frac{\pi}{2}z_{wD}\right]$$

$$\int_{-1}^{1} K_0\left[\sqrt{(x_D-\alpha)^2+y_D^2}\sqrt{u+\frac{(2n-1)^2\pi^2}{4Z_{eD}^2}}\right]\mathrm{d}\alpha \tag{3-63}$$

$$p_D(r_D,t_D)=-\frac{1}{\gamma_D}\ln[1-\gamma_D\eta_D(r_D,t_D)] \tag{3-64}$$

三、应力敏感油藏井底压力响应特征

图 3-5 为应力敏感系数对应力敏感油藏直井底压力动态的影响关系图。从图中可以看出，应力敏感系数对井底压力动态曲线的影响主要表现在系统径向流动阶段，应力敏感系数越大，无因次压力曲线的位置越高。在压力导数曲线上，应力敏感系数越大，系统径向流阶段结束的时间越早，反之出现得越晚；应力敏感系数越大，无因次压力导数曲线的位置越高，上翘幅度越大(王洋，2011)。图 3-6 为储容比对双重介质应力敏感油

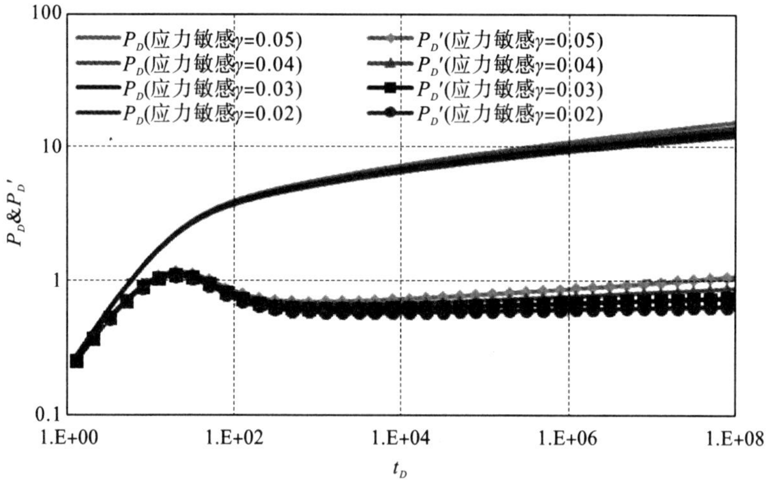

图 3-5 应力敏感系数对应力敏感直井井底压力响应的影响

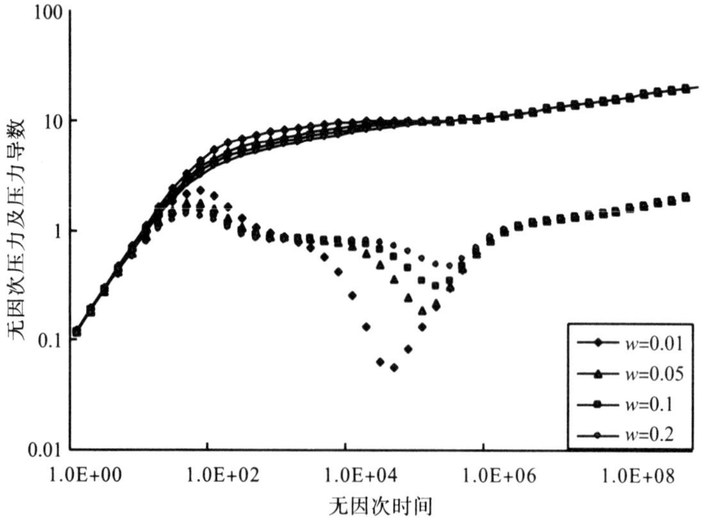

图 3-6 储容比对双重介质应力敏感油藏井底压力响应的影响

藏井底压力响应的影响；图 3-7 为射孔厚度对应力敏感油藏部分射孔井井底压力响应的影响；图 3-8 为水平井长度对应力敏感油藏水平井井底压力动态响应的影响。影响规律与前一致，这里不重复。

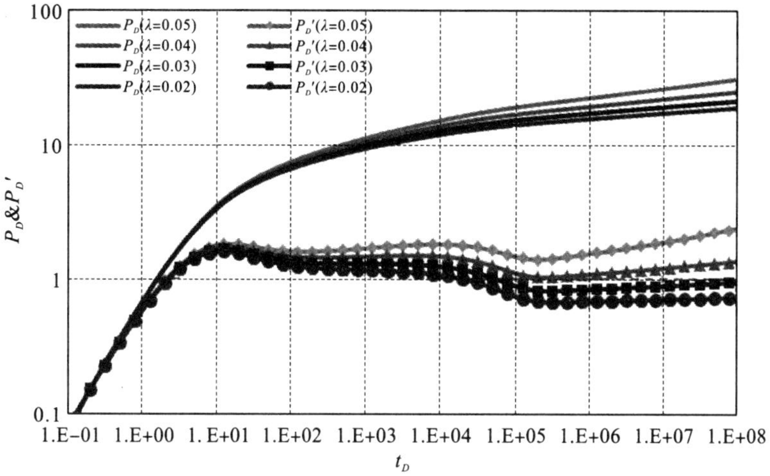

图 3-7　射孔厚度对应力敏感油藏部分射孔井井底压力响应的影响

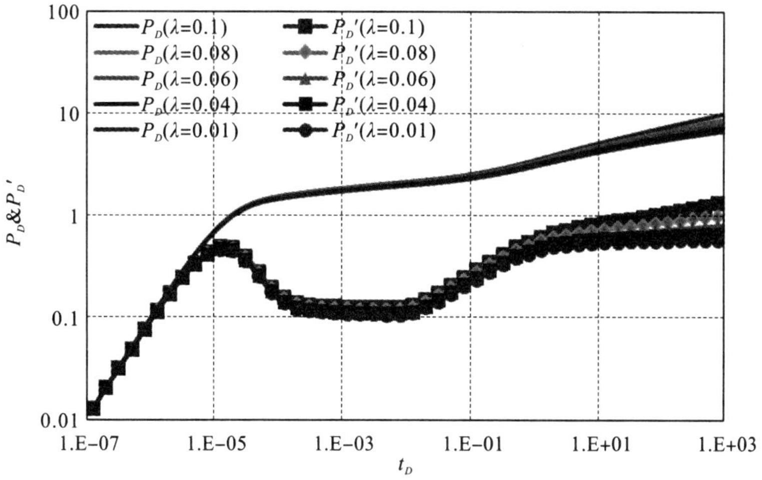

图 3-8　水平井长度对应力敏感油藏水平井井底压力动态响应的影响

第三节　利用点源函数求解双重介质油藏不稳定渗流问题

一、双重介质油藏瞬时点源函数基本解

双重介质油藏无因次数学模型为

$$\nabla^2 p_{fD} = \frac{\omega}{L^2}\frac{\partial P_{fD}}{\partial t_{Dfm}} + \frac{(1+\omega)}{L^2}\frac{\partial P_{mD}}{\partial t_{Dfm}} \tag{3-65}$$

$$(1-\omega)\frac{\partial P_{mD}}{\partial t_{Dfm}}=\lambda(P_{fD}-P_{mD}) \tag{3-66}$$

结合前面均质油藏瞬时点源基本解的求解，双重介质油藏瞬时点源基本解为

$$\gamma=\exp(-r_D\sqrt{uf(u)})/4\pi L^3 r_D \tag{3-67}$$

式中，$f(u)=\dfrac{\lambda+\omega(1-\omega)u}{\lambda+(1-\omega)u}$。

根据前面的推导，利用级数函数性质、泊松叠加公式、拉普拉斯变换等方法对考虑顶底边界条件瞬时点源函数进行化简，顶底封闭双重介质油藏的瞬时源函数基本解为

$$\gamma=\frac{1}{2\pi Z_{eD}}\left[K_0(R_D\sqrt{f(u)u})+2\sum_{n=1}^{n=\infty}K_0\left(R_D\sqrt{f(u)u+\frac{n^2\pi^2}{Z_{eD}^2}}\right)\cos\left(n\pi\frac{Z_D}{Z_{eD}}\right)\cos\left(n\pi\frac{Z'_D}{Z_{eD}}\right)\right] \tag{3-68}$$

气顶、底水双重介质油藏的瞬时源函数基本解为

$$\gamma=\frac{1}{\pi Z_{eD}}\left[2\sum_{n=1}^{n=\infty}K_0\left(R_D\sqrt{f(u)u+\frac{n^2\pi^2}{Z_{eD}^2}}\right)\sin\left(n\pi\frac{Z_D}{Z_{eD}}\right)\sin\left(n\pi\frac{Z'_D}{Z_{eD}}\right)\right] \tag{3-69}$$

含气顶或底水双重介质油藏的瞬时源函数基本解为

$$\gamma=\frac{1}{\pi Z_{eD}}\left\{2\sum_{n=1}^{n=\infty}K_0\left(R_D\sqrt{f(u)u+\frac{n^2\pi^2}{Z_{eD}^2}}\right)\cos\left[(2n-1)\frac{\pi}{2}\frac{Z_D}{Z_{eD}}\right]\cos\left[(2n-1)\frac{\pi}{2}\frac{Z'_D}{Z_{eD}}\right]\right\} \tag{3-70}$$

二、双重介质油藏井底压力响应函数

双重介质油藏直井井底压力响应函数拉氏解为

$$\bar{P}_D=\frac{1}{2u}\int_{-1}^{1}K_0(\sqrt{uf(u)}\sqrt{x_D^2+y_D^2})\mathrm{d}\alpha+\frac{1}{u}\sum_{n=1}^{n=\infty}K_0\left(R_D\sqrt{uf(u)+\frac{n^2\pi^2}{Z_{eD}^2}}\right)\cos(n\pi z_{wD})\int_{-1}^{1}\cos(n\pi\alpha)\mathrm{d}\alpha \tag{3-71}$$

含气顶、底水双重介质油藏直井井底压力响应函数拉氏解为

$$\bar{P}_D=\frac{1}{u}\sum_{n=1}^{n=\infty}K_0\left(R_D\sqrt{uf(u)+\frac{n^2\pi^2}{Z_{eD}^2}}\right)\sin(n\pi z_{wD})\int_{-1}^{1}\sin(n\pi\alpha)\mathrm{d}\alpha \tag{3-72}$$

含气顶或底水双重介质油藏直井井底压力响应函数拉氏解为

$$\bar{P}_D=\frac{1}{u}\sum_{n=1}^{n=\infty}K_0\left[\sqrt{(x_D-\alpha)^2+y_D^2}\sqrt{uf(u)+\frac{n^2\pi^2}{4Z_{eD}^2}}\right]\cos\left[(2n-1)\frac{\pi}{2}z_{wD}\right]\int_{-1}^{1}\cos\left[(2n-1)\frac{\pi}{2}\alpha\right]\mathrm{d}\alpha \tag{3-73}$$

气顶双重介质油藏部分射孔井井底压力响应函数拉氏解为

$$\bar{p}_D=\frac{8}{\pi^2 h_{p_D}^2 u}\sum_{n=1}^{\infty}\frac{\Gamma_{cMn}^2}{(2n-1)^2}K_0(\beta_{Mn}r_D) \tag{3-74}$$

式中，$\beta_{Mn}^2=uf(u)+\dfrac{(2n-1)^2\pi^2}{4h_D^2}$，$\Gamma_{cMn}=\cos\left[\dfrac{(2n-1)\pi(h_{TD}+h_{PD})}{2}\right]-\cos\left[\dfrac{(2n-1)\pi h_{TD}}{2}\right]$。

底水双重介质油藏部分射孔井井底压力响应函数拉氏解为

$$\bar{p}_D = \frac{8}{\pi^2 h_{p_D}^2 u} \sum_{n=1}^{\infty} \frac{\Gamma'^2_{cMn}}{n^2} K_0(\beta_{Mn} r_D) \tag{3-75}$$

式中，$\beta_{Mn}^2 = uf(u) + \dfrac{(2n-1)^2\pi^2}{4h_D^2}$，

$$\Gamma'_{cMn} = \cos\left[\frac{(2n-1)\pi(1-h_{TD})}{2}\right] - \cos\left[\frac{(2n-1)\pi(1-h_{TD}-h_{PD})}{2}\right]。$$

气顶、底水双重介质油藏部分射孔井井底压力响应函数拉氏解为

$$\bar{p}_D = \frac{2}{\pi^2 h_{p_D}^2 u} \sum_{n=1}^{\infty} \frac{\Gamma_{cn}^2}{n^2} K_0(\beta_n r_D) \tag{3-76}$$

式中，$\beta_n^2 = uf(u) + \dfrac{n^2\pi^2}{h_D^2}$，$\Gamma_{cn} = \cos[n\pi(h_{TD} + h_{PD})] - \cos(n\pi h_{TD})$。

顶底封闭双重介质油藏部分射孔井井底压力响应函数拉氏解为

$$\bar{p}_D = \frac{K_0(\beta_0 r_D)}{u} + \frac{2}{\pi^2 h_{p_D}^2 u} \sum_{n=1}^{\infty} \frac{\Gamma_{sn}^2}{n^2} K_0(\beta_n r_D) \tag{3-77}$$

式中，$\beta_n^2 = uf(u) + \dfrac{n^2\pi^2}{h_D^2}$，$\Gamma_{sn} = \sin[n\pi(h_{TD} + h_{pD})] - \sin(n\pi h_{TD})$。$uf(u)$——拉氏空间变换函数，$uf(u) = u\dfrac{\lambda + \omega(1-\omega)u}{\lambda + (1-\omega)u}$。

利用 Muskat 的方法获得考虑径向边界条件影响的井底压力响应函数，则顶底封闭、外边界封闭的双重介质油藏部分射孔井井底压力响应函数拉氏解为

$$\bar{p}_D = \frac{K_1(\beta_0 r_{eD}) I_0(\beta_0 r_D) + I_1(\beta_0 r_{eD}) K_0(\beta_0 r_D)}{u I_1(\beta_0 r_{eD})} + \frac{2}{\pi^2 h_{p_D}^2} \sum_{n=1}^{\infty} \frac{\Gamma_{sn}^2}{n^2} \left[\frac{K_1(\beta_n r_{eD}) I_0(\beta_0 r_D) + I_1(\beta_n r_{eD}) K_0(\beta_0 r_D)}{u I_1(\beta_n r_{eD})}\right] \tag{3-78}$$

式中，$\beta_n^2 = uf(u) + \dfrac{n^2\pi^2}{h_D^2}$，$\Gamma_{sn} = \sin[n\pi(h_{TD} + h_{pD})] - \sin(n\pi h_{TD})$。

顶底恒压、外边界封闭的双重介质油藏部分射孔井井底压力响应函数拉氏解为

$$\bar{P}_{Df} = \frac{2}{\pi^2 h_{p_D}^2 u} \sum_{n=1}^{\infty} \frac{\Gamma_{cn}^2}{n^2} \frac{K_1(\beta_n r_{eD}) I_1(\beta_n r_D) + I_1(\beta_n r_{eD}) K_0(\beta_n r_D)}{I_1(\beta_n r_{eD})} \tag{3-79}$$

式中，$\beta_n^2 = uf(u) + \dfrac{n^2\pi^2}{h_D^2}$，$\Gamma_{cn} = \cos[n\pi(h_{1D} + h_{PD})] - \cos(n\pi h_{1D})$。

气顶、底封闭、外边界封闭双重介质油藏部分射孔井井底压力响应函数拉氏解为

$$\bar{p}_D = \frac{8}{\pi^2 h_{p_D}^2 u} \sum_{n=1}^{\infty} \frac{\Gamma_{cMn}^2}{(2n-1)^2} \frac{K_1(\beta_{Mn} r_{eD}) I_0(\beta_{Mn} r_D) + I_1(\beta_{Mn} r_{eD}) K_0(\beta_{Mn} r_D)}{I_1(\beta_{Mn} r_{eD})} \tag{3-80}$$

顶封闭、底水、外边界封闭双重介质油藏部分射孔井井底压力响应函数拉氏解为

$$\bar{p}_D = \frac{8}{\pi^2 h_{p_D}^2 u} \sum_{n=1}^{\infty} \frac{\Gamma'^2_{cMn}}{(2n-1)^2} \frac{K_1(\beta_{Mn} r_{eD}) I_0(\beta_{Mn} r_D) + I_1(\beta_{Mn} r_{eD}) K_0(\beta_{Mn} r_D)}{I_1(\beta_{Mn} r_{eD})} \tag{3-81}$$

式中，$\beta_{Mn}^2 = uf(u) + \dfrac{(2n-1)^2\pi^2}{4h_D^2}$，$\Gamma_{cMn} = \cos\left[\dfrac{(2n-1)\pi(h_{TD} + h_{PD})}{2}\right] - \cos\left[\dfrac{(2n-1)\pi h_{TD}}{2}\right]$，

$$\Gamma'_{cMn} = \cos\left[\frac{(2n-1)\pi(1-h_{TD})}{2}\right] - \cos\left[\frac{(2n-1)\pi(1-h_{TD}-h_{PD})}{2}\right]。$$

顶底封闭、外边界圆形定压双重介质油藏部分射孔井井底压力响应函数拉氏解为

$$\bar{p}_D = \frac{I_0(\beta_0 r_{eD})K_0(\beta_0 r_D) - K_0(\beta_0 r_{eD})I_0(\beta_0 r_D)}{uI_0(\beta_0 r_{eD})} + \frac{2}{\pi^2 h_{p_D}^2 u}\sum_{n=1}^{\infty}\frac{\Gamma_{sn}^2}{n^2} \left[\frac{I_0(\beta_n r_{eD})K_0(\beta_n r_D) - K_0(\beta_n r_{eD})I_0(\beta_n r_D)}{I_0(\beta_n r_{eD})}\right] \tag{3-82}$$

式中，$\beta_n^2 = uf(u) + \frac{n^2\pi^2}{h_D^2}$，$\Gamma_{sn} = \sin[n\pi(h_{TD} + h_{pD})] - \sin(n\pi h_{TD})$。

气顶、底水、外边界圆形定压双重介质油藏部分射孔井井底压力响应函数拉氏解为

$$\bar{p}_D = \frac{2}{\pi^2 h_{p_D}^2 u}\sum_{n=1}^{\infty}\frac{\Gamma_{cn}^2}{n^2}\frac{I_0(\beta_n r_{eD})K_0(\beta_n r_D) - K_0(\beta_n r_{eD})I_0(\beta_n r_D)}{I_0(\beta_n r_{eD})} \tag{3-83}$$

式中，$\beta_n^2 = uf(u) + \frac{n^2\pi^2}{h_D^2}$，$\Gamma_{cn} = \cos[n\pi(h_{1D} + h_{PD})] - \cos(n\pi h_{1D})$。

气顶、外边界圆形定压双重介质油藏部分射孔井井底压力响应函数拉氏解为

$$\bar{p}_D = \frac{8}{\pi^2 h_{p_D}^2 u}\sum_{n=1}^{\infty}\frac{\Gamma_{cMn}^2}{(2n-1)^2}\frac{I_0(\beta_{Mn} r_{eD})K_0(\beta_{Mn} r_D) - K_0(\beta_{Mn} r_{eD})I_0(\beta_{Mn} r_D)}{I_0(\beta_{Mn} r_{eD})} \tag{3-84}$$

底水、外边界圆形定压双重介质油藏部分射孔井井底压力响应函数拉氏解为

$$\bar{p}_D = \frac{8}{\pi^2 h_{p_D}^2 u}\sum_{n=1}^{\infty}\frac{\Gamma_{cMn}'^2}{(2n-1)^2}\frac{I_0(\beta_{Mn} r_{eD})K_0(\beta_{Mn} r_D) - K_0(\beta_{Mn} r_{eD})I_0(\beta_{Mn} r_D)}{I_0(\beta_{Mn} r_{eD})} \tag{3-85}$$

式中，$\beta_{Mn}^2 = uf(u) + \frac{(2n-1)^2\pi^2}{4h_D^2}$，$\Gamma_{cMn} = \cos\left[\frac{(2n-1)\pi(h_{TD} + h_{PD})}{2}\right] - \cos\left[\frac{(2n-1)\pi h_{TD}}{2}\right]$；

$$\Gamma_{cMn}' = \cos\left[\frac{(2n-1)\pi(1 - h_{TD})}{2}\right] - \cos\left[\frac{(2n-1)\pi(1 - h_{TD} - h_{PD})}{2}\right]。$$

顶底封闭边界的双重介质油藏水平井井底压力响应函数拉氏解为：

$$\bar{P}_D = \frac{1}{2u}\int_{-1}^{1}K_O(R_D\sqrt{uf(u)})\mathrm{d}\alpha + \frac{1}{u}\sum_{n=1}^{n=\infty}\cos(n\pi z_D)\cos(n\pi z_{wD}) \int_{-1}^{1}K_0\left[\sqrt{(x_D-\alpha)^2 + y_D^2}\sqrt{uf(u) + \frac{n^2\pi^2}{Z_{eD}^2}}\right]\mathrm{d}\alpha \tag{3-86}$$

气顶、底水双重介质油藏水平井井底压力响应函数拉氏解为

$$\bar{P}_D = \frac{1}{u}\sum_{n=1}^{n=\infty}\sin(n\pi z_D)\sin(n\pi z_{wD}) \int_{-1}^{1}K_0\left[\sqrt{(x_D-\alpha)^2 + y_D^2}\sqrt{uf(u) + \frac{n^2\pi^2}{Z_{eD}^2}}\right]\mathrm{d}\alpha \tag{3-87}$$

含气顶或底水双重介质油藏水平井井底压力响应函数拉氏解为

$$\bar{P}_D = \frac{1}{u}\sum_{n=1}^{n=\infty}\cos\left[(2n-1)\frac{\pi}{2}z_D\right]\cos\left[(2n-1)\frac{\pi}{2}z_{wD}\right] \int_{-1}^{1}K_0\left(\sqrt{(x_D-\alpha)^2 + y_D^2}\sqrt{uf(u) + \frac{(2n-1)^2\pi^2}{4Z_{eD}^2}}\right)\mathrm{d}\alpha \tag{3-88}$$

顶底封闭径向圆形封闭的双重介质油藏油藏水平井井底压力响应函数拉氏解为

$$\bar{P}_D = \frac{1}{2u}\left\{\int_{-1}^{1}K_0(\sqrt{(x_D-\alpha)^2}\varepsilon_0)\mathrm{d}\alpha + \frac{K_1(r_{eD}\varepsilon_0)}{I_1(r_{eD}\varepsilon_0)}\int_{-1}^{1}I_0(\sqrt{(x_D-\alpha)^2}\varepsilon_0)\mathrm{d}\alpha\right.$$

$$\left. + 2\sum_{n=1}^{\infty}\left[\int_{-1}^{1}K_0(\sqrt{(x_D-\alpha)^2}\varepsilon_n)\mathrm{d}\alpha\right.\right.$$

$$+\frac{K_1(r_{eD}\varepsilon_n)}{I_1(r_{eD}\varepsilon_n)}\int_{-1}^{1}I_0(\sqrt{(x_D-\alpha)^2}\varepsilon_n)\mathrm{d}\alpha\cdot\cos(\beta_n z_{rD})\cos(\beta_n z_{wD})\Big]\Big\} \tag{3-89}$$

式中，$\beta_n=n\pi$，$\varepsilon_n=\sqrt{uf(u)(h_D L_D)^2+\beta_n L_D^2}$。

顶底封闭径向定压双重介质油藏油藏水平井井底压力响应函数拉氏解为

$$\begin{aligned}\overline{P}_D=\frac{1}{2u}\Big\{&\int_{-1}^{1}K_0(\sqrt{(x_D-\alpha)^2}\varepsilon_0)\mathrm{d}\alpha-\frac{K_0(r_{eD}\varepsilon_0)}{I_0(r_{eD}\varepsilon_0)}\int_{-1}^{1}I_0(\sqrt{(x_D-\alpha)^2}\varepsilon_0)\mathrm{d}\alpha\\&+2\sum_{n=1}^{\infty}\Big[\int_{-1}^{1}K_0(\sqrt{(x_D-\alpha)^2}\varepsilon_n)\mathrm{d}\alpha\\&-\frac{K_0(r_{eD}\varepsilon_n)}{I_0(r_{eD}\varepsilon_n)}\int_{-1}^{1}I_0(\sqrt{(x_D-\alpha)^2}\varepsilon_n)\mathrm{d}\alpha\cdot\cos(\beta_n z_{rD})\cos(\beta_n z_{wD})\Big]\Big\}\end{aligned} \tag{3-90}$$

式中，$\beta_n=n\pi$，$\varepsilon_n=\sqrt{uf(u)(h_D L_D)^2+\beta_n L_D^2}$。

三、双重介质油藏井底压力响应特征

图 3-10 给出了顶底封闭双重介质油藏直井双对数压力响应和压力导数曲线，从双对数曲线中可以发现直井渗流存在三个流动阶段：①早期纯井筒储集阶段，在压力和压力导数双对数曲线上表现为斜率为 1 的直线段，该阶段压力和压力导数曲线主要受油藏早期井筒储集效应的影响；②双重介质拟稳态窜流期，该阶段主要反映裂缝系统到基质系统的拟稳态窜流过程，在压力导数双对数图上具体表现为：压力导数曲线出现一个明显的凹子。③中期径向流动阶段，在压力导数双对数图上具体表现为：压力导数曲线出现水平段且值为 0.5，该阶段反映了水平方向上的径向流动。

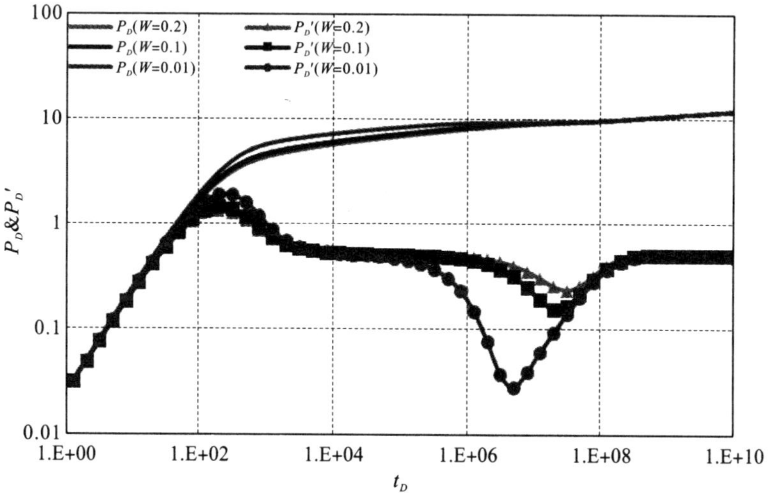

图 3-10 ω 对井底压力响应的影响

图 3-10 是储容比 ω 对顶底封闭直井井底压力动态的影响关系图。ω 越小，过渡段越长，凹子越深。从 ω 的定义可知，当 ω 越小时，$\varphi_1 C_1$ 越大或 $\varphi_2 C_2$ 越小，说明基质孔隙相对发育而裂缝孔隙较差，基质岩块向裂缝补充流体，需要较长的时间才能使基质岩块的压力与裂缝的压力同步下降，所以基质孔隙越发育，所需时间越长，过渡段延伸越长。反之，当 ω 越大时，$\varphi_1 C_1$ 越小或 $\varphi_2 C_2$ 越大，即基质孔隙不发育而裂缝孔隙发育，基质向裂缝供给流体，仅需较短的时间就能使基质岩块的压力与裂缝的压力同步下降，所以过渡段越短(熊佩，2011)。

图 3-11 给出顶底封闭无限大双重介质油藏部分打开井无因次压力和压力导数与无因次时间双对数曲线，从双对数曲线中可以发现渗流阶段多了：①第一径向流动阶段，在双对数曲线上，压力导数曲线出现第一水平段，该段反映了早期垂直于水平井井筒的径向流动；②双重介质拟稳态窜流期，该阶段主要反映裂缝系统到基质系统的拟稳态窜流过程，在压力导数双对数图上具体表现为：压力导数曲线出现一个明显的凹子。从 λ 的定义分析，λ 越小，K_1 与 K_2 的差异越大，即基质孔隙渗透率越小，渗流阻力越大。因此，在基质岩块与裂缝网络之间需要较大的压差才能发生窜流，在开井生产的过程中，裂缝中的压力就需要较长的时间才能达到基质向裂缝窜流所需要的压差。所以，λ 越小，过渡段出现的时间越晚。反之，λ 越大，基质孔隙渗透率与裂缝渗透率差异越小，窜流的阻力越小，发生窜流所需压差也越小，基质与裂缝两个孔隙系统的压差达到窜流所需压差的时间就越短(熊佩，2011)。因此，λ 越大，出现过渡段的时间越早。

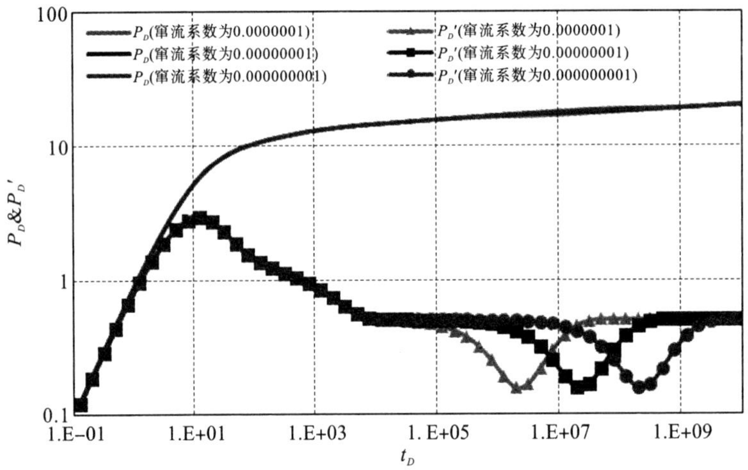

图 3-11 窜流系数对部分射孔井井底压力响应的影响

图 3-12 给出了顶底封闭双重介质油藏水平井双对数压力和压力导数响应曲线，从双对数曲线中可以发现渗流阶段多了：①第一径向流动阶段；②双重介质拟稳态窜流期。

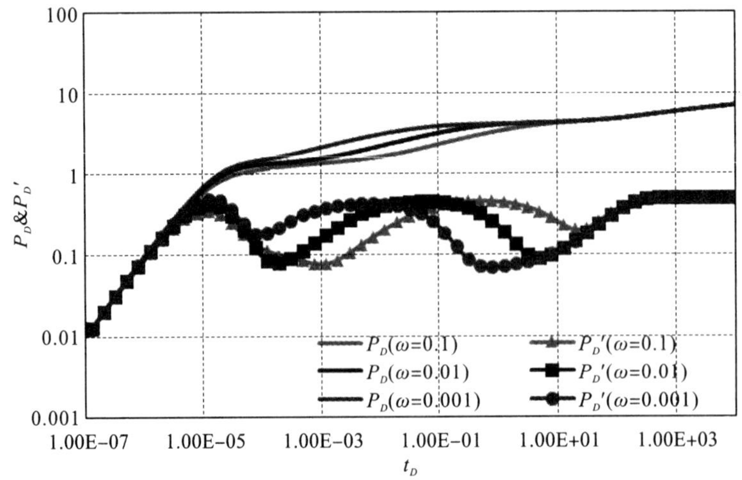

图 3-12 储容比 ω 对水平井井底压力响应的影响

第四节　利用点源函数求解三重介质油藏不稳定渗流问题

一、三重介质油藏瞬时点源函数基本解

孔、洞、缝三重介质油藏无因次渗流微分方程组为

裂缝：$$\frac{1}{r_D}\frac{\partial}{\partial r_D}\left(r_D\frac{\partial p_{D3}}{\partial r_D}\right)-\omega_1\frac{\partial p_{D1}}{\partial t_D}-\omega_2\frac{\partial p_{D2}}{\partial t_D}=(1-\omega_1-\omega_2)\frac{\partial p_{D3}}{\partial t_D} \quad (3\text{-}91)$$

基岩：$$\omega_1\frac{\partial p_{D1}}{\partial t_D}=\lambda_1(p_{D3}-p_{D1}) \quad (3\text{-}92)$$

溶洞：$$\omega_2\frac{\partial p_{D2}}{\partial t_D}=\lambda_2(p_{D3}-p_{D2}) \quad (3\text{-}93)$$

式中，弹性储容比：$\omega_j=\dfrac{\varphi_j c_j}{\varphi_1 c_1+\varphi_2 c_2+\varphi_3 c_3}\quad (j=1,2,3)$；

窜流系数：$\lambda_j=\dfrac{\alpha_j k_j r_w^2}{k_3}\quad (j=1,2)$；

1 表示溶洞系统到裂缝系统拟稳态窜流；2 表示基质系统到裂缝系统拟稳态窜流。

根据渗流力学的基本理论，可以得到孔、洞、缝三重介质油藏渗流微分方程的无因次内、外边界条件和初始边界条件：

内边界条件：$\left(\dfrac{\partial p_{D3}}{\partial r_D}\right)\Big|_{r_D=1}=-1$；

无限大地层外边界条件：$\lim\limits_{r_D\to\infty}p_{D3}(r_D,t_D)=0$；

封闭外边界条件：$\left(\dfrac{\partial p_{D3}}{\partial r_D}\right)\Big|_{R_D=R_{eD}}=0$；

定压外边界：$p_{D3}(r_D,t_D)\big|_{R_D=R_{eD}}=0$；

初始条件条件：$p_{Dj}(r_D,t_D)\big|_{t_D=0}=0\quad (j=1,2,3)$。

为便于方程组的求解，对孔、洞、缝三重介质油藏无因次渗流微分方程组(2-21～2-23)进行 Laplace 变换，得

$$\begin{cases}\dfrac{1}{r_D}\dfrac{\partial}{\partial r_D}\left(r_D\dfrac{\partial \bar{p}_{D3}}{\partial r_D}\right)-\omega_1 u\bar{p}_{D1}-\omega_2 u\bar{p}_{D2}=(1-\omega_1-\omega_2)u\bar{p}_{D3}\\ \omega_1 u\bar{p}_{D1}=\lambda_1(\bar{p}_{D3}-\bar{p}_{D1})\\ \omega_1 u\bar{p}_{D2}=\lambda_2(\bar{p}_{D3}-\bar{p}_{D2})\\ \dfrac{\partial \bar{p}_{D3}}{\partial r_D}/_{r_D=1}=-\dfrac{1}{u}\\ \lim\limits_{r_D\to\infty}\bar{p}_{D3}(r_D,u)=0 & \text{无限大外边界}\\ p_{D3}(r_D,u)\big|_{R_D=R_{eD}}=0 & \text{定压外边界}\\ \left(\dfrac{\partial \bar{p}_{D3}}{\partial r_D}\right)\Big|_{R_D=R_{eD}}=0 & \text{封闭外边界}\end{cases} \quad (3\text{-}94)$$

通过对基岩、洞穴和裂缝系统渗流控制方程进行合并，可以将方程(3-94)简化为

$$\begin{cases}\dfrac{1}{r_D}\dfrac{\partial}{\partial r_D}\left(r_D\dfrac{\partial \bar{p}_{D3}}{\partial r_D}\right)=f(u)u\bar{p}_{D3}\\ \dfrac{\partial \bar{p}_{D3}}{\partial r_D}/_{r_D=1}=-\dfrac{1}{u}\\ \lim\limits_{r_D\to\infty}\bar{p}_{D3}(r_D,u)=0 \quad \text{无限大外边界}\\ \bar{p}_{D3}(r_D,u)|_{R_D=R_{eD}}=0 \quad \text{定压外边界}\\ \left(\dfrac{\partial \bar{p}_{D3}}{\partial r_D}\right)|_{R_D=R_{eD}}=0 \quad \text{封闭外边界}\end{cases} \tag{3-95}$$

式中，$f(u)=\dfrac{\omega_1\lambda_1}{\omega_1 u+\lambda_1}+\dfrac{\omega_2\lambda_2}{\omega_2 u+\lambda_2}+(1-\omega_1-\omega_2)$。

缝洞型三重介质油藏 Lord Kelvin 点源解：

$$\gamma=\exp(-\rho_D\sqrt{f(u)u})/4\pi\rho_D \tag{3-96}$$

封闭边界的缝洞型油藏瞬时源函数基本解为

$$\gamma=\frac{1}{2\pi Z_{eD}}\left[K_0(R_D\sqrt{f(u)u})+2\sum_{n=1}^{n=\infty}K_0\left(R_D\sqrt{f(u)u+\frac{n^2\pi^2}{Z_{eD}^2}}\right)\cos\left(n\pi\frac{Z_D}{Z_{eD}}\right)\cos\left(n\pi\frac{Z_D{}'}{Z_{eD}}\right)\right] \tag{3-97}$$

定压边界的缝洞型三重介质油藏瞬时源函数基本解(李成勇，2005)为

$$\gamma=\frac{1}{\pi Z_{eD}}\left[2\sum_{n=1}^{n=\infty}K_0\left(R_D\sqrt{f(u)u+\frac{n^2\pi^2}{Z_{eD}^2}}\right)\sin\left(n\pi\frac{Z_D}{Z_{eD}}\right)\sin\left(n\pi\frac{Z'_D}{Z_{eD}}\right)\right] \tag{3-98}$$

在 $Z=0$ 处为封闭边界和 $Z=Z_e$ 处为定压边界的缝洞型油藏瞬时源函数基本解为

$$\gamma=\frac{1}{\pi Z_{eD}}\left\{2\sum_{n=1}^{n=\infty}K_0\left[R_D\sqrt{f(u)u+\frac{(2n-1)^2\pi^2}{4Z_{eD}^2}}\right]\cos\left[(2n-1)\frac{\pi}{2}\frac{Z_D}{Z_{eD}}\right]\cos\left[(2n-1)\frac{\pi}{2}\frac{Z'_D}{Z_{eD}}\right]\right\} \tag{3-99}$$

二、三重介质油藏井底压力响应函数

顶底封闭三重介质油藏边界直井在拉氏空间中的井底压力响应函数为

$$\bar{P}_D=\frac{1}{2u}\int_{-1}^{1}K_0(\sqrt{f(u)u}\sqrt{x_D^2+y_D^2})\mathrm{d}\alpha+\frac{1}{u}\sum_{n=1}^{n=\infty}K_0\left(R_D\sqrt{f(u)u+\frac{n^2\pi^2}{Z_{eD}^2}}\right)\cos(n\pi z_{wD})\int_{-1}^{1}\cos(n\pi\alpha)\mathrm{d}\alpha \tag{3-100}$$

顶底封闭三重介质油藏部分打开井在拉氏空间中的井底压力响应函数为

$$\bar{P}_D=\frac{K_0(\beta_0 r_D)}{u}+\frac{2}{\pi^2 h_{p_D}^2 u}\sum_{n=1}^{\infty}\frac{\Gamma_{sn}^2}{n^2}K_0(\beta_n r_D) \tag{3-101}$$

式中，$\beta_n^2=f(u)u+\dfrac{n^2\pi^2}{h_D^2}$，$\Gamma_{sn}=\sin[n\pi(h_{TD}+h_{pD})]-\sin(n\pi h_{TD})$，$\hat{Z}_{WD}=z_{WD}+\alpha\sqrt{K/K_x}$。

顶底定压三重介质油藏直井在拉氏空间中的井底压力响应函数为

$$\overline{P}_D = \frac{1}{u}\sum_{n=1}^{n=\infty} K_0\left(R_D\sqrt{f(u)u + \frac{n^2\pi^2}{Z_{eD}^2}}\right)\sin(n\pi z_{wD})\int_{-1}^{1}\sin(n\pi\alpha)\mathrm{d}\alpha \tag{3-102}$$

式中，$\hat{Z}_{WD} = z_{WD} + \alpha\sqrt{K/K_x}$。

气顶、底水三重介质油藏部分打开井在拉氏空间中的井底压力响应函数为

$$\overline{P}_D = \frac{2}{\pi^2 h_{p_D}^2 u}\sum_{n=1}^{\infty}\frac{\Gamma_{cn}^2}{n^2}K_0(\beta_n r_D) \tag{3-103}$$

式中，$\beta_n^2 = f(u)u + \frac{n^2\pi^2}{h_D^2}$，$\Gamma_{cn} = \cos[n\pi(h_{TD} + h_{PD})] - \cos(n\pi h_{TD})$。

顶底混合边界三重介质油藏直井在拉氏空间中的井底压力响应函数为

$$\overline{P}_D = \frac{1}{u}\sum_{n=1}^{n=\infty} K_0\left(\sqrt{(x_D - \alpha)^2 + y_D^2}\sqrt{f(u)u + \frac{n^2\pi^2}{4Z_{eD}^2}}\right)\cos\left[(2n-1)\frac{\pi}{2}z_{wD}\right] \int_{-1}^{1}\cos\left[(2n-1)\frac{\pi}{2}\alpha\right]\mathrm{d}\alpha \tag{3-104}$$

式中，$\hat{Z}_{WD} = z_{WD} + \alpha\sqrt{K/K_x}$。

则气顶三重介质油藏部分打开井在拉氏空间中的压力响应函数为

$$\overline{P}_D = \frac{8}{\pi^2 h_{p_D}^2 u}\sum_{n=1}^{\infty}\frac{\Gamma_{cMn}^2}{(2n-1)^2}K_0(\beta_{Mn} r_D) \tag{3-105}$$

式中，$\beta_{Mn}^2 = f(u)u + \frac{(2n-1)^2\pi^2}{4h_D^2}$，$\Gamma_{cMn} = \cos\left[\frac{(2n-1)\pi(h_{TD} + h_{PD})}{2}\right] - \cos\left[\frac{(2n-1)\pi h_{TD}}{2}\right]$。

底水三重介质油藏部分打开直井在拉氏空间中的压力响应函数为

$$\overline{P}_D = \frac{8}{\pi^2 h_{p_D}^2 u}\sum_{n=1}^{\infty}\frac{\Gamma'^2_{cMn}}{n^2}K_0(\beta_{Mn} r_D) \tag{3-106}$$

式中，$\beta_{Mn}^2 = f(u)u + \frac{(2n-1)^2\pi^2}{4h_D^2}$；$\Gamma'_{cMn} = \cos\left[\frac{(2n-1)\pi(1-h_{TD})}{2}\right] - \cos\left[\frac{(2n-1)\pi(1-h_{TD}-h_{PD})}{2}\right]$；$h_{TD}$——上部无因次未打开储层厚度，$h_{TD} = h_T/h$；$h_{PD}$——中部无因次打开储层厚度，$h_{PD} = h_P/h$；$h_D$——无因次储层厚度，$h_D = h/r_w\sqrt{K_H/K_V}$；$h_T$——上部未打开储层厚度；$h_P$——中部打开储层厚度；$u$——拉普拉斯变量；$K_0(x)$——修正的零阶第二类贝塞尔函数。

顶底封闭、外边界封闭三重介质油藏直井在拉氏空间中的井底压力响应函数为

$$\overline{P}_D = \left\{K_0\left(\sqrt{f(u)u}\sqrt{x_D^2 + y_D^2}\right) + I_0\left(r_{eD}\sqrt{x_D^2 + y_D^2}\right)\frac{K_1\left(r_{eD}\sqrt{x_D^2 + y_D^2}\right)}{I_1\left(r_{eD}\sqrt{x_D^2 + y_D^2}\right)}\right\}/u \tag{3-107}$$

顶底封闭、外边界封闭三重介质油藏部分打开井在拉氏空间中的井底压力响应函数为

$$\overline{P}_D = \frac{K_1(\beta_0 r_{eD})I_0(\beta_0 r_D) + I_1(\beta_0 r_{eD})K_0(\beta_0 r_D)}{uI_1(\beta_0 r_{eD})} + \frac{2}{\pi^2 h_{p_D}^2}\sum_{n=1}^{\infty}\frac{\Gamma_{sn}^2}{n^2} \left[\frac{K_1(\beta_n r_{eD})I_0(\beta_0 r_D) + I_1(\beta_n r_{eD})K_0(\beta_0 r_D)}{uI_1(\beta_n r_{eD})}\right] \tag{3-108}$$

式中，$\beta_n^2 = f(u)u + \frac{n^2\pi^2}{h_D^2}$，$\Gamma_{sn} = \sin[n\pi(h_{TD} + h_{pD})] - \sin(n\pi h_{TD})$。

顶底封闭、外边界定压、三重介质油藏直井在拉氏空间中的井底压力响应函数为

$$\overline{P}_D = \left\{ K_0(\sqrt{f(u)u}\ \sqrt{x_D^2 + y_D^2}) - I_0(r_{eD}\varepsilon_n) \frac{K_0(r_{eD}\sqrt{x_D^2 + y_D^2})}{I_0(r_{eD}\sqrt{x_D^2 + y_D^2})} \right\} / u \quad (3\text{-}109)$$

顶底封闭、外边界定压、三重介质油藏部分打开井在拉氏空间中的井底压力响应函数为

$$\overline{P}_D = \frac{I_0(\beta_0 r_{eD})K_0(\beta_0 r_D) - K_0(\beta_0 r_{eD})I_0(\beta_0 r_D)}{uI_0(\beta_0 r_{eD})} + \frac{2}{\pi^2 h_{p_D}^2 u}\sum_{n=1}^{\infty}\frac{\Gamma_{sn}^2}{n^2} \left[\frac{I_0(\beta_n r_{eD})K_0(\beta_n r_D) - K_0(\beta_n r_{eD})I_0(\beta_n r_D)}{I_0(\beta_n r_{eD})}\right] \quad (3\text{-}110)$$

式中，$\beta_n^2 = u + \frac{n^2\pi^2}{h_D^2}$，$\Gamma_{sn} = \sin[n\pi(h_{TD} + h_{pD})] - \sin(n\pi h_{TD})$。

顶底封闭三重介质油藏水平井在 Laplace 空间中的井底压力响应函数为

$$\overline{P}_D = \frac{1}{2u}\int_{-1}^{1} K_0(R_D\sqrt{uf(u)})\mathrm{d}\alpha + \frac{1}{u}\sum_{n=1}^{n=\infty}\cos(n\pi z_D)\cos(n\pi z_{wD}) \int_{-1}^{1} K_0\left(\sqrt{(x_D - \alpha)^2 + y_D^2}\sqrt{uf(u) + \frac{n^2\pi^2}{Z_{eD}^2}}\right)\mathrm{d}\alpha \quad (3\text{-}111)$$

顶底定压三重介质油藏水平井在 Laplace 空间中的井底压力响应函数为

$$\overline{P}_D = \frac{1}{u}\sum_{n=1}^{n=\infty}\sin(n\pi z_D)\sin(n\pi z_{wD}) \int_{-1}^{1} K_0\left(\sqrt{(x_D - \alpha)^2 + y_D^2}\sqrt{uf(u) + \frac{n^2\pi^2}{Z_{eD}^2}}\right)\mathrm{d}\alpha \quad (3\text{-}112)$$

具有混合边界三重介质油藏水平井在 Laplas 空间中的井底压力响应函数为

$$\overline{P}_D = \frac{1}{u}\sum_{n=1}^{n=\infty}\cos\left[(2n-1)\frac{\pi}{2}z_D\right]\cos\left[(2n-1)\frac{\pi}{2}z_{wD}\right] \int_{-1}^{1} K_0\left[\sqrt{(x_D - \alpha)^2 + y_D^2}\sqrt{uf(u) + \frac{(2n-1)^2\pi^2}{4Z_{eD}^2}}\right]\mathrm{d}\alpha \quad (3\text{-}113)$$

顶底封闭、径向封闭三重介质油藏、水平井井底压力响应在拉普拉斯空间中的解为

$$\overline{P_D} = \frac{1}{2u}\left\{\int_{-1}^{1} K_0(\sqrt{(x_D-\alpha)^2}\varepsilon_0)\mathrm{d}\alpha + \frac{K_1(r_{eD}\varepsilon_0)}{I_1(r_{eD}\varepsilon_0)}\int_{-1}^{1} I_0(\sqrt{(x_D-\alpha)^2}\varepsilon_0)\mathrm{d}\alpha + 2\sum_{n=1}^{\infty}\left[\int_{-1}^{1} K_0(\sqrt{(x_D-\alpha)^2}\varepsilon_n)\mathrm{d}\alpha + \frac{K_1(r_{eD}\varepsilon_n)}{I_1(r_{eD}\varepsilon_n)}\int_{-1}^{1} I_0(\sqrt{(x_D-\alpha)^2}\varepsilon_n)\mathrm{d}\alpha \cdot \cos(\beta_n z_{rD})\cos(\beta_n z_{wD})\right]\right\} \quad (3\text{-}114)$$

式中，$\beta_n = n\pi$，$\varepsilon_n = \sqrt{uf(u)(h_D L_D)^2 + \beta_n L_D^2}$。

顶底封闭、径向定压三重介质油藏、水平井井底压力响应在拉普拉斯空间中的解为

$$\overline{P_D} = \frac{1}{2u}\left\{\int_{-1}^{1} K_0(\sqrt{(x_D-\alpha)^2}\varepsilon_0)\mathrm{d}\alpha - \frac{K_0(r_{eD}\varepsilon_0)}{I_0(r_{eD}\varepsilon_0)}\int_{-1}^{1} I_0(\sqrt{(x_D-\alpha)^2}\varepsilon_0)\mathrm{d}\alpha\right.$$

$$
+2\sum_{n=1}^{\infty}\left[\left[\int_{-1}^{1}K_0\left(\sqrt{(x_D-\alpha)^2}\varepsilon_n\right)\mathrm{d}\alpha\right.\right.
$$

$$
\left.\left.-\frac{K_0(r_{eD}\varepsilon_n)}{I_0(r_{eD}\varepsilon_n)}\int_{-1}^{1}I_0\left(\sqrt{(x_D-\alpha)^2}\varepsilon_n\right)\mathrm{d}\alpha\cdot\cos(\beta_n z_{rD})\cos(\beta_n z_{wD})\right]\right\} \tag{3-115}
$$

式中，$\beta_n=n\pi$，$\varepsilon_n=\sqrt{uf(u)(h_D L_D)^2+\beta_n L_D^2}$。

三、三重介质油藏井底压力响应特征

图 3-13 是顶底封闭无限大三重介质油藏直井井底压力和压力导数双对数典型曲线。从图中可以看出，井底压力响应曲线可以分为六个明显的流动阶段：

1. 纯井筒储集阶段

在该阶段中，压力和压力导数双对数曲线表现出斜率为 1 的直线段，且两条曲线重合。该阶段持续时间长短受井筒储集系数 C_D 值影响，井筒储集系数 C_D 值越大，纯井筒储集阶段持续时间越长。

2. 过渡流动阶段

该阶段压力曲线上升速度变缓，压力导数曲线表现为一半圆弧段，该阶段主要反映纯井筒储存阶段到径向流动阶段的过渡，过渡流动阶段的持续时间长短由 $C_D\mathrm{e}^{2S}$ 值确定，$C_D\mathrm{e}^{2S}$ 越大，持续时间越长；反之就越短。

3. 第一径向流动阶段

在双对数曲线上，压力导数曲线出现第一水平段，其水平段值为 0.5。该段反映了早期垂直于直井井筒方向的拟径向流动。如果溶洞－裂缝窜流系数 λ_1 的值足够大，该阶段有可能被溶洞－裂缝拟稳态窜流现象所掩盖。

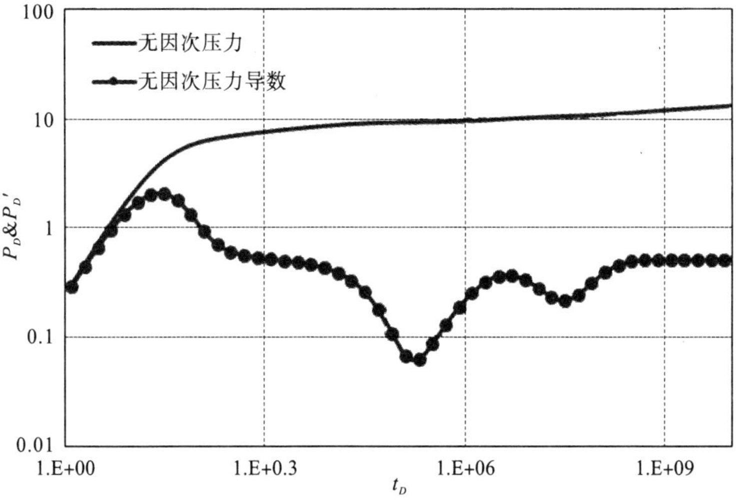

图 3-13　顶底封闭三重介质油藏直井流动阶段示意图

4. 溶洞—裂缝系统拟稳态窜流阶段

该阶段主要反映裂缝系统到溶洞系统的拟稳态窜流过程；在双对数曲线上，压力导数曲线出现第一个明显的凹子。凹子出现的时间受溶洞—裂缝窜流系数 λ_1 影响，凹子的深度和宽度受裂缝系统储容比 ω_3 影响(李成勇等，2006)。

5. 基岩—溶洞系统拟稳态窜流阶段

该阶段主要反映基岩系统到溶洞系统的拟稳态窜流过程；在压力导数双对数图上出现第二个明显的凹子(李成勇等，2006)。与溶洞系统到裂缝系统的拟稳态窜流过程类似：凹子出现的时间受基岩—溶洞窜流系数 λ_2 影响，凹子的深度和宽度受溶洞系统储容比 ω_2 影响。如果 λ_1 和 λ_2 的值比较接近，则有可能表现为一个比较大的凹子，压力导数曲线变为近似的双重介质特征。

6. 系统径向流动阶段

该阶段反映了后期水平方向的系统拟径向流动；在双对数曲线上，压力导数曲线出现第二水平段且值为 0.5。

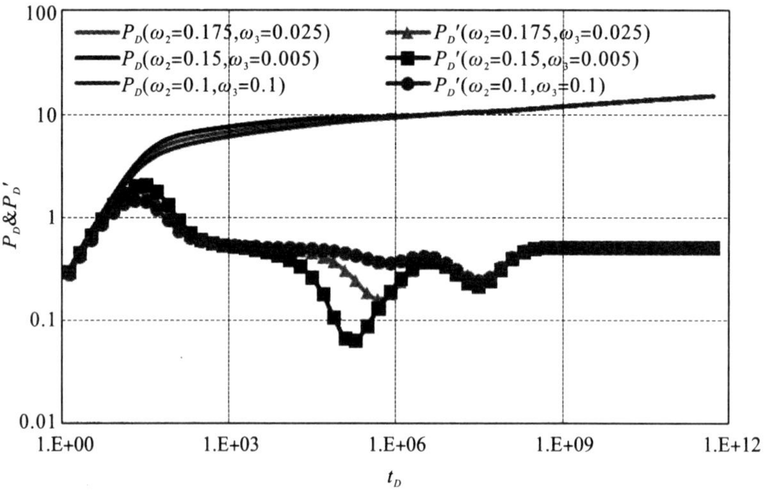

图 3-14 裂缝储容比 ω_3 对井底压力响应的影响

图 3-14 是裂缝储容比 ω_3 对顶底封闭孔、洞、缝三重介质油藏直井井底压力动态的影响关系图(李成勇等，2006)($\omega_1=0.8$；$\omega_2=0.175$、0.15、0.1；$\omega_3=0.025$、0.05、0.1)。从图中可以看出，裂缝储容比 ω_3 对井底压力动态的影响主要表现在双对数压力导数曲线第一个凹子的深度和宽度上；裂缝储容比 ω_3 越小，第一个凹子的宽度和深度就越大，溶洞—裂缝的拟稳态窜流时间提前，且持续时间越长。从 ω_3 的定义可知，当 ω_3 越小时，$\varphi_2 C_2$ 越大或 $\varphi_3 C_3$ 越小，说明溶洞孔隙相对发育而裂缝孔隙相对较差，当溶洞向裂缝系统补充流体时，就需要较长的时间才能使溶洞系统的压力与裂缝系统的压力同步下降，所以溶洞孔隙越发育，拟稳态窜流开始时间就越早，过渡段持续时间就越长；反之 ω_3 越大，溶洞系统相对不发育而裂缝孔隙相对发育，溶洞系统向裂缝系统供给流体所

需要的时间就短，过渡段越短，第一个凹子越浅，压力响应曲线有可能变为双重介质渗流特征即第一个凹子消失。

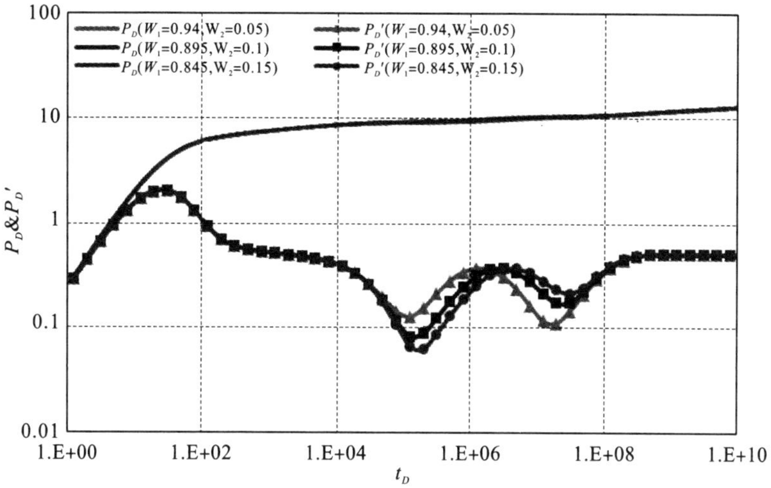

图 3-15 溶洞储容比 ω_2 对井底压力响应的影响

图 3-15 是溶洞储容比 ω_2 对顶底封闭三重介质油藏直井井底压力动态的影响关系图（ω_1=0.945、0.895、0.845；ω_2=0.05、0.10、0.15；ω_3=0.005）。从图中可以看出，溶洞储容比 ω_2 对压力响应曲线的影响与裂缝储容比 ω_3 类似，溶洞储容比 ω_2 对井底压力动态的影响主要表现在双对数压力导数曲线两个凹子的深度和宽度上；溶洞储容比 ω_2 越小，第一个凹子就越浅，第二个凹子就越深，溶洞－裂缝的拟稳态窜流持续时间越短，基岩－溶洞的拟稳态窜流出现时间就越早，且持续时间就越长；反之，溶洞储容比 ω_2 越大，第一个凹子越深，第二个凹子越浅。从 ω_i 的定义可知，当 ω_3 一定时，ω_2 越大，ω_1 越小；说明溶洞孔隙相对发育而基质孔隙发育程度相对较差；溶洞向裂缝系统补充流体就越早，基质向溶洞系统补充流体就越困难，因此基岩系统向溶洞系统供给流体所需要的时间就长。

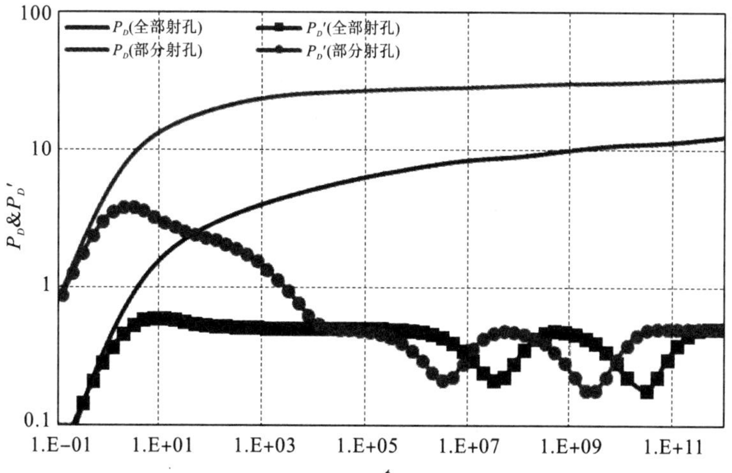

图 3-16 顶底封闭三重介质油藏部分射孔与完全射孔直井流动阶段对比图

图 3-16 是顶底封闭三重介质油藏部分射孔与完全射孔直井压力响应典型曲线对比。从图中可以看出，顶底封闭三重介质油藏部分射孔井井底压力响应曲线比直井多了 2 个流动阶段：①球型流动阶段；②部分径向流动阶段。

图 3-17 给出了三重介质油藏压裂井和均质油藏压裂井无因次压力和压力导数与无因次时间的双对数曲线对比。对比结果可以看出，三重介质油藏压裂井渗流阶段多了：①溶洞－裂缝系统拟稳态窜流阶段；②基岩－溶洞系统拟稳态窜流阶段。

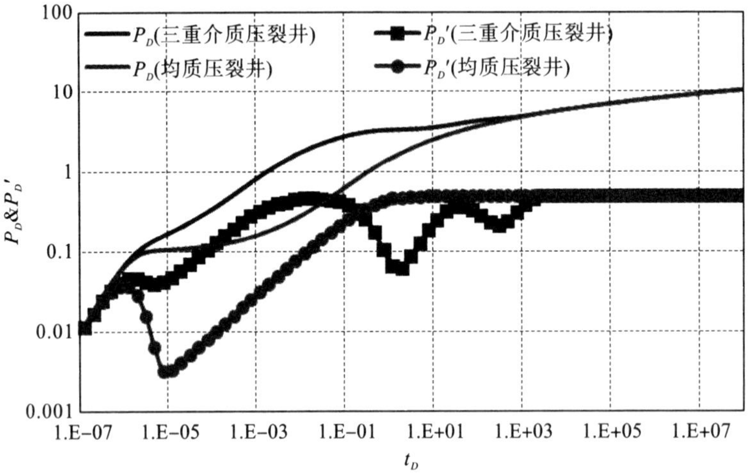

图 3-17 径向定压边界三重介质油藏直井流动阶段对比图

图 3-18 是顶底封闭三重介质油藏水平井井底压力和压力导数与无因次时间双对数典型曲线。从图中可以发现，顶底封闭三重介质油藏水平井存渗流阶段多了：①溶洞－裂缝系统拟稳态窜流阶段；②基岩－溶洞系统拟稳态窜流阶段。

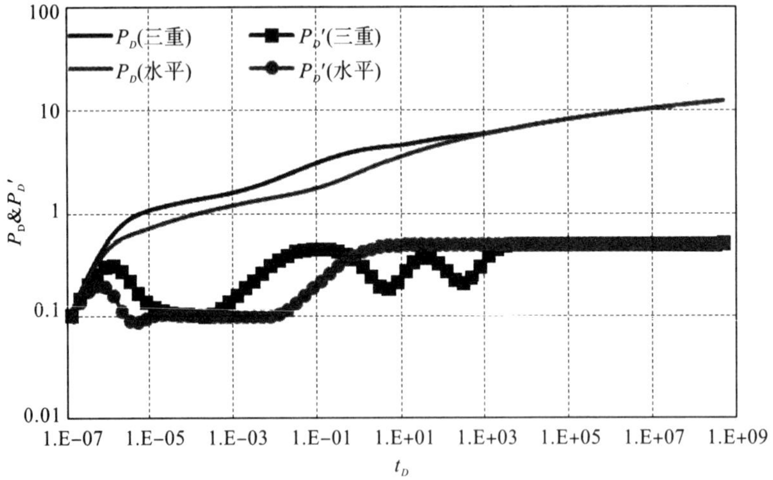

图 3-18 顶底封闭边界三重介质油藏水平井流动阶段示意图

图 3-19 是基岩－裂缝窜流系数 λ_2 对顶底封闭三重介质油藏水平井井底压力动态的影响关系图(λ_2=0.01、0.001、0.0001)。从图中可以看出，基岩－裂缝窜流系数 λ_2 决定基岩－裂缝系统拟稳态窜流阶段结束时间的早晚。基岩－裂缝窜流系数 λ_2 越小，基岩－裂

缝系统拟稳态窜流阶段结束时间越晚；反之基岩–裂缝窜流系数 λ_2 越大，则拟稳态窜流阶段结束时间越早。

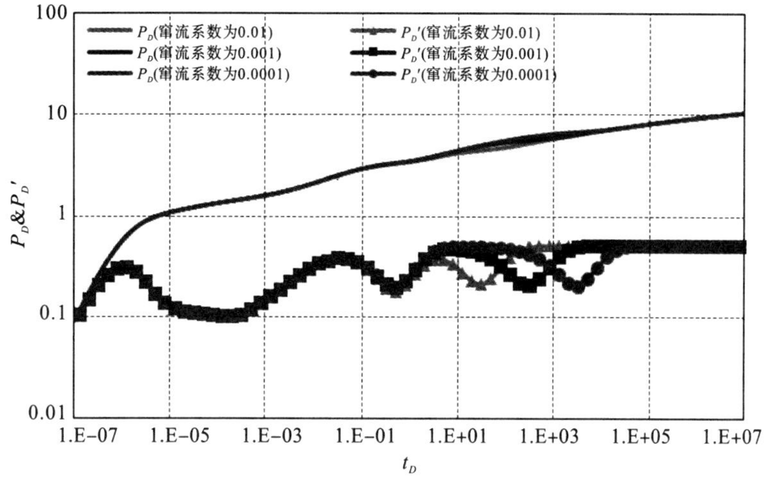

图 3-19 基岩–裂缝窜流系数 λ_2 对水平井压力动态响应的影响

图 3-20 是溶洞到裂缝窜流系数 λ_1 对顶底封闭三重介质油藏水平井井底压力动态的影响关系图(λ_1=0.01、0.001、0.0001)。从图中可以看出，溶洞到裂缝窜流系数 λ_1 决定溶洞–裂缝系统拟稳态窜流阶段开始时间的早晚。溶洞到裂缝窜流系数 λ_1 越小，拟稳态窜流阶段出现时间越晚；反之溶洞到裂缝窜流系数 λ_1 越大，则拟稳态窜流阶段出现时间越早。另外溶洞到裂缝窜流系数 λ_1 越大，有可能存在掩盖早期径向流动阶段的情形。

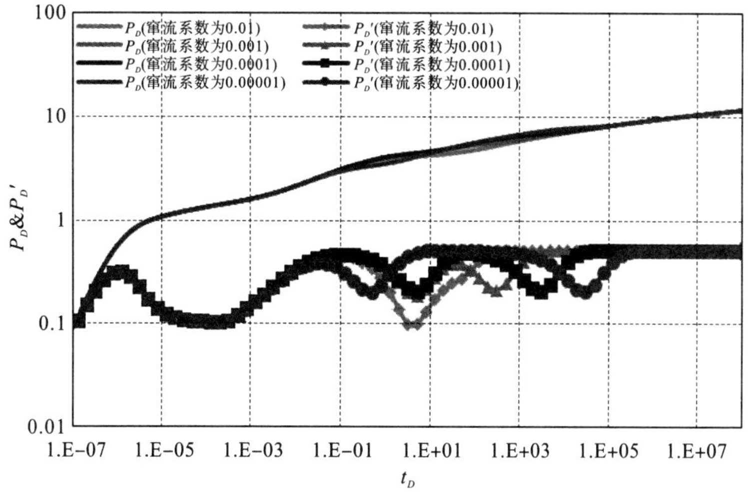

图 3-20 溶洞到裂缝窜流系数 λ_1 对水平井压力动态响应的影响

第五节　利用点源函数求解煤层或页岩气藏不稳定渗流问题

一、考虑解吸扩散的瞬时点源基本函数

煤层气藏三孔双渗无因次数学模型方程组为

$$\begin{cases} \dfrac{1}{r_D^2}\dfrac{\partial}{\partial r_{iD}}\left(r_{iD}^2\dfrac{\partial c_D}{\partial r_{iD}}\right)=\lambda_1\dfrac{\partial c_D}{\partial t_D} & \text{（基质扩散）} \\ \dfrac{(1-\omega_f-\omega_m)}{\beta}\dfrac{\partial c_D}{\partial r_{iD}}+\lambda_2(\psi_{fD}-\psi_{mD})=\omega_m\dfrac{\partial \psi_{mD}}{\partial t_D} & \text{（微割理渗流）} \\ \dfrac{1}{r_D}\dfrac{\partial}{\partial r_D}\left(r_D\dfrac{\partial \psi_{fD}}{\partial r_D}\right)-\lambda_2(\psi_{fD}-\psi_{mD})=\omega_f\dfrac{\partial \psi_{fD}}{\partial t_D} & \text{（割理渗流）} \end{cases} \tag{3-116}$$

无量纲初始条件和边界条件：

初始条件：$\psi_D(r_D,t_D=0)=0$

内边界条件：$\dfrac{\partial \psi_{fD}}{\partial r_D}(r_D=1,t_D)=1$

无限大外边界条件：$\psi_{fD}(r_D\to\infty,t_D)=0$

圆形定压外边界条件：$\psi_{fD}(r_{eD},t_D)=0$

圆形封闭外边界条件：$\dfrac{\partial \psi_{fD}}{\partial r_D}(r_{eD},t_D)=0$

基质扩散方程的解同前：

$$\left.\frac{\partial \bar{c}_D}{\partial r_{iD}}\right|_{r_D=1}=-\beta\bar{\psi}_{fD}(\sqrt{\lambda_1 s}\coth\sqrt{\lambda_1 s}-1) \tag{3-117}$$

式中，$\beta=\dfrac{\psi_L V_L \psi_i q_D}{(\psi_L+\psi)(\psi_L+\psi_i)(\psi+\psi_i)}$。

微割理和割理渗流方程经 laplace 变换后，整理得

$$\frac{1}{r_D}\frac{\partial}{\partial r_D}\left(r_D\frac{\partial \bar{\psi}_{fD}}{\partial r_D}\right)=f(u)\bar{\psi}_{fD} \tag{3-118}$$

式中，

$$f(u)=\omega_f u+\lambda_2\frac{\omega_m u+\dfrac{1-\omega_f-\omega_m}{\lambda_1}\beta(\sqrt{\lambda_1 u}\coth\sqrt{\lambda_1 u}-1)}{\lambda_2+\omega_m u+\dfrac{1-\omega_f-\omega_m}{\lambda}\beta(\sqrt{\lambda_1 u}\coth\sqrt{\lambda_1 u}-1)} \tag{3-119}$$

Lord Kelvin 点源解：

$$\Delta\bar{\psi}=\frac{\tilde{q}}{4\pi kL}\frac{\exp(-R_D\sqrt{f(u)})}{R_D} \tag{3-120}$$

在 $z=0$ 和 $z=h$ 处封闭的瞬时点源的基本解化简为

$$\Delta\bar{\psi}=\frac{q\mu}{2\pi kLh_D u}\left[K_0(r_D\varepsilon_0)+2\sum_{n=1}^{n=\infty}K_0(r_D\varepsilon_n)\cos\left(n\pi\frac{z_D}{h_D}\right)\cos\left(n\pi\frac{z_{wD}}{h_D}\right)\right] \tag{3-121}$$

式中，$\beta_n=n\pi$，$\varepsilon_n=\sqrt{f(u)+\beta_n L_D^2}$，$r_D^2=(x_D-x_{wD})^2+(y_D-y_{wD})^2$。

二、考虑解吸扩散的井底压力响应函数

顶底封闭、径向无限大煤层气藏水平井在拉普拉斯空间的井底压力响应数学模型为

$$\bar{\psi}_D = \frac{1}{2u}\int_{-1}^{1} K_0\left(\sqrt{(x_D-\alpha)^2}\varepsilon_0\right)\mathrm{d}\alpha + \frac{1}{u}\sum_{n=1}^{n=\infty}\cos(\beta_n z_D)\cos(\beta_n z_{wD}) \int_{-1}^{1} K_0\left(\sqrt{(x_D-\alpha)^2}\varepsilon_n\right)\mathrm{d}\alpha \tag{3-122}$$

式中，$\beta_n = n\pi$，$\varepsilon_n = \sqrt{f(u)(h_D L_D)^2 + \beta_n L_D^2}$。

顶底封闭、径向圆形封闭煤层气藏中，水平井压力的拉氏解：

$$\overline{\psi_D} = \frac{1}{2u}\left\{\int_{-1}^{1} K_0\left(\sqrt{(x_D-\alpha)^2}\varepsilon_0\right)\mathrm{d}\alpha + \frac{K_1(r_{eD}\varepsilon_0)}{I_1(r_{eD}\varepsilon_0)}\int_{-1}^{1} I_0\left(\sqrt{(x_D-\alpha)^2}\varepsilon_0\right)\mathrm{d}\alpha \right.$$
$$+2\sum_{n=1}^{\infty}\left(\int_{-1}^{1} K_0\left(\sqrt{(x_D-\alpha)^2}\varepsilon_n\right)\mathrm{d}\alpha\right.$$
$$\left.\left.+\frac{K_1(r_{eD}\varepsilon_n)}{I_1(r_{eD}\varepsilon_n)}\int_{-1}^{1} I_0\left(\sqrt{(x_D-\alpha)^2}\varepsilon_n\right)\mathrm{d}\alpha \cdot \cos(\beta_n z_D)\cos(\beta_n z_{wD})\right)\right\} \tag{3-123}$$

式中，$\beta_n = n\pi$，$\varepsilon_n = \sqrt{f(u)(h_D L_D)^2 + \beta_n L_D^2}$。

顶底封闭、径向定压煤层气藏中，水平井压力的拉氏解：

$$\bar{\psi}_D = \frac{1}{2u}\left\{\int_{-1}^{1} K_0\left[\sqrt{(x_D-\alpha)^2}\varepsilon_0\right]\mathrm{d}\alpha - \frac{K_0(r_{eD}\varepsilon_0)}{I_0[r_{eD}\varepsilon_0)}\int_{-1}^{1} I_0\left[\sqrt{(x_D-\alpha)^2}\varepsilon_0\right]\mathrm{d}\alpha \right.$$
$$+2\sum_{n=1}^{\infty}\int_{-1}^{1}\left[K_0\left[\sqrt{(x_D-\alpha)^2}\varepsilon_n\right]\mathrm{d}\alpha\right.$$
$$\left.\left.-\frac{K_0(r_{eD}\varepsilon_n)}{I_0(r_{eD}\varepsilon_n)}\int_{-1}^{1} I_0\left(\sqrt{(x_D-\alpha)^2}\varepsilon_n\right)\mathrm{d}\alpha \cdot \cos(\beta_n z_D)\cos(\beta_n z_{wD})\right]\right\} \tag{3-124}$$

式中，$\beta_n = n\pi$，$\varepsilon_n = \sqrt{f(u)(h_D L_D)^2 + \beta_n L_D^2}$。

三、考虑解吸扩散的井底压力响应特征

图 3-21 给出了顶底封闭、径向无限大条件下的三孔双渗煤层气藏直井井底压力响应特征。在图中，可以将直井的渗流特征划分为六个流动阶段。

(1) Ⅰ段为井筒储集阶段。井底压力受煤层气藏早期井筒储集效应的影响，这一阶段的压力和压力导数在双对数曲线上重合，表现出斜率为 1 的直线段。

(2) Ⅱ段为过渡流动段。该阶段反映了井底附近的污染程度，主要受表皮系数 S 影响。

(3) Ⅲ段为第一径向流动段。该阶段反映了游离气在割理系统中的径向流动。受表皮系数 S 和窜流系数 λ_2 的影响，该阶段可能不同程度地被掩盖。

(4) Ⅳ段为窜流段。由于微割理系统向割理系统的窜流，导致压力导数曲线出现下凹的过程。

(5) Ⅴ段为第二径向流段。该阶段反映了游离气在微割理系统(或基质孔隙)和割理系

统中的径向流，主要受扩散系数 λ_1，朗格缪尔吸附参数 β 影响。

(6)Ⅵ段为第三径向流动段。该阶段反映了系统之间在达到压力平衡后整个系统的径向流动，受游离气和吸附气共同作用，压力导数曲线出现值为 0.5 的水平段。

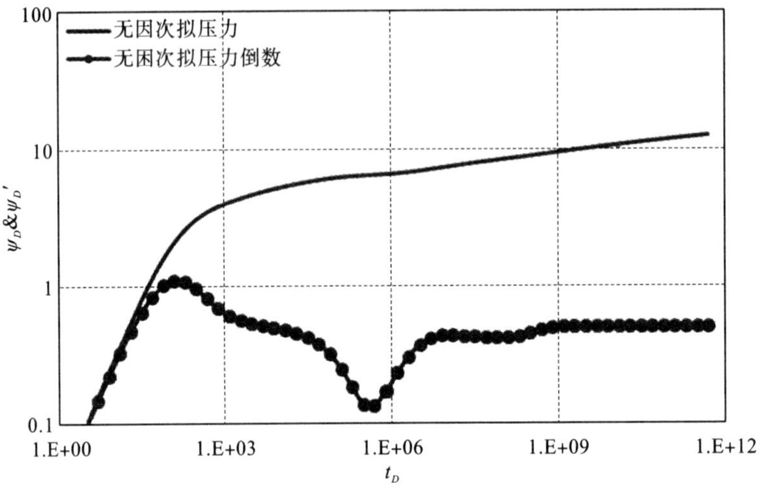

图 3-21 三孔双渗煤层气藏直井典型曲线

图 3-22 是不同扩散系数 λ_1 值对三孔双渗煤层气藏直井井底压力响应影响效果对比图。扩散系数 $\lambda_1=3.6k_f\tau/\theta r_w^2$，主要影响由微割理向割理的窜流阶段和游离气在微割理和割理的径向流阶段，是与吸附时间 $\tau=R^2/D$ 有关的参数，τ 越小，解吸－扩散的时间就越短，系统之间的压力平衡所需时间越短。系统之间的压力平衡所需时间越短。扩散系数 λ_1 越大，第二径向流段持续时间越长，该段的水平段越明显；扩散系数 λ_1 越小，第二径向流段不明显，甚至被掩盖。此外，扩散系数 λ_1 对凹子的最小值也有一定的影响，扩散系数 λ_1 越小，凹子越深，反之亦然(宫平志，2013)。

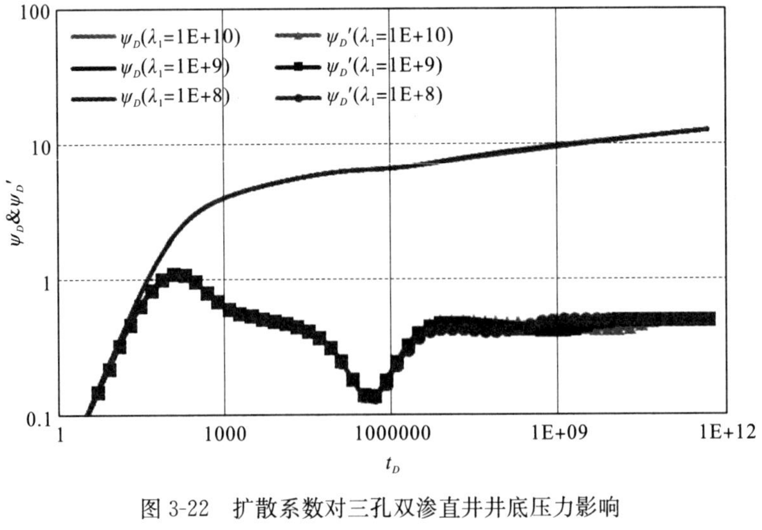

图 3-22 扩散系数对三孔双渗直井井底压力影响

图 3-23 是窜流系数对顶底封闭、径向无限大边界的三孔双渗煤层气藏直井井底压力动态影响关系图。窜流系数 $\lambda_2=\dfrac{\alpha k_m r_w^2}{k_f}$，窜流系数主要表征微割理和割理渗透能力的比值，$\lambda_2$ 越大，微割理与割理的渗透率差异越小，微割理向割理的窜流越容易，所以窜流系数 λ_2 在图中主要影响凹子出现时机的早晚。窜流系数 λ_2 越大，凹子出现得越早；窜流系数 λ_2 越小，凹子出现得越晚。同时，凹子出现得过早，会掩盖掉前一段游离气在割理系统中的径向流，凹子出现得过晚，会掩盖掉第二径向流段的出现。

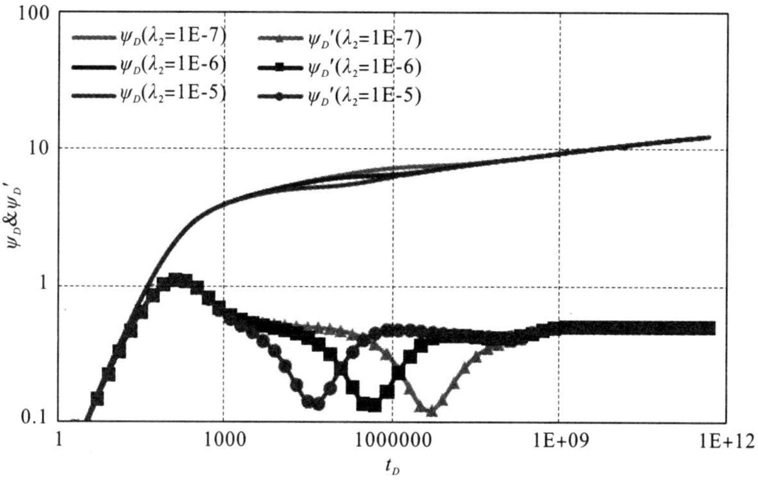

图 3-23　窜流系数 λ_2 对三孔双渗直井井底压力影响

图 3-24 是割理储容比 ω_f 对煤层气藏顶底封闭、径向无限大边界的三孔双渗直井井底压力动态影响关系图。割理储容比 ω_f 越大，则割理的孔隙度越大，微割理与割理之间的压力平衡所需时间越短。从图中可以看出，割理储容比 ω_f 对除井筒储集段和最后的径向流段以外的所有渗流阶段都会有影响。割理储容比 ω_f 越大，压力导数的驼峰越低，第一径向流段持续时间越长，窜流段的凹子越浅，第二径向流段的压力导数值越大，反之亦然。当割理储容比 ω_f 大到一定程度后，第二径向流段会被掩盖。

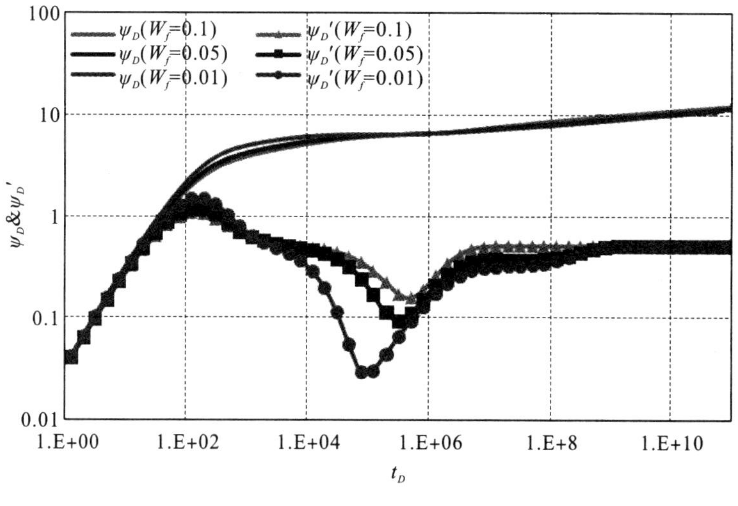

图 3-24　储容比 ω_f 对三孔双渗直井井底压力影响

图 3-25 是微割理储容比对顶底封闭、径向无限大边界的三孔双渗煤层气藏直井井底压力动态影响关系图。储容比越大，则微割理的孔隙度越大，微割理和割理中的径向流过程越明显。从图中可以看出，储容比对窜流段凹子的深浅和第二径向流段都会造成影响。储容比越大，窜流段的凹子越浅，微割理和割理中的径向流段压力导数值越大。

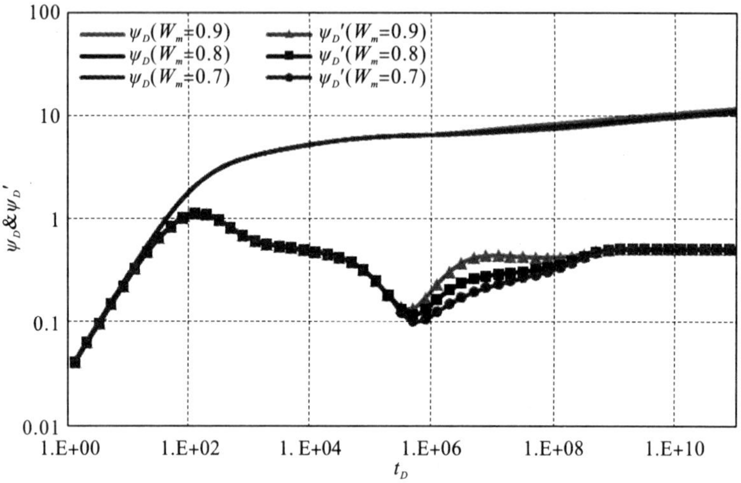

图 3-25 储容比对三孔双渗直井井底压力影响

图 3-26 是 langmuir 参数 β 对顶底封闭、径向无限大三孔双渗煤层气藏直井的井底压力动态影响关系图。langmuir 参数 $\beta=\dfrac{\psi_L V_L \psi_i q_D}{(\psi_L+\psi)(\psi_L+\psi_i)(\psi+\psi_i)}$ 是与朗格缪尔吸附压力 p_L 和极限吸附量 V_L 有关的参数，β 越大，煤岩的吸附能力越强，解吸压力越小，解吸一扩散现象越明显。从图中可以看出，langmuir 参数 β 主要对微割理和割理中的径向流段有影响。具体表现为：langmuir 参数 β 越大，第二径向流段压力导数值越小；langmuir 参数 β 越小，第二径向流段压力导数值越大。而且，它对窜流段凹子的最小值也有微小影响：β 越大，凹子越深。

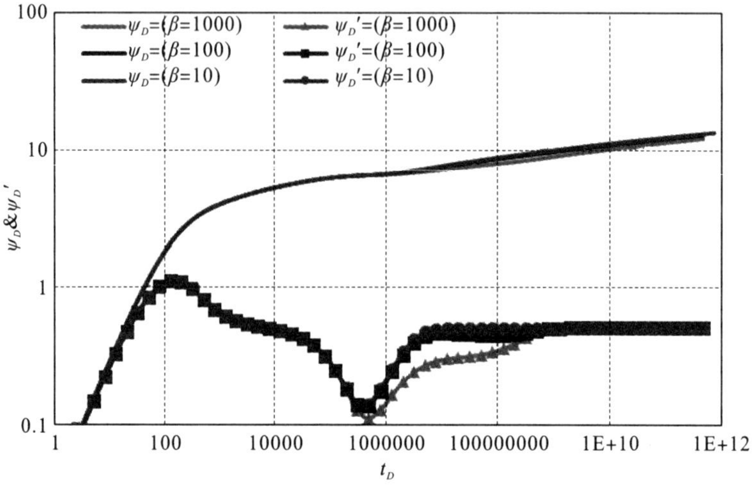

图 3-26 朗格缪尔参数对三孔双渗直井井底压力影响

图 3-27 是顶底封闭、不同径向边界条件对三孔双渗煤层气藏直井的井底压力动态影响关系图。从图中可以看出，不同的径向边界条件在双对数图上区分比较明显：径向无限大边界压力导数尾端水平；径向定压边界压力导数尾端下掉；径向封闭边界压力导数尾端上翘。

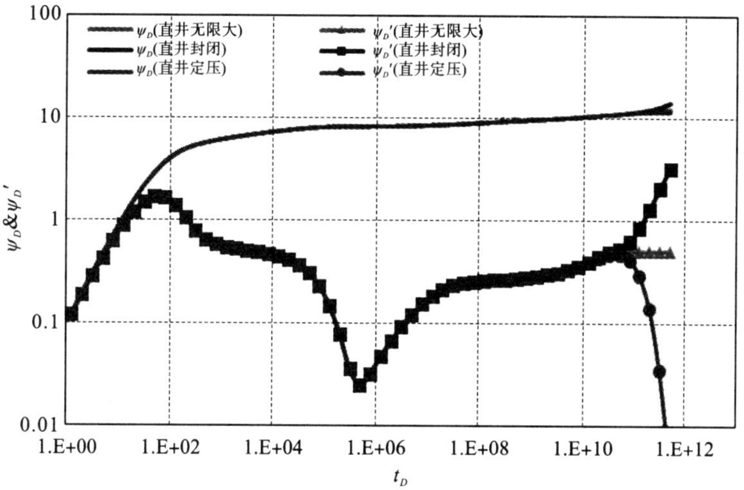

图 3-27　不同径向边界对三孔双渗直井井底压力影响

图 3-28 给出了顶底封闭、径向无限大条件下的三孔双渗煤层气藏水平井井底压力响应特征曲线，在图中水平井的压力动态可分为八个流动阶段。

(1) Ⅰ段为井筒储集阶段。井底压力受煤层气藏早期井筒储集效应的影响，这一阶段的压力和压力导数在双对数曲线上重合，表现出斜率为 1 的直线段。

(2) Ⅱ段为过渡流动阶段。该阶段反映了井底附近的污染程度，主要受表皮系数 S 的影响。

(3) Ⅲ段为第一径向流动段。在双对数曲线上，压力导数曲线表现为一个水平段，此阶段反映了与水平井井筒垂直的早期径向流动。

(4) Ⅳ段为线性流段。在双对数曲线上，表现为一条斜率为 0.5 的直线段。

(5) Ⅴ段为第二径向流动段。在压力导数的双对数图上具体表现为压力导数曲线出现水平段而且值为 0.5，反映了游离气在割理系统中的径向流动。

(6) Ⅵ段为窜流段。由于微割理系统向割理系统的窜流，导致导数曲线出现下凹的过程。

(7) Ⅶ段为第三径向流段。该段反映了游离气和吸附气在微割理和割理系统中的径向流，主要受扩散系数 λ_1、朗格缪尔吸附参数 β 的影响。

(8) Ⅷ段为晚期径向流段。该阶段反映了系统之间在达到压力平衡后系统总的径向流动，受游离气和吸附气共同作用，表现出值为 0.5 的水平段。

图 3-29 给出了双重介质常规气藏和三孔双渗煤层气藏水平井典型曲线对比图。由上面的分析可知，由于煤层气扩散作用的存在，压力导数会多出一段游离气在微割理和割理系统中的径向流；在此阶段之后，压力由微割理和割理系统传播到基质孔隙系统，基质中吸附的煤层气开始解吸，解吸速度的快慢和解吸量的多少会影响到该水平段的高低

和持续时间的长短。

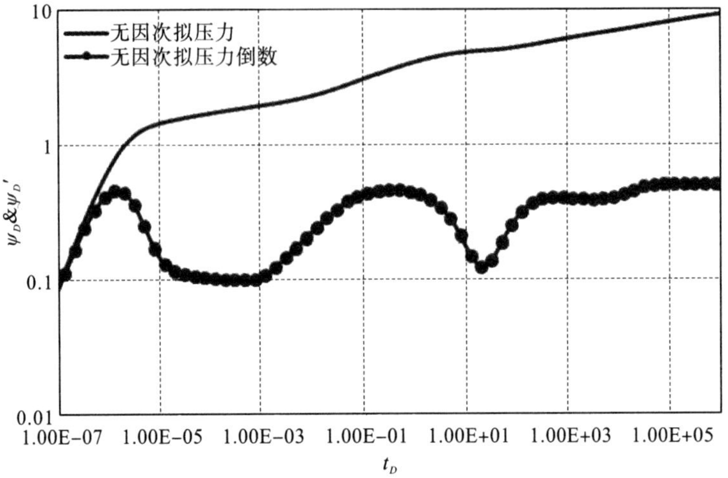

图 3-28 三孔双渗煤层气藏水平井典型曲线

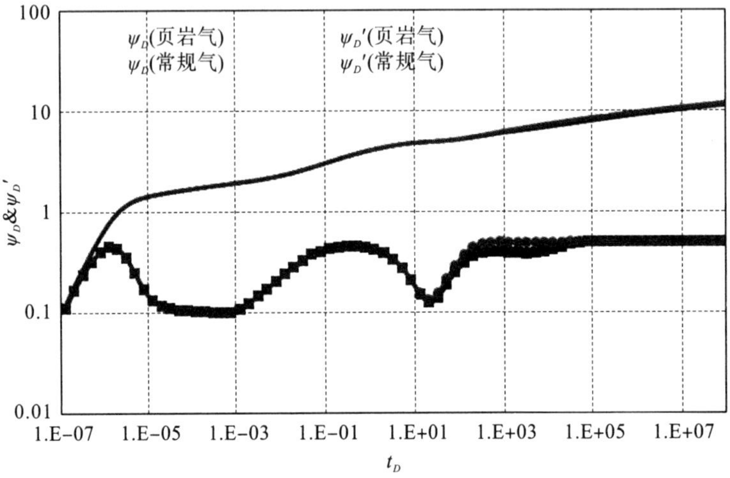

图 3-29 双重介质常规气藏与三孔双渗煤层气藏水平井典型曲线对比图

第四章　点源函数和边界元求解油藏渗流问题

对于具有复杂形状外边界的油藏，由于边界的不规则，常规解析试井解释方法的适用性受到了一定的限制，但边界元方法能克服上述问题。边界元方法是利用点源函数获得其控制方程的基本解，然后将求解支配物理现象的域内控制方程变换成求解边界上的积分方程问题。积分方程可以看成为一系列单个影响函数的叠加，而边界积分方程实质上是边界上一些能自动满足计算区域内控制微分方程的点源函数解的积分方程组。边界上有一部分是给定的边界条件，另一部分则是待求解的值。边界积分方程就是联系已知边界值与未知边界值的方程式，由此解出各边界单元节点处的待定边界值，再利用边界值与域内函数联系起来，就可求得区域内任意一点的函数值(王道富，2004)。

第一节　点源函数和边界元求解复杂外边界油藏渗流问题

一、复杂外边界油藏边界元积分方程

根据建立边界积分方程时对基本解的利用方式不同，边界元法可分为两种基本类型：直接法和间接法。直接法是用具有明确物理意义的变量来建立边界积分方程，从这个方程解出来的就是未知的边界值。间接法则不用边界的待解边界值作为未知函数，而是在无限大区域内沿着该问题的计算边界配置某种点源分布函数作为间接的待解变量，它对计算区域的影响是一系列点源影响函数(基本解)的叠加。间接法的待解点源分布虽然往往是虚构的，但其计算效果与直接法完全相同，而公式比较简单。本文选用直接法进行复杂油藏系统渗流问题。应用边界元理论求解渗流问题时(孙来喜等，2008)，其边界元基本解应满足方程(4-1)：

$$\nabla^2 G(P,Q,u) - uG(P,Q,u) + \delta(P,Q) = 0 \tag{4-1}$$

对于P点，其压力响应函数 $P_D(P,u)$ 应满足油藏渗流微分方程：(4-2)。

$$\nabla^2 P_D(P,u) - uP_D(P,u) + \frac{1}{u}\sum_{i=1}^{Nw} q_{Di}\delta(x_D - x_{Di}, y_D - y_{Di}) = 0 \tag{4-2}$$

对上述两个方程两端分别乘以 $P_D(P,u)$，$G(P,Q,u)$，可以得到方程(4-3)和(4-4)：

$$P_D(P,u)\nabla^2 G(P,Q,u) - uG(P,Q,u)P_D(P,u) + \delta(P,Q)P_D(P,u) = 0 \tag{4-3}$$

$$\begin{aligned} &G(P,Q,u)\nabla^2 P_D(P,u) - uP_D(P,u)G(P,Q,u) \\ &+ \frac{1}{u}\sum_{i=1}^{Nw} q_{Di}\delta(x_D - x_{Di}, y_D - y_{Di})G(P,Q,u) = 0 \end{aligned} \tag{4-4}$$

对上面两个公式相减，并在研究区域内积分可以得到公式(4-5)。

$$\iint_{\Omega}\Big[P_D(P,u)\,\nabla^2 G(P,Q,u)-G(P,Q,u)\,\nabla^2 P_D(P,u)+\delta(P,Q)P_D(P,u)-\frac{1}{u}\sum_{i=1}^{Nw}q_{Di}\delta(x_D-x_{Di},y_D-y_{Di})G(P,Q,u)\Big]\mathrm{d}\Omega=0 \tag{4-5}$$

利用 δ 函数的性质将式(4-5)化简，可以得到区域积分公式(4-6)：

$$\int_{\Omega}[P_D(P,u)\,\nabla^2 G(P,Q,u)-G(P,Q,u)\,\nabla^2 P_D(P,u)]\mathrm{d}\Omega+P_D(P,u)-\frac{1}{u}\sum_{i=1}^{Nw}q_{Di}G(P,Q,u)=0 \tag{4-6}$$

利用格林积分性质的第二公式(4-7)：

$$\int_{\Omega}(\theta\,\nabla^2 u-u\,\nabla^2\theta)\mathrm{d}\Omega=\int_{\Gamma}\left(\theta\frac{\partial u}{\partial n}-u\frac{\partial\theta}{\partial n}\right)\mathrm{d}\Gamma \tag{4-7}$$

则区域积分公式(4-7)可以简化为边界上的积分公式(4-8)。

$$\iint_{\Gamma}\left[P_D(P',u)\frac{\partial G(P',Q_k,u)}{\partial n}-G(P',Q_k,u)\frac{\partial P_D(P',u)}{\partial n}\right]\mathrm{d}\Gamma(P')+P_D(Q_k,u)-\frac{1}{u}\sum_{i=1}^{Nw}q_{Di}G(P,Q_i,u)=0 \tag{4-8}$$

通过移项得到边界积分方程的表达式(4-9)：

$$P_D(Q_k,u)=\iint_{\Gamma}\left[G(P,Q_k,u)\frac{\partial P_D(P',u)}{\partial n}-P_D(P,u)\frac{\partial G(P',Q_k,u)}{\partial n}\right]\mathrm{d}\Gamma(P')+\frac{1}{u}\sum_{i=1}^{Nw}q_{Di}G(P,Q_i,u) \tag{4-9}$$

将边界 Γ 分割成 N_b 个单元段，将单元的端点作为边界元的节点(G 和 P 代表的点)(刘承杰，2011)，假设单元内的点按线性规律分布，为避免单元段节点成为奇异点，把节点附近的边界看成以节点为中心的一段圆弧，则边界 Γ 分割后其边界积分方程可以表示为：

$$\theta_k P_D(Q_k,u)=\sum_{i=1}^{N_b}\iint_{\Gamma_i}\left[G(P',Q_k,u)\frac{\partial P_D(P',u)}{\partial n}-P_D(P',u)\frac{\partial G(P',Q_k,u)}{\partial n}\right]\mathrm{d}\Gamma_i(P')+\frac{1}{u}\sum_{i=1}^{Nw}q_{Di}G(P,Q_i,u) \tag{4-10}$$

式中，θ_k 是与边界节点处几何形状有关的常数，定义 β_k 为边界 Γ_{k-1} 与 Γ_k 的内角。

$$\theta_k=\begin{cases}1 & \text{域内问题}\ \beta_k=2\pi\\ 0.5 & \text{光滑边界}\ \beta_k=\pi\\ \dfrac{\beta_k}{2\pi} & \text{非光滑边界}\end{cases}$$

二、复杂外边界油藏边界元积分方程的求解

在积分单元 Γ_i 上建立无因次局部坐标系 ξ，坐标原点位于中点($x_{i+\frac{1}{2}}$，$y_{i+\frac{1}{2}}$)，坐标轴的正向指向节点的反方向。

$$\xi = \frac{2l}{l_i} \tag{4-11}$$

式中，l 为距坐标原点的距离，l_i 为线性元 Γ_i 的长度，$-1<\xi<1$。

$$l_i = \sqrt{(x_{i+1} - x_i)^2 + (y_{i+1} - y_i)^2} \tag{4-12}$$

$$l = \sqrt{(x - x_{i+1/2})^2 + (y - y_{i+1/2})^2} \tag{4-13}$$

$$x_{i+1/2} = \frac{x_i + x_{i+1}}{2} \quad y_{i+1/2} = \frac{y_i + y_{i+1}}{2} \tag{4-14}$$

由于函数 P_D 在单元段内按线性规律变化，利用线性插值公式可以得到任意一点的 P_D 值：

$$P_D(\xi) = \frac{P_{Di+1} + P_{Di}}{2} + \frac{P_{Di+1} - P_{Di}}{2}\xi \tag{4-15}$$

$$P_D(\xi) = \varphi_1(\xi)P_{Di} + \varphi_2(\xi)P_{Di+1} \tag{4-16}$$

式中，P_{Di}、P_{Di+1}为边界单元上 Γ_i 的两端点函数值。

$$\varphi_1(\xi) = \frac{1-\xi}{2}、\quad \varphi_2(\xi) = \frac{1+\xi}{2} \tag{4-17}$$

将上式带入边界积分公式(4-10)得

$$\theta_k P_D(Q_k,u) = \sum_{i=1}^{N_b}\int_{\Gamma_i}\Big[G(P',Q_k,u)\Big(\varphi_1(\xi)\frac{\partial P_{Di}}{\partial n} + \varphi_2(\xi)\frac{\partial P_{Di+1}}{\partial n}\Big) - (\varphi_1(\xi)P_{Di} + \varphi_2(\xi)P_{Di+1})\frac{\partial G(P',Q_k,u)}{\partial n}\Big]\mathrm{d}\Gamma_i(P') + \frac{1}{u}\sum_{i=1}^{Nw} q_{Di}G(P,Q_i,u) \tag{4-18}$$

根据坐标 x、y 的插值公式：

$$x(\xi) = \varphi_1(\xi)x_i + \varphi_2(\xi)x_{i+1} \qquad y(\xi) = \varphi_1(\xi)y_i + \varphi_2(\xi)y_{i+1} \tag{4-19}$$

再由坐标变换公式得：

$$\mathrm{d}\Gamma = \sqrt{\mathrm{d}x^2 + \mathrm{d}y^2}\,\mathrm{d}\xi = \sqrt{\Big(\frac{x_{i+1} - x_i}{2}\Big)^2 + \Big(\frac{y_{i+1} - y_i}{2}\Big)^2}\,\mathrm{d}\xi = \frac{l_i}{2}\mathrm{d}\xi \tag{4-20}$$

边界积分公式(4-18)可以变形为

$$\theta_k P_D(Q_k,u) = \sum_{i=1}^{N_b}\frac{l_i}{2}\int_{-1}^{1}\Big[G(P',Q_k,u)\Big(\varphi_1(\xi)\frac{\partial P_{Di}}{\partial n} + \varphi_2(\xi)\frac{\partial P_{Di+1}}{\partial n}\Big) - (\varphi_1(\xi)P_{Di} + \varphi_2(\xi)P_{Di+1})\frac{\partial G(P',Q_k,u)}{\partial n}\Big]\mathrm{d}\xi + \frac{1}{u}\sum_{i=1}^{Nw} q_{Di}G(P',Q_i,,u) \tag{4-21}$$

定义：

$$H_1' = \frac{l_i}{2}\int_{-1}^{1} G(P',Q_k,u)\varphi_1(\xi)\mathrm{d}\xi$$

$$H_2' = \frac{l_i}{2}\int_{-1}^{1} G(P',Q_k,u)\varphi_2(\xi)\mathrm{d}\xi$$

$$H_3' = \frac{l_i}{2}\int_{-1}^{1} -\frac{\partial G(P',Q_k,u)}{\partial n}\varphi_1(\xi)\mathrm{d}\xi$$

$$H_4' = \frac{l_i}{2}\int_{-1}^{1} -\frac{\partial G(P',Q_k,u)}{\partial n}\varphi_2(\xi)\mathrm{d}\xi$$

边界积分方程(4-21)可以简化为

$$\theta_k P_D(Q_k,u) = \sum_{i=1}^{N_b}\left(H_{k1}'\frac{\partial P_{Di}}{\partial n} + H_{k2}'\frac{\partial P_{Di+1}}{\partial n} + H_{k3}'P_{Di} + H_{k4}'P_{Di+1}\right) + \frac{1}{u}\sum_{i=1}^{Nw} q_{Di}G(P',Q,u) \tag{4-22}$$

从边界积分方程(4-22)可以看出，未知变量为$\frac{\partial P_{Di}}{\partial n}$和$P_{Di}$，由于边界Γ上有$N_b$个节点，因此就有$N_b$个方程。而对于边界性质已知的情形下只有$N_b$个未知变量，因此方程组是有解的。方程组的矩阵表达式如下：

$$\begin{bmatrix} a_{11} & a_{12} & \cdots & a_{1N_b} \\ a_{21} & a_{22} & \cdots & a_{2N_b} \\ \vdots & \vdots & \vdots & \vdots \\ a_{Nb1} & a_{Nb2} & \cdots & a_{N_bN_b} \end{bmatrix}\begin{bmatrix} x_1 \\ x_2 \\ \vdots \\ x_{Nb} \end{bmatrix} = \begin{bmatrix} F_1 \\ F_2 \\ \vdots \\ F_{Nb} \end{bmatrix} \tag{4-23}$$

式中，x_i为$\frac{\partial P_{Di}}{\partial n}$或$P_{Di}$，$F_i$为包含$\frac{1}{u}\sum_{i=1}^{Nw} q_{Di}G(P',Q,u)$及其他已知项的常数项。

一旦未知的边界变量被计算出来，就可以利用边界积分方程(4-24)计算研究区域内任意一点的P_D值。

$$P_D(Q,u) = \sum_{i=1}^{N_b}\left(H_{k1}'\frac{\partial P_{Di}}{\partial n} + H_{k2}'\frac{\partial P_{Di+1}}{\partial n} + H_{k3}'P_{Di} + H_{k4}'P_{Di+1}\right) + \frac{1}{u}\sum_{i=1}^{Nw} q_{Di}G(P',Q,u) \tag{4-24}$$

三、边界积分方程求解过程中的注意点

1. 外法线向量计算

设点$P_i(x_i,y_i)$和$P_{i+1}(x_{i+1},y_{i+1})$是边界元Γ_i的两个端点(图4-1)，点$P'(x_\xi,y_\xi)$是边界元内的任意一点，点$M(x,y)$为研究域内的任意一点，则利用三点坐标关系不难得出：

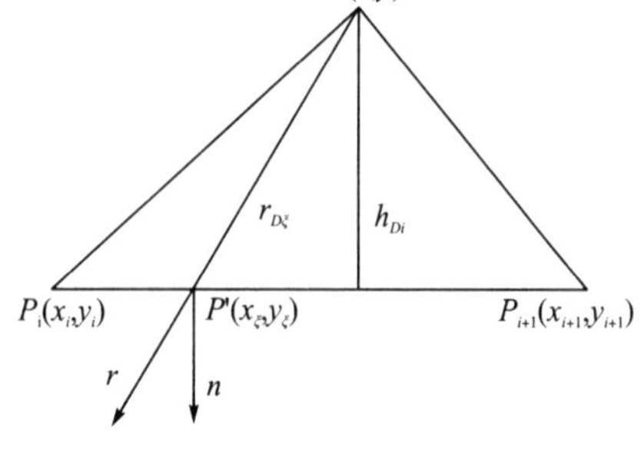

图4-1 外法线向量计算示意图

$$\frac{\partial r_D}{\partial n}=\frac{h_{Di}}{r_{D\xi}} \tag{4-25}$$

式中，$r_{D\xi}=\sqrt{(x_\xi-x_i)^2+(y_\xi-y_i)^2}$，$|h_{Di}|=\left|\frac{(x_\xi-x)(y_i-y_{i+1})-(y_\xi-y)(x_i-x_{i+1})}{\sqrt{(x_i-x_{i+1})^2+(y_i-y_{i+1})^2}}\right|$。

如果外法向向量 $\boldsymbol{n}$ 与 MP' 的方向位于边界元 Γ_i 的同侧，则 h_{Di} 值为正，否则为负。具体的判断准则为

$$f_c=(x_i-x_k)(y_{i+1}-y_k)-(y_i-y_k)(x_{i+1}-x_k) \tag{4-26}$$

2. 边界元积分方程中的系数矩阵项计算

采用七点高斯积分公式进行边界积分方程系数项的计算，其具体表达式为

$$\int_{-1}^{1}f(\xi)\mathrm{d}\xi=\sum_{i=1}^{7}\omega_i f(\xi_i) \tag{4-27}$$

七点高斯积分公式对应的 ω_i 和 ξ_i 值如表 4-1 所示。

表 4-1　七点高斯积分公式参数表(孙来喜等，2008)

点	积分点坐标 ξ_i	加权系数 ω_i
1	−0.949107912	0.129484966
2	−0.741531186	0.279705391
3	−0.405845151	0.381830051
4	0	0.417959184
5	0.405845151	0.381830051
6	0.741531186	0.279705391
7	0.949107912	0.129484966

则系数项积分式可以按如下公式计算：

$$H_1'=\frac{l_i}{2}\int_{-1}^{1}G(P',Q_k,u)\varphi_1(\xi)\mathrm{d}\xi=\frac{l_i}{2}\sum_{i=1}^{7}\omega_i K_0(r_D(P'_{\xi_i},Q_k)\sqrt{u})\varphi_1(\xi_i) \tag{4-28}$$

$$H_2'=\frac{l_i}{2}\int_{-1}^{1}G(P',Q_k,u)\varphi_2(\xi)\mathrm{d}\xi=\frac{l_i}{2}\sum_{i=1}^{7}\omega_i K_0(r_D(P'_{\xi_i},Q_k)\varphi_2(\xi_i) \tag{4-29}$$

$$\begin{aligned}H_3'&=\frac{l_i}{2}\int_{-1}^{1}-\frac{\partial G(P',Q_k,u)}{\partial n}\varphi_1(\xi)\mathrm{d}\xi\\&=\frac{l_i}{2}\sum_{i=1}^{7}\omega_i\varphi_1(\xi_i)\sqrt{u}K_1(r_D(P'_{\xi_i},Q_k)\sqrt{u})\frac{\partial r_D}{\partial n}\end{aligned} \tag{4-30}$$

$$\begin{aligned}H_4'&=\frac{l_i}{2}\int_{-1}^{1}-\frac{\partial G(P',Q_k,u)}{\partial n}\varphi_2(\xi)\mathrm{d}\xi\\&=\frac{l_i}{2}\sum_{i=1}^{7}\omega_i\varphi_2(\xi_i)\sqrt{u}K_1(r_D(P'_{\xi_i},Q_k)\sqrt{u})\frac{\partial r_D}{\partial n}\end{aligned} \tag{4-31}$$

式中，P_{ξ_i} 的坐标为 (x_{ξ_i},y_{ξ_i})，其具体表达式可以通过线性插值公式得到：

$$x_{\xi_i}=\varphi_1(\xi_i)x_i+\varphi_2(\xi_i)x_{i+1} \tag{4-32}$$

$$y_{\xi_i} = \varphi_1(\xi_i)y_i + \varphi_2(\xi_i)y_{i+1} \tag{4-33}$$

四、复杂外边界油藏边界元积分方程的基本解

1. 复杂外边界油藏直井边界元基本解

通过级数函数性质、镜像叠加原理、泊松公式对基本解化简，得到顶底封闭边界油藏直井的边界元基本解：

$$G(P',Q,u) = K_0(r_D\sqrt{u}) \tag{4-34}$$

对基本解进行外法线向量求导得

$$\frac{\partial G(P',Q,u)}{\partial n} = -\sqrt{u}K_1(r_D\sqrt{u})\frac{\partial r_D}{\partial n} \tag{4-35}$$

$$h_{Di} = \begin{cases} +|h_{Di}| & f_c > 0 \\ -|h_{Di}| & f_c < 0 \end{cases}$$

2. 复杂外边界油藏部分射孔井边界元基本解

与完全射孔直井类似，复杂外边界油藏部分射孔井渗流问题求解的关键在于边界元基本解求取。利用前面格林函数和源函数的性质，通过 Lord Kelvin 点源解、镜像叠加原理和 Poisson 叠加公式可以获得复杂外边界油藏部分射孔井的边界元基本解(孙来喜等，2008)：

$$G = K_0(\beta_0 r_D) + \frac{2}{\pi^2 h_{p_D}^2}\sum_{n=1}^{\infty}\frac{\Gamma_{sn}^2}{n^2}K_0(\beta_n r_D) \tag{4-36}$$

$$\frac{\partial G}{\partial n} = -\beta_0 K_1(\beta_0 r_D)\frac{\partial r_D}{\partial n} - \frac{2}{\pi^2 h_{p_D}^2}\sum_{n=1}^{\infty}\beta_n\frac{\Gamma_{sn}^2}{n^2}K_1(\beta_n r_D)\frac{\partial r_D}{\partial n} \tag{4-37}$$

$$\frac{\partial r_D}{\partial n} = \frac{h_{Di}}{r_{D\xi}} \tag{4-38}$$

式中，$\beta_n^2 = u + \frac{n^2\pi^2}{h_D^2}$，$\Gamma_{sn} = \sin[n\pi(h_{1D} + h_{pD})] - \sin(n\pi h_{1D})$；$r_{D\xi} = \sqrt{(x_\xi - x_i)^2 + (y_\xi - y_i)^2}$；$|h_{Di}| = \left|\frac{(x_\xi - x)(y_i - y_{i+1}) - (y_\xi - y)(x_i - x_{i+1})}{\sqrt{(x_i - x_{i+1})^2 + (y_i - y_{i+1})^2}}\right|$。

如果外法向向量 $\boldsymbol{n}$ 与 MP' 的方向位于边界元 Γ_i 的同侧，则 h_{Di} 值为正，否则为负。具体的判断准则为

$$f_c = (x_i - x_k)(y_{i+1} - y_k) - (y_i - y_k)(x_{i+1} - x_k) \tag{4-39}$$

$$h_{Di} = \begin{cases} +|h_{Di}| & f_c > 0 \\ -|h_{Di}| & f_c < 0 \end{cases}$$

3. 复杂外边界油藏压裂井边界元基本解

通过级数函数性质、镜像叠加原理、泊松公式对基本解化简，复杂边界油藏压裂井边界元基本解为

$$G(P',Q,u) = \frac{1}{2}\int_{-1}^{1}K_0(R_D\sqrt{u})\mathrm{d}\alpha \tag{4-40}$$

$$\frac{\partial G(P',Q,u)}{\partial n}=-\frac{1}{2}\int_{-1}^{1}\sqrt{u}K_1[(r_D-\alpha)\sqrt{u}]\frac{\partial r_D}{\partial n}\mathrm{d}\alpha \tag{4-41}$$

$$\frac{\partial r_D}{\partial n}=\frac{h_{Di}}{r_{D\xi}} \tag{4-42}$$

式中，$r_{D\xi}=\sqrt{(x_\xi-x_i)^2+(y_\xi-y_i)^2}$；

$$|h_{Di}|=\left|\frac{(x_\xi-x)(y_i-y_{i+1})-(y_\xi-y)(x_i-x_{i+1})}{\sqrt{(x_i-x_{i+1})^2+(y_i-y_{i+1})^2}}\right|。$$

如果边界处法向向量 $\boldsymbol{n}$ 与 MP' 的方向位于边界 Γ_i 的同侧，则 h_{Di} 值取正，不同侧取负，具体的计算准则为

$$f_c=(x_i-x_k)(y_{i+1}-y_k)-(y_i-y_k)(x_{i+1}-x_k) \tag{4-43}$$

$$h_{Di}=\begin{cases}+|h_{Di}| & f_c>0\\ -|h_{Di}| & f_c<0\end{cases}$$

4. 复杂外边界油藏水平井边界元基本解

通过级数函数性质、镜像叠加原理、泊松公式对基本解化简，得到水平井的边界元基本解为

$$G(P',Q,u)=\frac{1}{2}\int_{-1}^{1}K_0(R_D\sqrt{u})\mathrm{d}\alpha+\sum_{n=1}^{n=\infty}\cos(n\pi z_D)\cos(n\pi z_{wD})\int_{-1}^{1}K_0\left[\sqrt{(x_D-\alpha)^2+y_D^2}\sqrt{u+\frac{n^2\pi^2}{Z_{eD}^2}}\right]\mathrm{d}\alpha \tag{4-44}$$

$$\frac{\partial G(P',Q,u)}{\partial n}=-\frac{1}{2}\int_{-1}^{1}\sqrt{u}K_1[(r_D-\alpha)\sqrt{u}]\frac{\partial r_D}{\partial n}\mathrm{d}\alpha-\sum_{n=1}^{n=\infty}\cos(n\pi z_D)\cos(n\pi z_{wD})\int_{-1}^{1}\sqrt{u+\frac{n^2\pi^2}{Z_{eD}^2}}K_1\left[(r_D-\alpha)\sqrt{u+\frac{n^2\pi^2}{Z_{eD}^2}}\right]\frac{\partial r_D}{\partial n}\mathrm{d}\alpha \tag{4-45}$$

$$\frac{\partial r_D}{\partial n}=\frac{h_{Di}}{r_{D\xi}} \tag{4-46}$$

式中，$r_{D\xi}=\sqrt{(x_\xi-x_i)^2+(y_\xi-y_i)^2}$；$|h_{Di}|=\left|\frac{(x_\xi-x)(y_i-y_{i+1})-(y_\xi-y)(x_i-x_{i+1})}{\sqrt{(x_i-x_{i+1})^2+(y_i-y_{i+1})^2}}\right|$。

如果外法向向量 $\boldsymbol{n}$ 与 MP' 的方向位于边界元 Γ_i 的同侧，则 h_{Di} 值为正，否则为负。具体的判断准则为

$$f_c=(x_i-x_k)(y_{i+1}-y_k)-(y_i-y_k)(x_{i+1}-x_k) \tag{4-47}$$

$$h_{Di}=\begin{cases}+|h_{Di}| & f_c>0\\ -|h_{Di}| & f_c<0\end{cases}$$

五、复杂外边界油藏井底压力响应特征

在常规解析解试井解释模型中，一般假定井位于油藏中心位置；在实际油藏中，由于开发的需要，往往井位于油藏的不同位置。因此，利用边界元在解决复杂外边界油藏中的优点，本文设计了三种情形来研究不同井位对油藏渗流的影响(如图 4-2)。情形 1 为

井位于椭圆形油藏的中心位置，情形 2 为井位于油藏中心长轴左边 $L_D=5000$ 处，情形 3 为井位于油藏长轴右边 $L_D=6000$ 处。

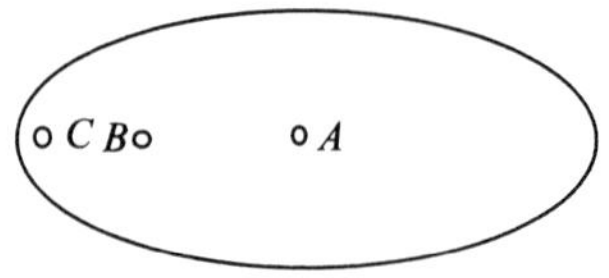

图 4-2 井位于不规则油藏不同位置示意图

将上述三种情形分别带入油藏边界元计算模型中进行求解，得到井位于油藏不同位置情形下压力和压力导数双对数曲线对比(图 4-3)，从图中可以看出，井位于油藏中心情形时，压力波传播到边界的时间较晚。当位于偏心位置时，井离边界距离越近，曲线上翘的时间就越早。

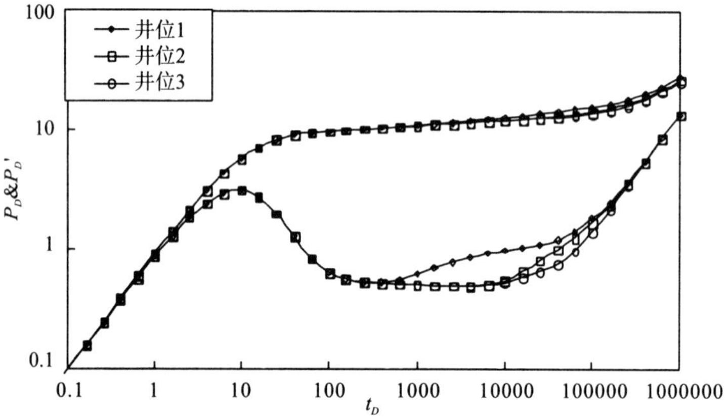

图 4-3 井位于油藏不同位置情形下井底压力响应双对数图

首先检验边界元方法求解油气藏部分射孔井渗流问题的正确性与计算精度。根据本建立的无限大、径向封闭和径向定压油藏部分射孔井解析解模型对本节建立的边界元解进行对比验证(图 4-4)。取无因次半径 R_D 为 100000 的径向封闭油藏部分射孔直井边界元模型来近似无限大外边界。

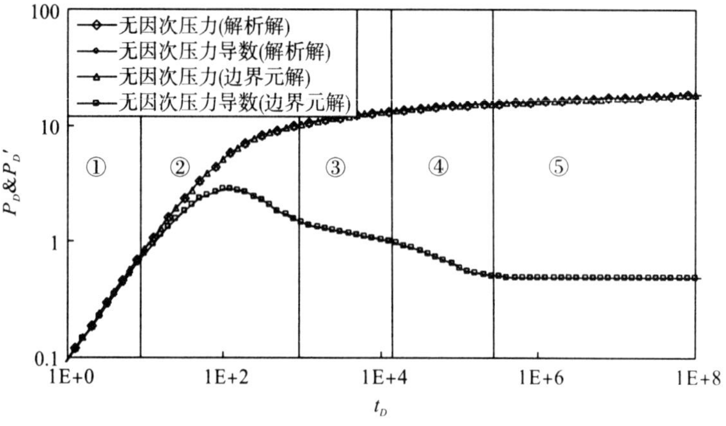

图 4-4 无限大油藏部分射孔井底压力解析解和边界元解对比图

复杂外边界油藏部分射孔直井的边界元和解析解对比图如图 4-5 所示。从图中不难发现：复杂外边界油藏部分射孔直井井底压力响应曲线可以分为五个明显的流动阶段：①早期纯井筒储集阶段；②过渡流动阶段；③部分径向流动阶段；④球形流动阶段；⑤总系统径向流动阶段。解析解和边界元解的压力和压力导数双对数曲线完全重合，因此边界元模型是适合求解复杂外边界油藏的渗流问题的。

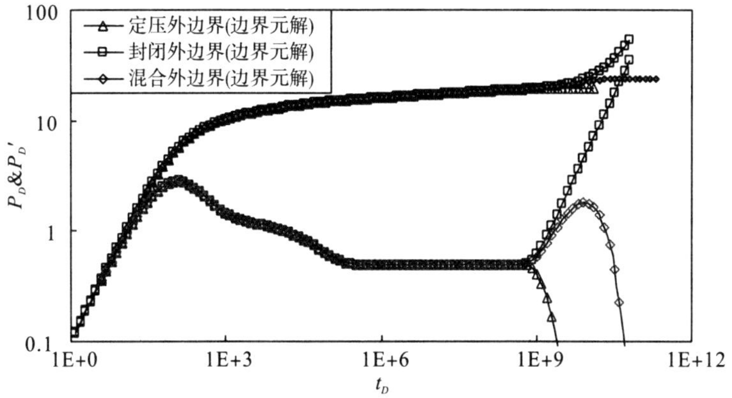

图 4-5 三种不同类型边界油藏部分射孔井底压力边界元解对比图

取无因次半径 R_D 为 10000 的径向边界分别建立了外边界封闭、外边界定压和部分边界定压等边界油藏部分射孔井边界元模型。考虑边界影响的油藏压裂井渗流特征对比如图 4-6 所示。当压力波传播到封闭外边界时，压力和压力导数双对数曲线呈斜率为 1 的直线段，且两曲线最终重合，反映出拟稳定流动阶段的特点。当压力波传播到定压外边界后，压力曲线迅速变为一水平直线，压力导数急剧下降且趋于 0，反映出稳定流动阶段的特点。当外边界存在部分定压边界时，压力波在传播过程中，压力导数曲线先上升到一定水平，由于定压边界的补给能力较强，压力导数曲线随后逐渐下降，并迅速变为 0，压力曲线最终变为一水平直线。不规则外边界水平井与直井、部分射孔井一致（图 4-7）。

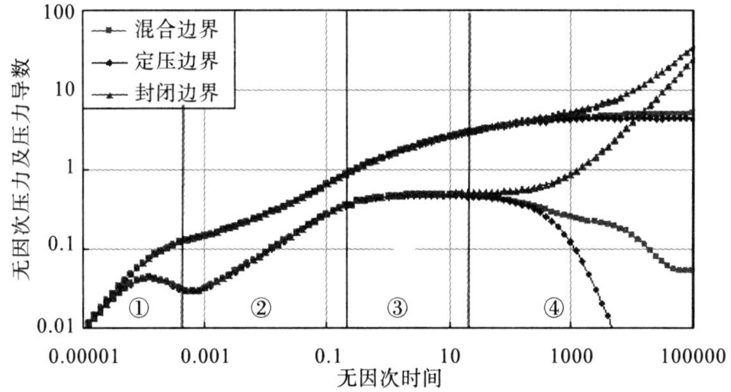

图 4-6 不同边界类型对压裂井井底压力动态的影响

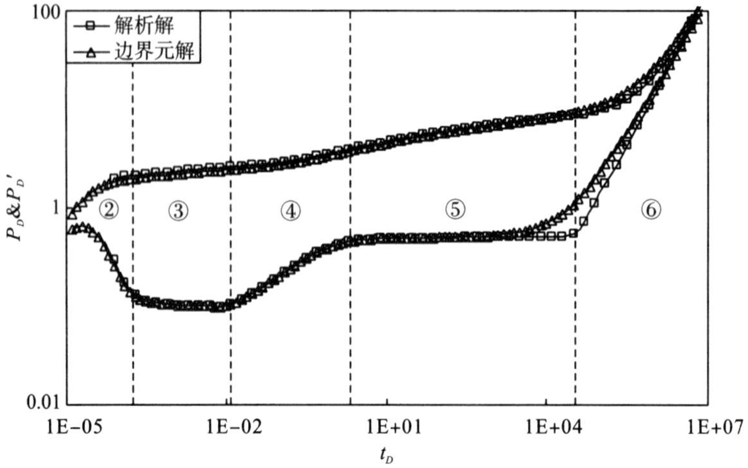

图 4-7 封闭外边界均质油藏水平井井底压力解析解和边界元解对比图

第二节 点源函数和边界元求解复杂外边界非均质油藏渗流问题

一、复杂外边界非均质油藏边界积分方程

本章采用复合油藏理论模型来考虑严重非均质影响的油藏渗流问题。复合油藏理论模型是由两个或者多个岩石物性和流体物性有较大差异组成的油藏渗流模型(如图 4-8)。

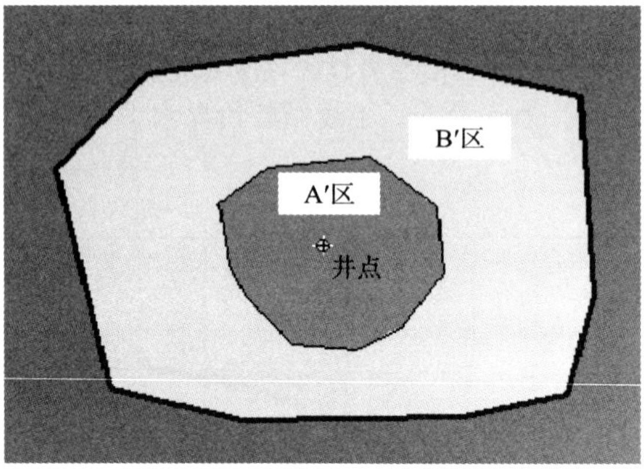

图 4-8 “径向复合”油藏模型示意图

严重非均质油藏渗流数学模型由扩散方程、初始条件、内、外边界条件以及界面连接条件组成。利用前面各章的推导，严重非均质油藏无因次渗流方程组为

内区：

$$\frac{1}{r_D}\frac{\partial}{\partial r_D}\left(r_D\frac{\partial p_{DI}}{\partial r_D}\right)+\sum_{i=1}^{Nw}q_{Di}\delta(x_D-x_{Di},y_D-y_{Di})=\frac{\partial p_{DI}}{\partial t_D} \tag{4-48}$$

外区：

$$\frac{1}{r_D}\frac{\partial}{\partial r_D}\left(r_D\frac{\partial p_{DO}}{\partial r_D}\right)+\sum_{i=1}^{Nw}q_{Di}\delta(x_D-x_{Di},y_D-y_{Di})=\eta_{12}\frac{\partial p_{DO}}{\partial t_D} \tag{4-49}$$

初始条件：

$$P_{DI}=P_{DO}\quad(t_D=0)$$

外边界条件：

定压边界：$P_{DO}(x_D,y_D,u)=0\quad((x_D,y_D)\in\Gamma_2)$

封闭边界：$\dfrac{\partial P_{DO}}{\partial n_D}=0\quad((x_D,y_D)\in\Gamma_2)$

界面连接条件：

$$P_{DO}(x_D,y_D,u)=P_{DI}(x_D,y_D,u)\quad((x_D,y_D)\in\Gamma_1)$$

$$\frac{\partial P_{DO}(x_D,y_D,u)}{\partial n_D}=-\frac{1}{M_{12}}\frac{\partial P_{DI}(x_D,y_D,u)}{\partial n_D}\quad((x_D,y_D)\in\Gamma_1)$$

井筒内边界条件：

$$C_D\frac{\mathrm{d}P_{WD}}{\mathrm{d}t_D}-\frac{\partial P_{DI}}{\partial r_D}\Big|_{r_D=1}=1\qquad P_{WD}=\left(P_{DI}-S\frac{\partial P_{DI}}{\partial r_D}\right)\Big|_{r_D=1}$$

式中，无因次半径：$r_D=\dfrac{r}{r_w}$；无因次时间：$t_D=\dfrac{3.6kt}{\mu r_w^2\varphi c_t}$；无因次压力：$p_D(r_D,t_D)=\dfrac{kh}{1.842\times10^{-3}qB\mu}[p_i-p_{wf}(r,t)]$；无因次井筒储集系数：$C_D=\dfrac{0.159C}{hr_w^2\varphi c_t}$；区域1、2的流度比为：$M_{IO}=\dfrac{(k/\mu)_I}{(k/\mu)_O}$；区域1、2的扩散系数比：$\eta_{IO}=\dfrac{(k/\varphi\mu c_t)_I}{(k/\varphi\mu c_t)_O}$；$r_w$ 为井筒半径；h 为油层厚度；q 为井底流量(常量)；p_i 为原始地层压力；B 为体积系数；K_j 为各系统渗透率；ϕ_j 为各系统孔隙度；C_{tj} 为各系统压缩系数；C_t 为综合压缩系数；μ 为流体黏度；I 为内区；O 为外区。

对严重非均质油藏渗流无因次方程组进行拉普拉斯变换，将其改写为在拉普拉斯空间中的表达形式：

内区：

$$\frac{1}{r_D}\frac{\partial}{\partial r_D}\left(r_D\frac{\partial\bar{p}_{DI}}{\partial r_D}\right)+\sum_{i=1}^{Nw}q_{Di}\delta(x_D-x_{Di},y_D-y_{Di})=u\bar{p}_{DI} \tag{4-50}$$

外区：

$$\frac{1}{r_D}\frac{\partial}{\partial r_D}\left(r_D\frac{\partial\bar{p}_{DO}}{\partial r_D}\right)+\sum_{i=1}^{Nw}q_{Di}\delta(x_D-x_{Di},y_D-y_{Di})=u\eta_{12}\bar{p}_{DO} \tag{4-51}$$

利用前面的边界元理论，将内、外边界 Γ_1 和 Γ_2 分割成 N_{b1} 和 N_{b2} 个单元段，假设单元内的点按线性规律分布，则边界 Γ 分割后严重非均质油藏渗流微分方程的边界积分方程可以表示为

内区：

$$\theta_kP_{DI}(Q_k,u)=\sum_{i=1}^{N_{b1}}\int_{\Gamma_i}\Big[G_I(P',Q_k,u)\frac{\partial P_{DI}(P',u)}{\partial n}-P_{DI}(P',u)\frac{\partial G_I(P',Q_k,u)}{\partial n}\Big]\mathrm{d}\Gamma_i(P')+\frac{1}{u}\sum_{i=1}^{Nw}q_{Di}G_I(P,Q_i,u) \tag{4-52}$$

外区：

$$\theta_k P_{DO}(Q_k,u)=\sum_{i=1}^{N_{b2}}\int_{\Gamma_i}\Big[G_O(P',Q_k,u)\frac{\partial P_{DO}(P',u)}{\partial n}-P_{DO}(P',u)\frac{\partial G_O(P',Q_k,u)}{\partial n}\Big]\mathrm{d}\Gamma_i(P')+\frac{M_{12}}{u}\sum_{i=1}^{Nw}q_{Di}G_O(P,Q_i,u) \tag{4-53}$$

由于函数 P_D 在单元段内按线性规律变化，利用线性插值公式可以得到严重非均质油藏的边界元代数方程组形式：

内区：

$$\theta_k P_{DI}(Q_k,u)=\sum_{i=1}^{N_{b1}}\frac{l_i}{2}\int_{-1}^{1}\Big[G_I(P',Q_k,u)\Big(\varphi_1(\xi)\frac{\partial P_{DIi}}{\partial n}+\varphi_2(\xi)\frac{\partial P_{DIi+1}}{\partial n}\Big)-(\varphi_1(\xi)P_{DIi}+\varphi_2(\xi)P_{DIi+1})\frac{\partial G_I(P',Q_k,u)}{\partial n}\Big]\mathrm{d}\xi+\frac{1}{u}\sum_{i=1}^{Nw}q_{Di}G_I(P',Q_i,u) \tag{4-54}$$

外区：

$$\theta_k P_{DO}(Q_k,u)=\sum_{i=1}^{N_{b2}}\frac{l_i}{2}\int_{-1}^{1}\Big[G_O(P',Q_k,u)\Big(\varphi_1(\xi)\frac{\partial P_{DOi}}{\partial n}+\varphi_2(\xi)\frac{\partial P_{DOi+1}}{\partial n}\Big)-(\varphi_1(\xi)P_{DOi}+\varphi_2(\xi)P_{DOi+1})\frac{\partial G_O(P',Q_k,u)}{\partial n}\Big]\mathrm{d}\xi+\frac{M_{12}}{u}\sum_{i=1}^{Nw}q_{Di}G_O(P',Q_i,u) \tag{4-55}$$

利用数学符号可以将上述方程组简写为

内区：

$$\theta_k P_{DI}(Q_k,u)=\sum_{i=1}^{N_{b1}}\Big(H'_{kI1}\frac{\partial P_{DIi}}{\partial n}+H'_{kI2}\frac{\partial P_{DIi+1}}{\partial n}+H'_{kI3}P_{DIi}+H'_{kI4}P_{DIi+1}\Big)+\frac{1}{u}\sum_{i=1}^{NwI}q_{Di}G_I(P',Q,u) \tag{4-56}$$

外区：

$$\theta_k P_{DO}(Q_k,u)=\sum_{i=1}^{N_{b2}}\Big(H'_{kO1}\frac{\partial P_{DOi}}{\partial n}+H'_{kO2}\frac{\partial P_{DOi+1}}{\partial n}+H'_{kO3}P_{DOi}+H'_{kO4}P_{DOi+1}\Big)+\frac{M_{12}}{u}\sum_{i=1}^{Nw}q_{Di}G_O(P',Q,u) \tag{4-57}$$

式中，

$$H'_{i1}=\frac{l_i}{2}\int_{-1}^{1}G_i(P',Q_k,u)\varphi_1(\xi)\mathrm{d}\xi$$

$$H'_{i2} = \frac{l_i}{2}\int_{-1}^{1} G_i(P', Q_k, u)\varphi_2(\xi)\mathrm{d}\xi$$

$$H'_{i3} = \frac{l_i}{2}\int_{-1}^{1} -\frac{\partial G_i(P', Q_k, u)}{\partial n}\varphi_1(\xi)\mathrm{d}\xi$$

$$H'_{i4} = \frac{l_i}{2}\int_{-1}^{1} -\frac{\partial G_i(P', Q_k, u)}{\partial n}\varphi_2(\xi)\mathrm{d}\xi$$

二、复杂外边界非均质油藏边界积分方程的求解

通过对严重非均质油藏渗流方程的边界元积分方程组(4-56)和(4-57)分析不难发现：在内区将边界分成 N_{b1} 个节点，每个边界元节点上有两个未知参数$\left(\frac{\partial P_{Di}}{\partial n} \text{和} P_{Di}\right)$，利用内区边界积分方程可以建立 N_{b1} 个代数方程。在外区将边界分成 N_{b2} 个节点，由于边界条件已知，每个边界元节点上有一个未知参数$\left(\frac{\partial P_{Di}}{\partial n} \text{或} P_{Di}\right)$，利用内区边界积分方程可以建立 $N_{b1}+N_{b2}$ 个代数方程(张烈辉等，2007)。

由界面连接条件可以知道：

$$P_{DO3}(x_D, y_D, u) = P_{DI3}(x_D, y_D, u) \quad ((x_D, y_D) \in \Gamma_2) \tag{4-58}$$

$$\frac{\partial P_{DO3}(x_D, y_D, u)}{\partial n_D} = -\frac{1}{M_{12}}\frac{\partial P_{DI3}(x_D, y_D, u)}{\partial n_D} \quad ((x_D, y_D) \in \Gamma_1) \tag{4-59}$$

利用界面条件，通过内外区方程组的联立求解可以得到 $2N_{b1}+N_{b2}$ 个代数方程组，而方程组刚好有 $2N_{b1}+N_{b2}$ 个未知变量，因此通过该方程组可以得到内外区边界上的未知参数的值。其代数矩阵方程的系数矩阵结构可以表示为

$$\boldsymbol{A} = \begin{bmatrix}
a_{11} & a_{12} & \cdots & a_{1n_{b1_1}} & a_{1n_{b1}+1} & a_{1n_{b1}+2} & \cdots & a_{1n_{b1}+n_{b1}} & 0 & 0 & \cdots & 0 \\
a_{21} & a_{22} & \cdots & a_{2n_{b1}} & a_{2n_{b1}+1} & a_{2n_{b1}+2} & \cdots & a_{2n_{b1}+n_{b1}} & 0 & 0 & \cdots & 0 \\
\vdots & \vdots & \vdots & \vdots & \vdots & \vdots & \vdots & \vdots & \vdots & \vdots & \vdots & \vdots \\
a_{n_{b1}1} & a_{n_{b1}2} & \cdots & a_{n_{b1}n_{b1}} & a_{n_{b1}n_{b1}+1} & a_{n_{b1}n_{b1}+2} & \cdots & a_{n_{b1}n_{b1}+n_{b1}} & 0 & 0 & \cdots & 0 \\
b_{11} & b_{12} & \cdots & b_{1n_{b11}} & b_{1n_{b1}+1} & b_{1n_{b1}+2} & \cdots & b_{1n+n_1} & b_{1n+n+1} & b_{1n+n_1+2} & \cdots & b_{1n+n+n_1} \\
b_{21} & b_{22} & \cdots & b_{2n_1} & b_{2n+1} & b_{2n+2} & \cdots & b_{2n+n_1} & b_{2n+n+1} & b_{2n+n_1+2} & \cdots & b_{2n+n+n_1} \\
\vdots & \vdots & \vdots & \vdots & \vdots & \vdots & \vdots & \vdots & \vdots & \vdots & \vdots & \vdots \\
b_{n1} & b_{n2} & \cdots & b_{nn_1} & b_{nn+1} & b_{nn+2} & \cdots & b_{nn+n_1} & b_{nn+n+1} & b_{nn+n_1+2} & \cdots & b_{nn+n+n_1} \\
b_{n+11} & b_{n+12} & \cdots & b_{n+1n_1} & b_{n+1n+1} & b_{n+1n+2} & \cdots & b_{n+1n+n_1} & b_{n+1n+n+1} & b_{n+1n+n_1+2} & \cdots & b_{n+1n+n+n_1} \\
b_{n+21} & b_{n+22} & \cdots & b_{n+2n_1} & b_{n+2n+1} & b_{n+1n+2} & \cdots & b_{n+2n+n_1} & b_{n+2n+n+1} & b_{n+2n+n_1+2} & \cdots & b_{n+2n+n+n_1} \\
\vdots & \vdots & \vdots & \vdots & \vdots & \vdots & \vdots & \vdots & \vdots & \vdots & \vdots & \vdots \\
b_{n+n1} & b_{n+n2} & \cdots & b_{n+nn_1} & b_{n+nn+1} & b_{n+nn+2} & \cdots & b_{n+nn+n_1} & b_{n+nn+n+1} & b_{n+nn+n_1+2} & \cdots & b_{n+nn+n+n_1}
\end{bmatrix}$$

$$
\boldsymbol{X}=\begin{bmatrix} P_{D1} \\ P_{D2} \\ \vdots \\ P_{Dn} \\ \dfrac{\partial P_{D1}}{\partial n} \\ \dfrac{\partial P_{D2}}{\partial n} \\ \vdots \\ \dfrac{\partial P_{Dn}}{\partial n} \\ \dfrac{\partial P_{Dn+1}}{\partial n}\text{ 或 }P_{Dn+1} \\ \dfrac{\partial P_{Dn+2}}{\partial n}\text{ 或 }P_{Dn+2} \\ \vdots \\ \dfrac{\partial P_{Dn+n}}{\partial n}\text{ 或 }P_{Dn+n} \end{bmatrix}\qquad \boldsymbol{F}=\begin{bmatrix} F_{11} \\ F_{12} \\ \vdots \\ F_{1n_{b1}} \\ F_{21} \\ F_{22} \\ \vdots \\ F_{2n_{b1}} \\ F_{2n_{b1}+1} \\ F_{2n_{b1}+2} \\ \vdots \\ F_{2n_{b1}+n_{b2}} \end{bmatrix}
$$

其代数矩阵方程可以简写为

$$
\boldsymbol{AX}=\boldsymbol{F} \tag{4-60}
$$

当计算出边界元各节点的属性值后，其任意点的压力值可以由下式(4-61、4-62)表示出来：

内区：

$$
P_{DI}(Q_k,u)=\sum_{i=1}^{N_{b1}}\left(H'_{kI1}\frac{\partial P_{DIi}}{\partial n}+H'_{kI2}\frac{\partial P_{DIi+1}}{\partial n}+H'_{kI3}P_{DIi}+H'_{kI4}P_{DIi+1}\right)+\frac{1}{u}\sum_{i=1}^{NwI}q_{Di}G_I(P',Q,u) \tag{4-61}
$$

外区：

$$
P_{DO}(Q_k,u)=\sum_{i=1}^{N_{b2}}(H'_{kO1}\frac{\partial P_{DOi}}{\partial n}+H'_{kO2}\frac{\partial P_{DOi+1}}{\partial n}+H'_{kO3}P_{DOi}+H'_{kO4}P_{DOi+1})+\frac{M_{12}}{u}\sum_{i=1}^{Nw}q_{Di}G_O(P',Q,u) \tag{4-62}
$$

三、复杂外边界非均质油藏边界积分方程基本解

1. 复杂外边界非均质油藏直井边界元积分方程基本解

通过级数函数性质、镜像叠加原理、泊松公式对基本解化简，得到严重非均质油藏直井的边界元基本解为

内区：

$$G_I(P',Q,u)=K_0(r_D(P',Q)\sqrt{u}) \tag{4-63}$$

$$\frac{\partial G_1(P',Q,u)}{\partial n}=-\sqrt{u}K_1(r_D\sqrt{u})\frac{\partial r_D}{\partial n} \tag{4-64}$$

外区：

$$G_O(P',Q,u)=K_0(r_D(P',Q)\sqrt{u\eta_{12}}) \tag{4-65}$$

$$\frac{\partial G_2(P',Q,u)}{\partial n}=-\sqrt{u\eta_{12}}K_1(r_D\sqrt{u\eta_{12}})\frac{\partial r_D}{\partial n} \tag{4-66}$$

$$\frac{\partial r_D}{\partial n}=\frac{h_{Di}}{r_{D\xi}} \tag{4-67}$$

$$r_{D\xi}=\sqrt{(x_\xi-x_i)^2+(y_\xi-y_i)^2}$$

$$|h_{Di}|=\left|\frac{(x_\xi-x)(y_i-y_{i+1})-(y_\xi-y)(x_i-x_{i+1})}{\sqrt{(x_i-x_{i+1})^2+(y_i-y_{i+1})^2}}\right|$$

如果外法向向量 $\boldsymbol{n}$ 与 MP' 的方向位于边界元 Γ_i 的同侧，则 h_{Di} 值为正，否则为负。具体的判断准则为：

$$f_c=(x_i-x_k)(y_{i+1}-y_k)-(y_i-y_k)(x_{i+1}-x_k) \tag{4-68}$$

$$h_{Di}=\begin{cases}+|h_{Di}| & f_c>0\\ -|h_{Di}| & f_c<0\end{cases}$$

2. 复杂外边界非均质油藏部分射孔井边界元积分方程基本解

通过级数函数性质、镜像叠加原理、泊松公式对基本解化简，得到严重非均质油藏部分射孔井的边界元基本解：

内区：

$$G_I(P',Q,u)=K_0(\beta_{10}r_D)+\frac{2}{\pi^2h_{p_D}^2}\sum_{n=1}^{\infty}\frac{\Gamma_{sn}^2}{n^2}K_0(\beta_{1n}r_D) \tag{4-69}$$

$$\frac{\partial G_1}{\partial n}=-\beta_{10}K_1(\beta_{10}r_D)\frac{\partial r_D}{\partial n}-\frac{2}{\pi^2h_{p_D}^2}\sum_{n=1}^{\infty}\beta_{1n}\frac{\Gamma_{sn}^2}{n^2}K_1(\beta_{1n}r_D)\frac{\partial r_D}{\partial n} \tag{4-70}$$

外区：

$$G_O(P',Q,u)=K_0(\beta_{20}r_D)+\frac{2}{\pi^2h_{p_D}^2}\sum_{n=1}^{\infty}\frac{\Gamma_{sn}^2}{n^2}K_0(\beta_{2n}r_D) \tag{4-71}$$

$$\frac{\partial G_2}{\partial n}=-\beta_{20}K_1(\beta_{20}r_D)\frac{\partial r_D}{\partial n}-\frac{2}{\pi^2h_{p_D}^2}\sum_{n=1}^{\infty}\beta_{2n}\frac{\Gamma_{sn}^2}{n^2}K_1(\beta_{2n}r_D)\frac{\partial r_D}{\partial n} \tag{4-72}$$

式中，$\beta_{1n}^2=u+\dfrac{n^2\pi^2}{h_D^2}$，$\beta_{1n}^2=\eta_{12}u+\dfrac{n^2\pi^2}{h_D^2}$；

$\Gamma_{sn}=\sin[n\pi(h_{1D}+h_{pD})]-\sin(n\pi h_{1D})$；

$r_{D\xi}=\sqrt{(x_\xi-x_i)^2+(y_\xi-y_i)^2}$；

$|h_{Di}|=\left|\dfrac{(x_\xi-x)(y_i-y_{i+1})-(y_\xi-y)(x_i-x_{i+1})}{\sqrt{(x_i-x_{i+1})^2+(y_i-y_{i+1})^2}}\right|$。

如果外法向向量 $\boldsymbol{n}$ 与 MP' 的方向位于边界元 Γ_i 的同侧，则 h_{Di} 值为正，否则为负。具体的判断准则为：

$$f_c = (x_i - x_k)(y_{i+1} - y_k) - (y_i - y_k)(x_{i+1} - x_k) \tag{4-73}$$

$$h_{Di} = \begin{cases} +|h_{Di}| & f_c > 0 \\ -|h_{Di}| & f_c < 0 \end{cases}$$

3. 复杂外边界非均质油藏压裂井边界元积分方程基本解

通过级数函数性质、镜像叠加原理、泊松公式对基本解化简，得到复杂边界油藏压裂井边界元基本解为

内区：

$$G_i(P',Q,u) = \frac{1}{2}\int_{-1}^{1} K_0(R_D\sqrt{u})\mathrm{d}\alpha \tag{4-74}$$

$$\frac{\partial G_i(P',Q,u)}{\partial n} = -\frac{1}{2}\int_{-1}^{1}\sqrt{u}K_1[(r_D-\alpha)\sqrt{u}]\frac{\partial r_D}{\partial n}\mathrm{d}\alpha \tag{4-75}$$

外区：

$$G_o(P',Q,u) = \frac{1}{2}\int_{-1}^{1} K_0(R_D\sqrt{\eta_{12}u})\mathrm{d}\alpha \tag{4-76}$$

$$\frac{\partial G_o(P',Q,u)}{\partial n} = -\frac{1}{2}\int_{-1}^{1}\sqrt{\eta_{12}u}K_1[(r_D-\alpha)\sqrt{\eta_{12}u}]\frac{\partial r_D}{\partial n}\mathrm{d}\alpha \tag{4-77}$$

$$\frac{\partial r_D}{\partial n} = \frac{h_{Di}}{r_{D\xi}} \tag{4-78}$$

式中，$r_{D\xi} = \sqrt{(x_\xi - x_i)^2 + (y_\xi - y_i)^2}$

$$|h_{Di}| = \left|\frac{(x_\xi - x)(y_i - y_{i+1}) - (y_\xi - y)(x_i - x_{i+1})}{\sqrt{(x_i - x_{i+1})^2 + (y_i - y_{i+1})^2}}\right|$$

如果边界处法向向量 $\boldsymbol{n}$ 与 MP' 的方向位于边界 Γ_i 的同侧，则 h_{Di} 值取正，不同侧取负，具体的计算准则为

$$f_c = (x_i - x_k)(y_{i+1} - y_k) - (y_i - y_k)(x_{i+1} - x_k) \tag{4-79}$$

$$h_{Di} = \begin{cases} +|h_{Di}| & f_c > 0 \\ -|h_{Di}| & f_c < 0 \end{cases}$$

4. 复杂外边界非均质油藏水平井边界元积分方程基本解

通过级数函数性质、镜像叠加原理、泊松公式对基本解化简，得到水平井的边界元基本解为：

内区：

$$G_i(P',Q,u) = \frac{1}{2}\int_{-1}^{1} K_0(R_D\sqrt{u})\mathrm{d}\alpha + \sum_{n=1}^{n=\infty}\cos(n\pi z_D)\cos(n\pi z_{wD}) \int_{-1}^{1} K_0\left[\sqrt{(x_D-\alpha)^2 + y_D^2}\sqrt{u + \frac{n^2\pi^2}{Z_{eD}^2}}\right]\mathrm{d}\alpha \tag{4-80}$$

$$\frac{\partial G_i(P',Q,u)}{\partial n} = -\frac{1}{2}\int_{-1}^{1}\sqrt{u}K_1[(r_D-\alpha)\sqrt{u}]\frac{\partial r_D}{\partial n}\mathrm{d}\alpha - \sum_{n=1}^{n=\infty}\cos(n\pi z_D) \cos(n\pi z_{wD})\int_{-1}^{1}\sqrt{u + \frac{n^2\pi^2}{Z_{eD}^2}}K_1\left[(r_D-\alpha)\sqrt{u + \frac{n^2\pi^2}{Z_{eD}^2}}\right]\frac{\partial r_D}{\partial n}\mathrm{d}\alpha \tag{4-81}$$

外区：

$$G_o(P',Q,u)=\frac{1}{2}\int_{-1}^{1}K_0(R_D\sqrt{\eta_{12}u})\mathrm{d}\alpha+\sum_{n=1}^{n=\infty}\cos(n\pi z_D)\cos(n\pi z_{wD})$$
$$\int_{-1}^{1}K_0\left[\sqrt{(x_D-\alpha)^2+y_D^2}\sqrt{\eta_{12}u+\frac{n^2\pi^2}{Z_{eD}^2}}\right]\mathrm{d}\alpha \tag{4-82}$$

$$\frac{\partial G_o(P',Q,u)}{\partial n}=-\frac{1}{2}\int_{-1}^{1}\sqrt{\eta_{12}u}K_1[(r_D-\alpha)\sqrt{\eta_{12}u}]\frac{\partial r_D}{\partial n}\mathrm{d}\alpha-\sum_{n=1}^{n=\infty}\cos(n\pi z_D)$$
$$\cos(n\pi z_{wD})\int_{-1}^{1}\sqrt{\eta_{12}u+\frac{n^2\pi^2}{Z_{eD}^2}}K_1\left[(r_D-\alpha)\sqrt{\eta_{12}u+\frac{n^2\pi^2}{Z_{eD}^2}}\right]\frac{\partial r_D}{\partial n}\mathrm{d}\alpha \tag{4-83}$$

$$\frac{\partial r_D}{\partial n}=\frac{h_{Di}}{r_{D\xi}} \tag{4-84}$$

式中，$r_{D\xi}=\sqrt{(x_\xi-x_i)^2+(y_\xi-y_i)^2}$；

$$|h_{Di}|=\left|\frac{(x_\xi-x)(y_i-y_{i+1})-(y_\xi-y)(x_i-x_{i+1})}{\sqrt{(x_i-x_{i+1})^2+(y_i-y_{i+1})^2}}\right|。$$

如果外法向向量 $\boldsymbol{n}$ 与 MP' 的方向位于边界元 Γ_i 的同侧，则 h_{Di} 值为正，否则为负。具体的判断准则为：

$$f_c=(x_i-x_k)(y_{i+1}-y_k)-(y_i-y_k)(x_{i+1}-x_k) \tag{4-85}$$
$$h_{Di}=\begin{cases}+|h_{Di}| & f_c>0\\ -|h_{Di}| & f_c<0\end{cases}$$

四、复杂外边界非均质油藏井底压力响应特征

图 4-9 是径向封闭严重非均质油藏直井井底压力及导数双对数对比图(边界元解和解析解)。从图中可以看出，边界元解的井底压力响应存在明显的六个流动阶段：①纯井筒储存阶段；②过渡段；③内区径向流段；④内区到外区流动的过渡段；⑤总系统作用段；⑥封闭边界反映阶段。与无限大地层一致，在内区到外区流动的过渡阶段，边界元解和解析解的压力和压力导数曲线同样存在一定差异。

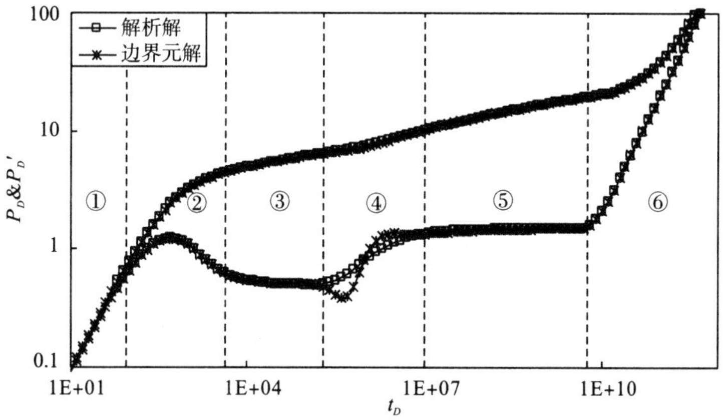

图 4-9 封闭外边界复合油藏井底压力解析解和边界元解对比图

外边界封闭、外边界定压和部分边界定压等边界严重非均质油藏直井边界元模型井底压力响应如图 4-10 所示。当压力波传播到封闭外边界时，压力和压力导数双对数曲线呈斜率为 1 的直线段，且两曲线最终重合，反映出拟稳定流动阶段的特点。当压力波传播到定压外边界后，压力曲线迅速变为一水平直线，压力导数急剧下降且趋于 0，反映出稳定流动阶段的特点。当外边界存在部分定压边界时，压力波在传播过程中，压力导数曲线先上升到一定水平，由于定压边界的补给能力较强，压力导数曲线随后逐渐下降，并迅速变为 0，压力曲线最终变为一水平直线。

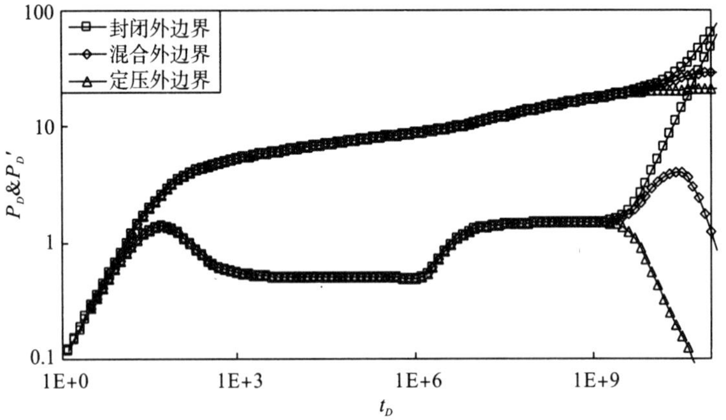

图 4-10　不同边界类型对严重非均质油藏直井井底压力动态的影响

利用边界元在解决严重非均质油藏渗流的优点，本文设计了三种情形(内区高渗带长轴 $L_D=0$、$L_D=-500$、$L_D=-950$)来研究井位于高渗带(内区高渗带为椭圆形长轴 $L_D=1000$、短轴 $W_D=500$)不同位置时对严重非均质油藏直井井底压力动态的影响。

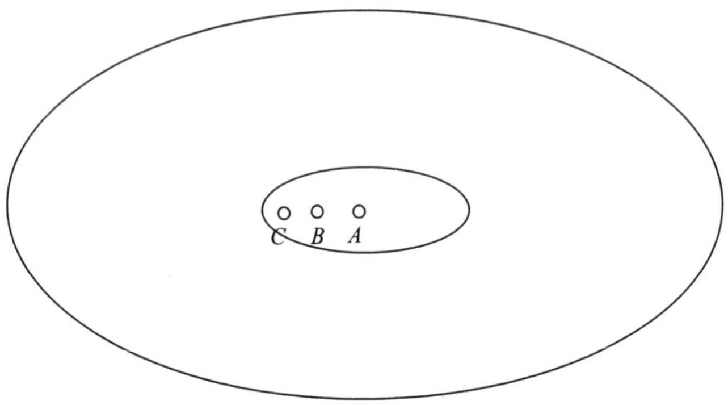

图 4-11　井位于高渗带不同位置情形示意图

将上述三种情形分别带入边界元计算模型中进行求解，得到井位于油藏高渗带不同位置情形下压力和压力导数双对数曲线对比(张烈辉等，2007)(图 4-12)，从图中可以看出，井位于油藏高渗带中心时，井到内外区界面的距离大致相当，内区径向流持续时间最长，过渡段出现的时间最晚。当位于高渗带边部位置时，由于油藏外区的快速影响，压力导数曲线上翘的时间提前，压力曲线上翘的幅度增大。该对比图较好地展示了压力波在油藏中传播的过程，表明边界元方法可以求解严重非均质油藏中的直井渗流问题。

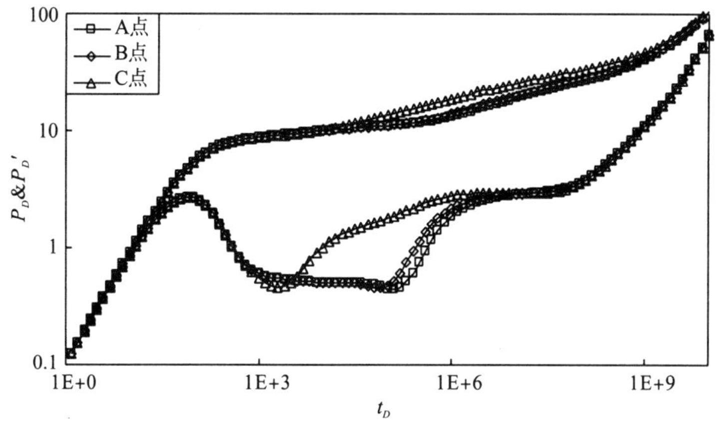

图 4-12 井位于高渗带不同位置对井底压力动态的影响

利用边界元方法解决高渗带在严重非均质油藏不同位置时对井底压力动态的影响，本文设计了三种情形(张烈辉等，2007)(内区高渗带距油藏中心位置分别为：$x_D=0$、$x_D=-50000$、$x_D=-95000$)来研究内区高渗带在油藏不同位置对井底压力动态的影响。将油藏外边界和内区高渗带界面各分为 20 段。利用前面的坐标变换公式将油藏坐标中心变换到井点位置。

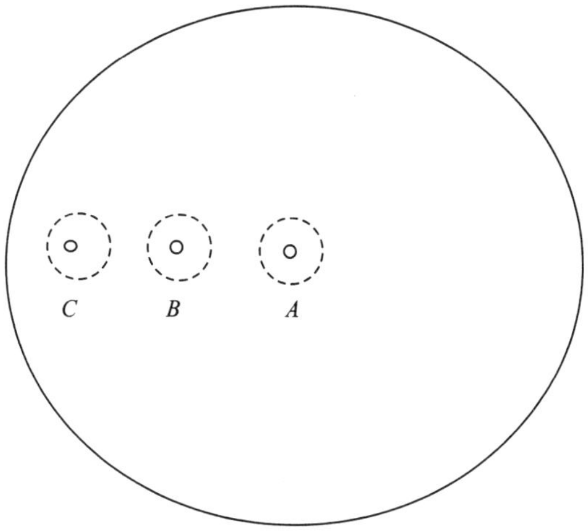

图 4-13 高渗带位于油藏不同位置情形示意图

利用边界元计算模型对上述三种情形分别进行求解，得到高渗带位于油藏不同位置情形的压力和压力导数双对数曲线对比(图 4-14)。从图中可以看出，当压力波在高渗带传播时，各情形的压力和压力导数曲线完全重合；当压力波传播到外部低渗层后，高渗带越接近油藏边界位置，压力导数曲线上抬的时间就越早，无因次压力增加的幅度就越大。双对数对比图描述的压力波在严重非均质油藏中传播过程与实际理论模型是一致的，因此边界元方法可以解决此类油藏的直井渗流问题。

由于复合油藏部分射孔井井底压力动态响应的影响因素较多，不利于详细探讨各关键因素对压力动态的影响。因此本文采用先分析均质油藏中各关键参数对井底压力动态的影响，然后再推广到油藏渗流中。

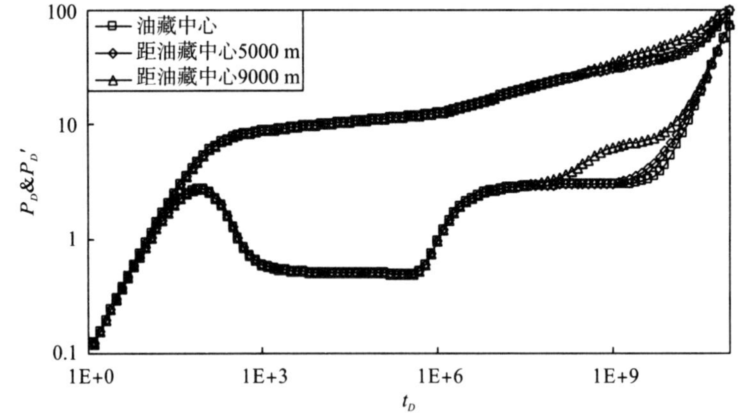

图 4-14 高渗带位于油藏不同位置对井底压力动态的影响

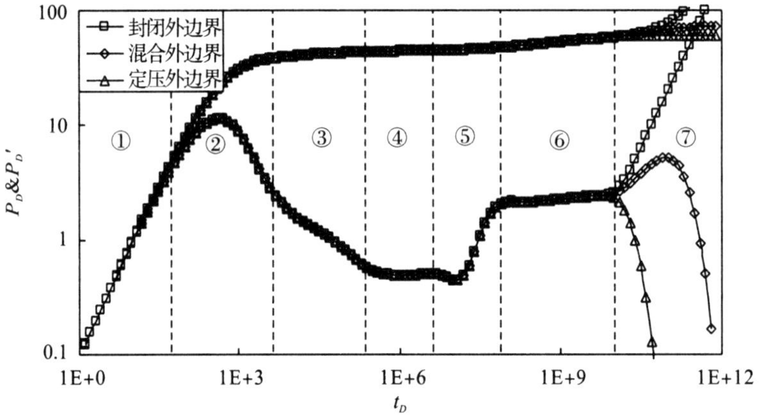

图 4-15 不同外边界类型对严重非均质油藏部分射孔井井底压力动态的影响

图 4-15 是不同外边界类型对严重非均质油藏部分射孔井井底压力及压力导数双对数图形。从图中可以看出，严重非均质油藏部分射孔井边界元解井底压力响应存在明显的八个流动阶段：①纯井筒储存阶段；②过渡流动阶段；③球型流动阶段；④部分径向流动阶段；⑤内区径向流段；⑥内区到外区流动的过渡段；⑦总系统径向流动段；⑧边界反应阶段(拟稳定流动或稳定流动阶段)。

第五章　渗流力学在油藏工程中的应用

第一节　渗流力学在地下流体运动规律识别中的应用

一、利用特征线解释方法分析地层渗透的数学模型

无限大径向非均质油藏，上、下边界封闭，地层孔隙度、地层厚度及岩石压缩系数为常数，流体单相、黏度和压缩系数恒定，忽略重力和毛管力影响，在地层中心一口井定产量生产的渗流无因次数学模型如下：

$$\begin{cases} \dfrac{1}{r_D}\dfrac{\partial}{\partial r_D}\left[r_D k_D(r_D)\dfrac{\partial p_D}{\partial r_D}\right]=\dfrac{\partial p_D}{\partial t_D} \\ [p_D(r_D,t_D)]_{t_D=0}=0 \\ k_D(r_D)r_D\dfrac{\partial p_D}{\partial r_D}\Bigg|_{r_D=1}=-1 \\ \lim\limits_{r_D\to\infty}p_D(r_D,t_D)=0 \end{cases} \tag{5-1}$$

无因次时间：$t_D=\dfrac{3.6\bar{k}t}{\varphi C_t\mu r_w^2}$；无因次半径：$r_D=\dfrac{r}{r_w}$；

无因次压降：$p_D=\dfrac{\bar{k}h[p_i-p(r,t)]}{1.842\times10^{-3}qB\mu}$；无因次渗透率：$\dfrac{k_D h_D}{\mu_D}=\dfrac{\frac{kh}{\mu}(r)}{\overline{\frac{kh}{\mu}}}$。

式中，$\dfrac{\overline{k_h}}{\mu}$ 为参考地层系数。

利用拉普拉斯理论求解渗流扩散方程组，将无因次扩散方程写成算子的形式：

$$\nabla\cdot[k_D(r_D)\nabla p_D]=\frac{\partial p_D}{\partial t_D} \tag{5-2}$$

根据拉普拉斯理论，式(3-7)的拉普拉斯变换为

$$\nabla\cdot\left[\frac{1}{1-\varepsilon f}\nabla\bar{p}_D\right]=s\bar{p}_D \tag{5-3}$$

方程的解可以表示为

$$\bar{p}_{D0}=\frac{K_0(\sqrt{s})}{s^{\frac{3}{2}}K_1(\sqrt{s})} \tag{5-4}$$

在模型解的基础上，根据压力动态曲线特征线对地层流动系数进行试井解释。在径向流动期，井底无因次压力对无因次时间的自然对数的导数为 0.5 水平线：

$$\frac{t_D}{C_D}p_D' = \frac{t_D}{C_D}\frac{\mathrm{d}p_D}{\mathrm{d}\frac{t_D}{C_D}} = 0.5 \tag{5-5}$$

有因次形式为：

$$\frac{\hat{k}h(t\Delta p')}{1.842\times 10^{-3}qB\mu} = 0.5 \tag{5-6}$$

于是，在压力及压力导数双对数图中，根据径向流阶段压力导数水平线的位置($t\Delta p'$的值)可计算地层渗透率 k，S，p^* 等。

$$\frac{\hat{k}h}{\mu} = \frac{0.5\times 1.842\times 10^{-3}qB}{(t\Delta p')_r} \tag{5-7}$$

二、平均渗透率与压力波波及前缘渗透率关系

Yeh 和 Agarwal 把注入井的瞬时总流量看成是探测区域内流度分布的体积加权算术平均，将此概念应用到非均质油藏的单相流中(邓元洲等，2014)，则有

$$\begin{aligned}\frac{\hat{k}h}{\mu} &= \frac{1}{V}\int_v \frac{kh}{\mu}(r)\mathrm{d}V = \frac{1}{\pi r^2 h}\int_{r_w}^{r}\frac{kh}{\mu}(r')2\pi r'h\,\mathrm{d}r' \\ &= \frac{1}{r^2}\int_{r_w}^{r}\frac{kh}{\mu}(r')r'\mathrm{d}r'\end{aligned} \tag{5-8}$$

$\frac{\hat{k}h}{\mu}$ 表示在时间为 t、探测半径为 r_i 时的瞬时地层系数，这里的探测半径用式(5-9)计算：

$$r_i = 1.5\sqrt{\frac{3.6\bar{k}t}{\varphi\mu C_t}} \tag{5-9}$$

对式(5-8)求导，整理后可以得到

$$\frac{kh}{\mu}(r_i) = \frac{r_i}{2}\frac{\mathrm{d}\frac{\hat{k}h}{\mu}(r_i)}{\mathrm{d}r_i} + \frac{\hat{k}h}{\mu}(r_i) \tag{5-10}$$

在实际应用中，尤其在压力对时间波动较大的情况下，用 Yeh-Agarwal 方法计算的结果误差较大，如果在 Yeh-Agarwal 方法中用 $\frac{kh}{\mu}(r_i)^{-1}$ 代替$\frac{kh}{\mu}(r_i)$，则计算的渗透率比 Yeh-Agarwal 方法计算结果精度高。式(5-9)、(5-10)分别改写为

$$\frac{\mu}{\hat{k}h} = \frac{1}{r^2}\int_{r_w}^{r}\frac{\mu}{\hat{k}h}(r')r'\mathrm{d}r' \tag{5-11}$$

$$\frac{\mu}{\hat{k}h}(r_i) = \frac{r_i}{2}\frac{\mathrm{d}}{\mathrm{d}r_i}\left(\frac{\mu}{\hat{k}h}(r_i)\right) + \frac{\mu}{\hat{k}h}(r_i) \tag{5-12}$$

这种改进的方法称为修正的 Yeh-Agarwal 方法。

三、利用注 CGD 井试井测试资料分析油藏 CGD 推进位置分析方法

利用注 CGD 井试井测试资料分析油藏 CGD 推进位置的分析步骤如下：

(1)利用无因次时间、无因次压力和无因次压力导数公式，将实测压力数据转成压力和压力导数双对数曲线。

无因次时间：$t_D = \frac{3.6\bar{k}t}{\varphi C_t\mu r_w^2}$；无因次半径：$r_D = \frac{r}{r_w}$；无因次压降：$p_D =$

$\frac{\bar{k}h[p_i - p(r,t)]}{1.842\times 10^{-3}qB\mu}$。

(2)根据压力资料的选用平均地层系数公式，在压力导数双对数曲线计算出某时间点的平均地层系数 $\frac{\hat{k}h}{\mu}$。

$$\frac{\hat{k}h}{\mu} = \frac{0.5\times 1.842\times 10^{-3}qB}{(t\Delta p')_r} \tag{5-13}$$

(3)由调查半径公式计算某时间点的泄油半径。

$$r_i = 1.5\sqrt{\frac{3.6\hat{k}t}{\varphi\mu C_t}} \tag{5-14}$$

(4)选用不同的公式计算各点的地层系数值：

$$\frac{\mu}{\hat{k}h}(r_i) = \frac{r_i}{2}\frac{\mathrm{d}}{\mathrm{d}r_i}\left(\frac{\mu}{\hat{k}h}(r_i)\right) + \frac{\mu}{\hat{k}h}(r_i) \tag{5-15}$$

通过上述步骤就可由试井压力数据计算油藏地层系数分布。

四、现场应用

港东二区七断块位于港东开发区西端、马棚口断层南侧，全区动用含油面积 2.1 km^2，地质储量 242×10^4 t，水驱地质储量 192×10^4 t，可采储量 174×10^4 t，原始地层压力 15.7 MPa，地饱压差 1.26 MPa，本区为岩性和构造控制的岩性油藏。该断块以浅 3-8 为界，分东西两部分，西部为老区，东部为在 1985 年后以 250～300 m 不规则四边形井网扩边出的新区，也是二区七断块的主体，它以构造为主，油气在马棚口断层附近聚集。自上而下分布着明化镇组和馆陶组油层，油层埋深 1194～1469 m。该断块从馆陶到明二油组形成了辫状河、曲流河和网状河沉积，泥质胶结、砂体发育、连通性好，纵向上呈正韵律分布的油藏，其分布具有一定的规律。不同层位的流体特征变化不大。地层温度 68℃。

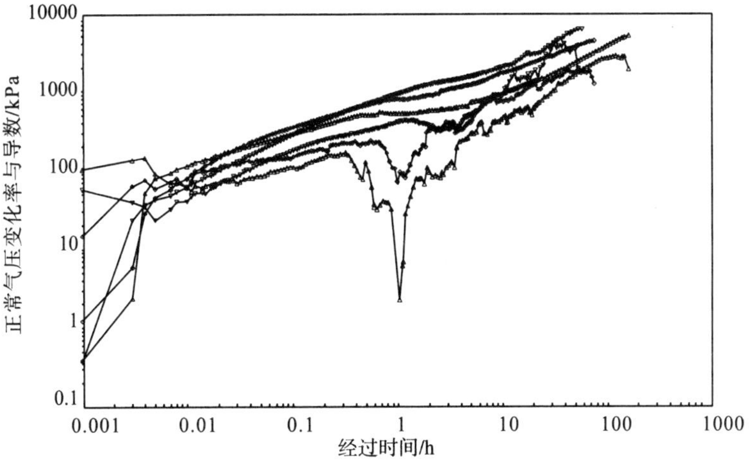

图 5-1　联泼 2-15 井历年双对数曲线对比图

联泼 2-15 井 1987 年投产，投产井别为采油井，生产层分别有 1 号层(NmⅢ3-2)、2 号层(NmⅢ4-1)、3 号(NmⅢ4-2)和 4 号(NmⅢ4-2)四层，生产井段为：1287.3～

1322.5 m。截至 2000 年 10 月累计产油 5.8×10^4 t，累计产水 60.17×10^4 t，累计产气 0.0587×10^4 m^3。2000 年 11 月转为注水井；2007 年 6 月～2008 年 2 月实施了注聚；2008 年 2 月至今又对 1、2 号层实施注水。

联浅 2-15 井目前共进行过 4 井/次的压降测试，测试曲线如图 5-1 所示。本课题对上述 4 次压降测试资料进行了解释，并预测了地层参数分布模式。

从历年试井测试资料来看，联浅 2-15 井投产时间较长，双对数曲线已经不属于均质油藏模式，但注聚后，双对数曲线形态发生明显变化，压力曲线明显升高，压力导数曲线出现上翘趋势，且随着时间的推移，上翘时机逐渐变晚，表明聚合物段塞逐渐向油井推进(图 5-2)。

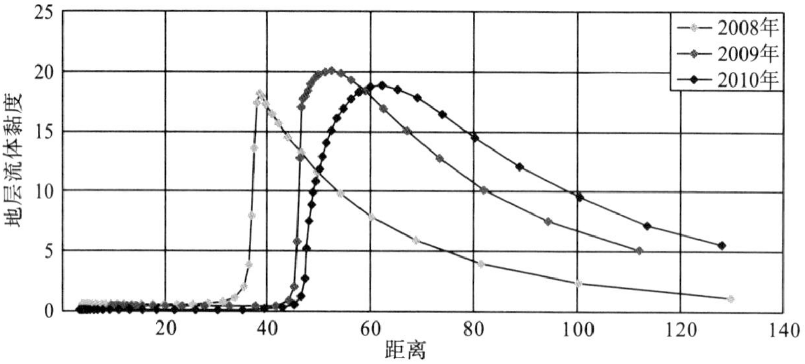

图 5-2　联浅 2-15 井聚合物带推进反演图

从联浅 2-15 井聚合物段塞段推进预测图可以看出，2008 年聚合物段塞大约在距联浅 2-15 井井筒 37 m 处，2009 年推进到 45 m 处，2010 年推进到 55 m 处。从推进速度来看，目前聚合物段塞推进速度过快，势必影响最终的开采效果。

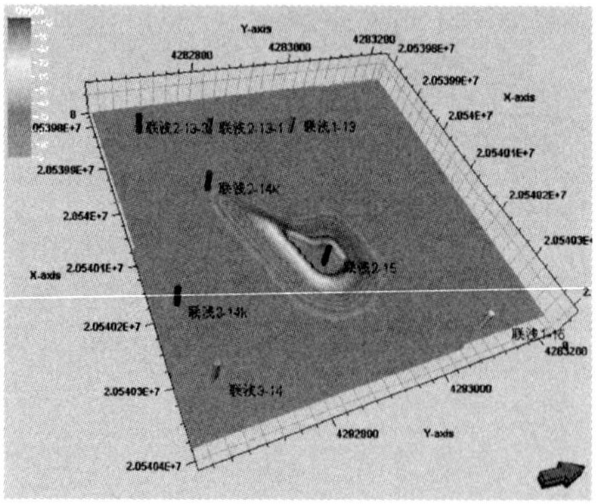

图 5-3　2008 年联浅 2-15 井反演成果

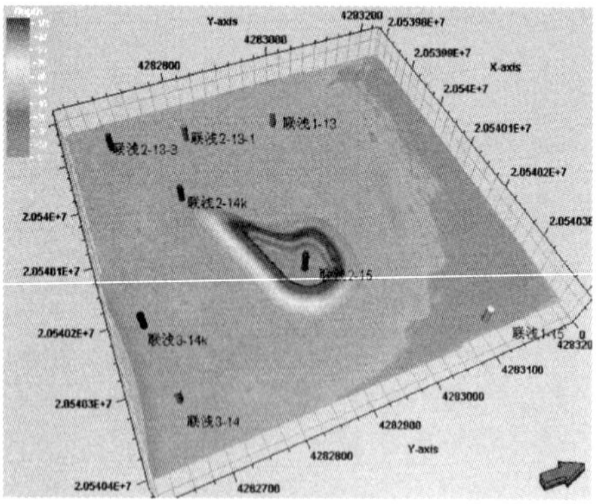

图 5-4　2009 年联浅 2-15 井反演成果

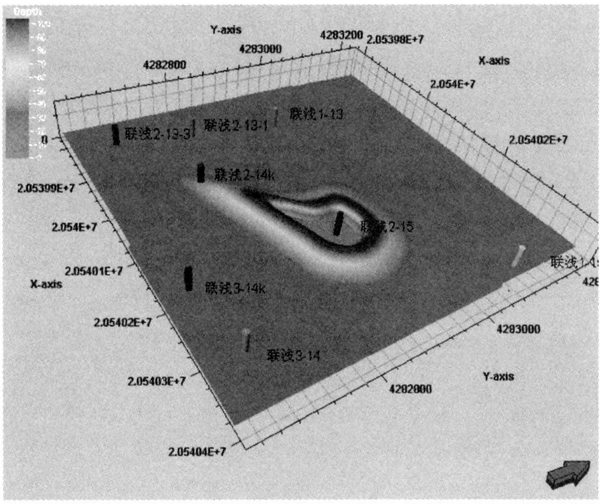

图 5-5　2010 年联浅 2-15 井反演成果

第二节　渗流力学在确定低渗透油藏极限技术可采井距中的应用

一、直井、压裂井、水平井、缝网压裂水平井地层压力分布函数

顶底封闭油藏直井无因次井底压力响应拉氏解为

$$\overline{P}_D=\frac{1}{2u}\int_{-1}^{1}K_0(\sqrt{u}\ \sqrt{x_D^2+y_D^2})\mathrm{d}\alpha \tag{5-16}$$

压裂井井底压力响应函数拉氏解为

$$\overline{P}_D(x_D,y_D)=\frac{1}{2u}\int_{-1}^{1}K_0[\sqrt{u}\ \sqrt{(x_D-\alpha)^2+y_D^2}]\mathrm{d}\alpha \tag{5-17}$$

水平井地层压力响应函数拉氏解为

$$\begin{aligned}\overline{P}_D=&\frac{1}{2u}\int_{-1}^{1}K_0[\sqrt{(x_D-\alpha)^2+y_D^2}\ \sqrt{u}]\mathrm{d}\alpha+\frac{1}{u}\sum_{n=1}^{n=\infty}\cos(n\pi z_D)\cos(n\pi z_{wD})\\&\int_{-1}^{1}K_0\left[\sqrt{(x_D-\alpha)^2+y_D^2}\ \sqrt{u+\frac{n^2\pi^2}{Z_{eD}^2}}\right]\mathrm{d}\alpha\end{aligned} \tag{5-18}$$

对水平井地层压力计算公式进行 y 方向积分可以得到缝网压裂水平井井底压力响应函数拉氏解为

$$\begin{aligned}\overline{P}_D=&\frac{1}{2u\sqrt{u}}\left[\pi-\frac{1-K_{i2}(2\sqrt{u})}{\sqrt{u}}\right]\\&+\frac{1}{u}\sum_{n=1}^{\infty}\frac{\cos n\pi z_D\cos n\pi z_{wD}}{\sqrt{u+n^2\pi^2L_D^2}}\left[\pi-\frac{1-K_{i2}(2\sqrt{u+n^2\pi^2L_D^2})}{\sqrt{u+n^2\pi^2L_D^2}}\right]\end{aligned} \tag{5-19}$$

利用计算机程序语言编制了顶底封闭油藏直井井底压力响应函数的计算模型，绘制了无限大地层压力分布平面图和剖面图。从图 5-6～图 5-13 可以看出，直井地层压力呈径

向分布，压降主要发生在井底 10 m 范围内，压裂井地层压力呈椭圆分布，在相同产量条件下，压降幅度比直井相对要平缓。水平井地层压力近井地带呈椭圆分布，远井地带呈径向分布，压降主要发生在井底 50 m 范围内，压裂水平地层压力近井地带呈似椭圆分布，远井地层呈径向分布。利用前面建立的直井、压裂井、水平井、缝网压裂井的地层压力计算公式，结合势的叠加理论，可以论证水平井和缝网压裂井的有效驱替压力系统问题。

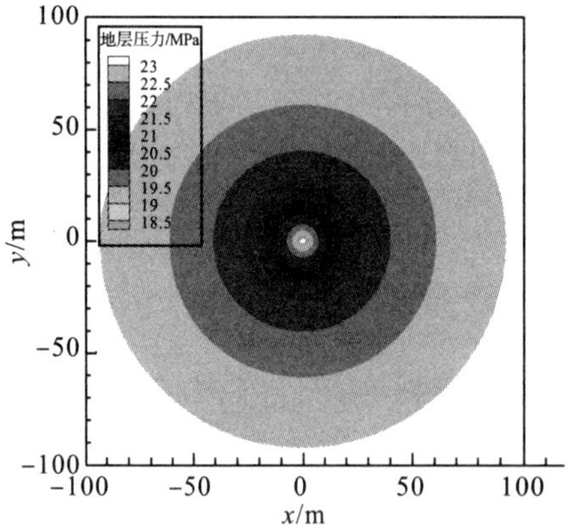

图 5-6 直井附近地层压力分布规律平面图

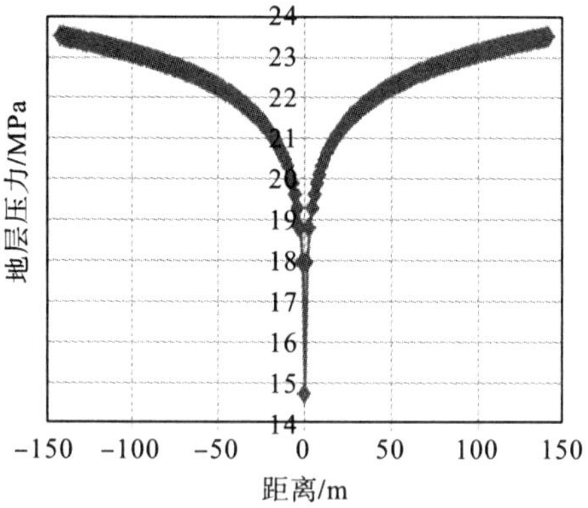

图 5-7 直井附近地层压力分布规律剖面图

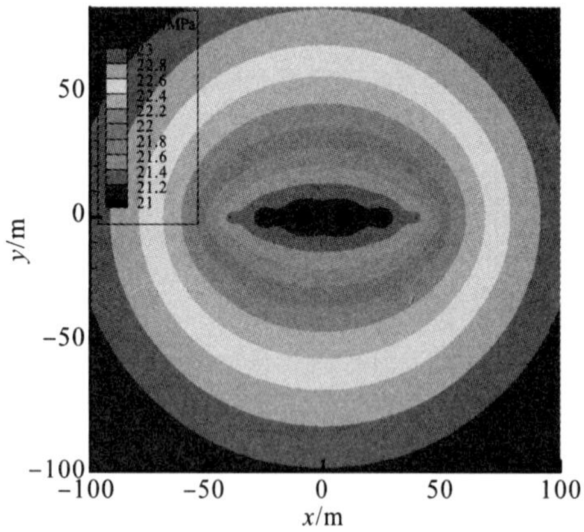

图 5-8 压裂井附近地层压力分布规律平面图

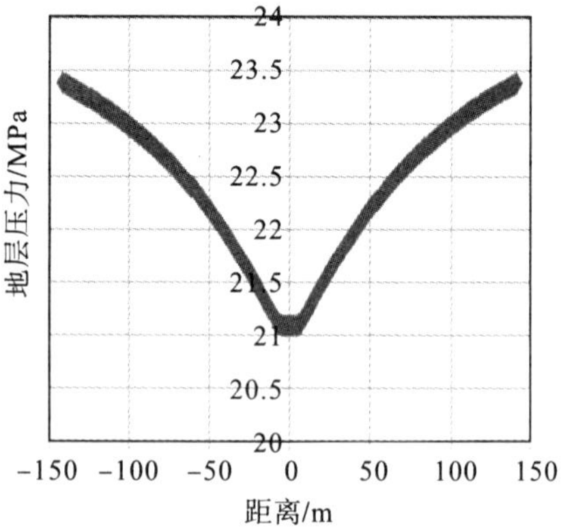

图 5-9 压裂井附近地层压力分布规律剖面图

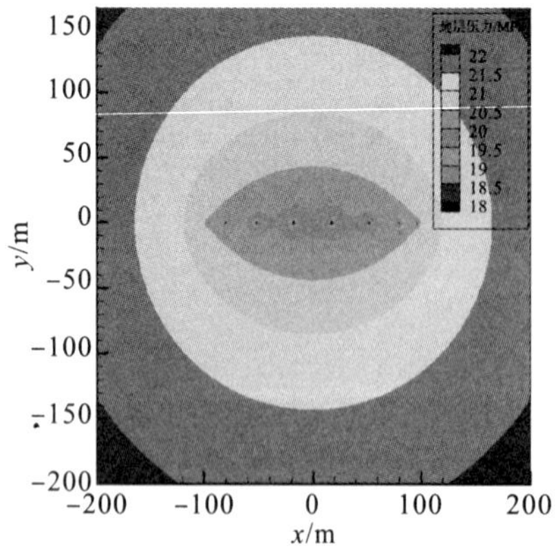

图 5-10 水平井附近地层压力分布规律平面图

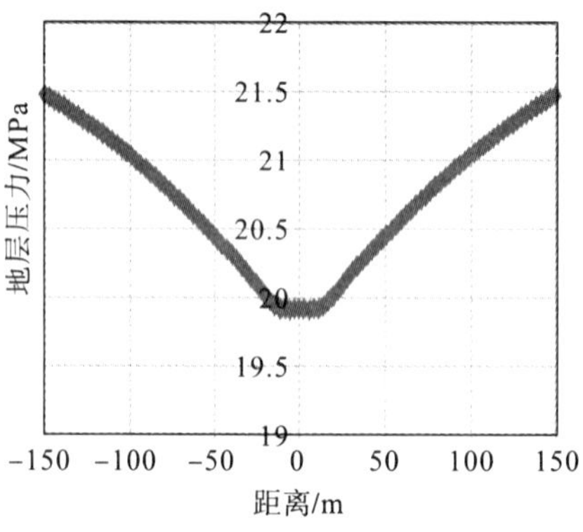

图 5-11 水平井附近地层压力分布规律剖面图

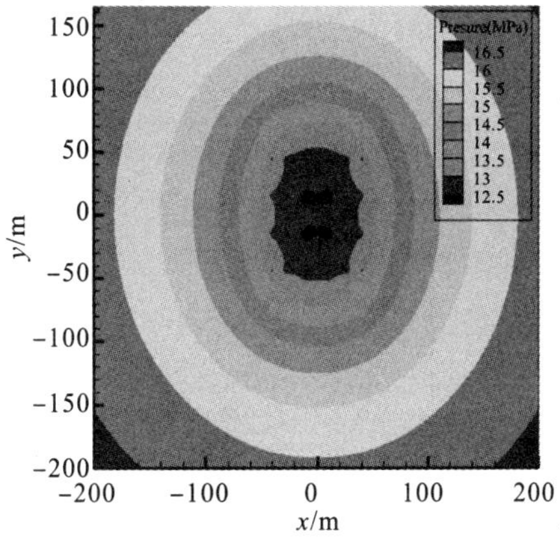

图 5-12 缝网压裂水平井附近地层压力分布平面图

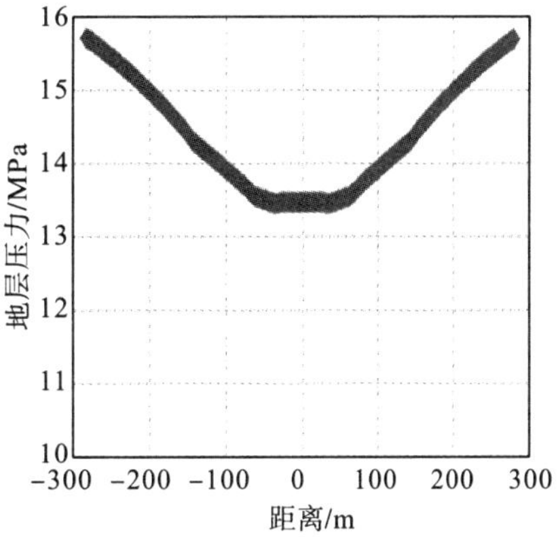

图 5-13 缝网压裂水平井附近地层压力分布剖面图

二、直井、压裂井、水平井、缝网压裂水平井有效压力驱替系统论证

利用前人研究成果，肇源南油田的平均渗透率为 1.2 mD，启动压力梯度为 0.05 MPa/m（图 5-14、图 5-15）。工区启动压力梯度与渗透率的关系为

$$\frac{\mathrm{d}P}{\mathrm{d}r} = 0.0624K_o^{-0.2632} \tag{5-20}$$

肇源南油田的平均渗透率为 1.2 mD，启动压力梯度为 0.05 MPa/m。

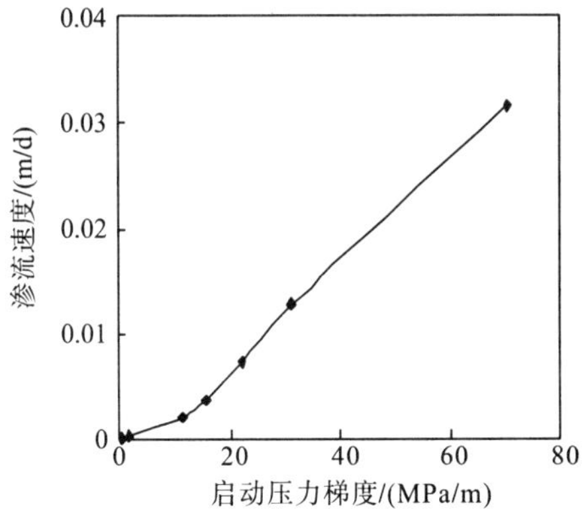

图 5-14 15-9 岩心水测渗流曲线

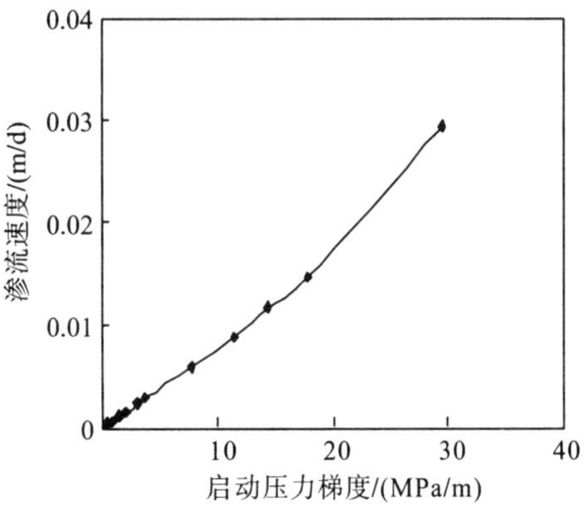

图 5-15 15-7 岩心水测渗流曲线

根据前面的地层压力分布函数，利用势的叠加理论，编制了直井-压裂井、压裂井-压裂井地层压力分布计算函数，绘制了直井-压裂井、压裂井-压裂井的流线图、地层压力平面分布图和剖面图，获得不同井距与启动压力梯度的关系，结合工区现有的启动压力梯度与渗透率的关系，可以获得不同井型、不同渗透率情况下的合理井距问题（图 5-16～图 5-25）。

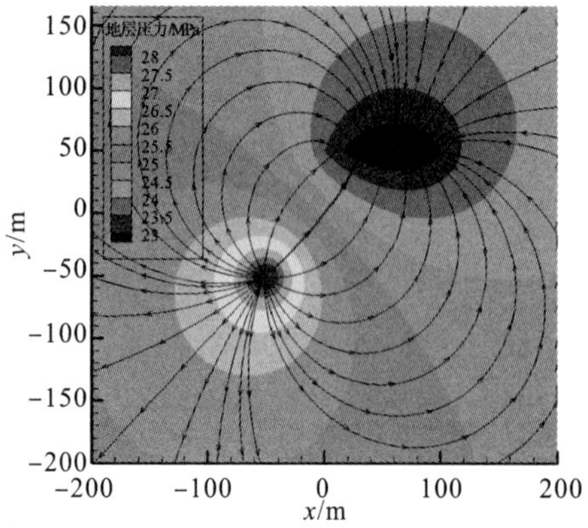

图 5-16　压裂井一直井联布地层压力分布规律平面图

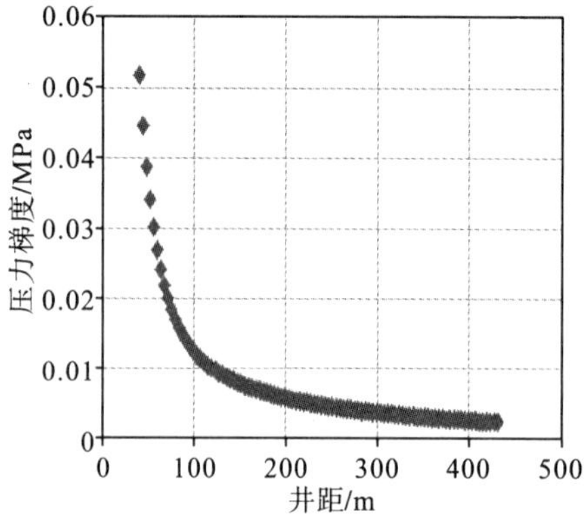

图 5-17　直井一压裂井联布地层压力梯度与井半距

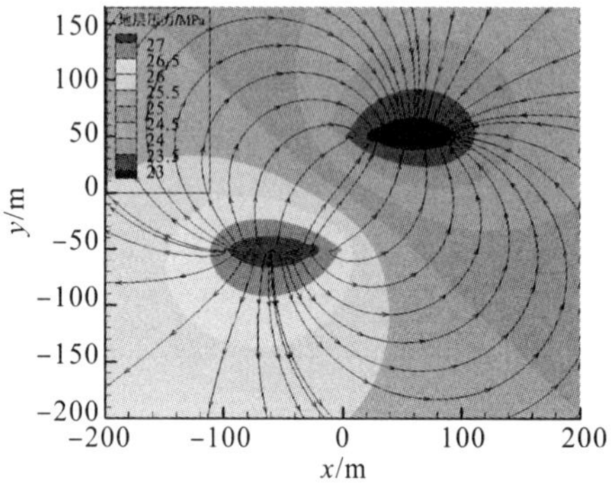

图 5-18　压裂井联布地层压力分布规律平面图

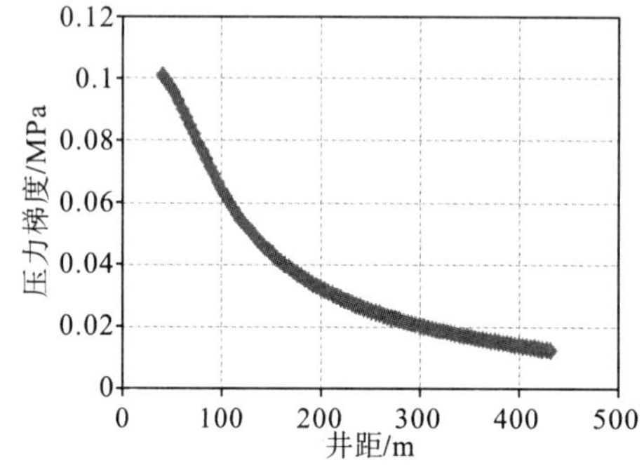

图 5-19　压裂井地层压力梯度与井半距关系

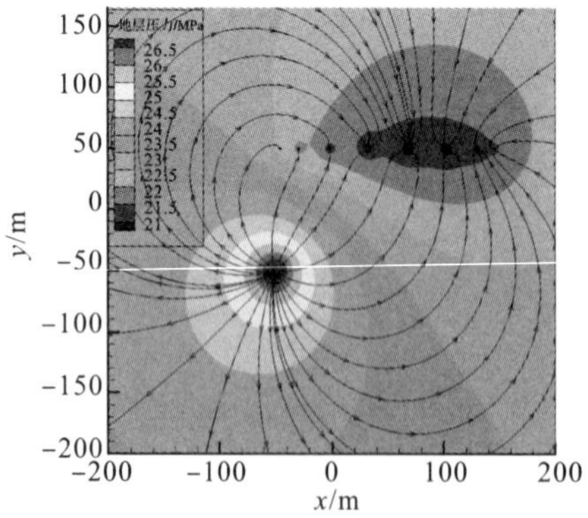

图 5-20　直井一水平井联布地层压力分布规律平面图

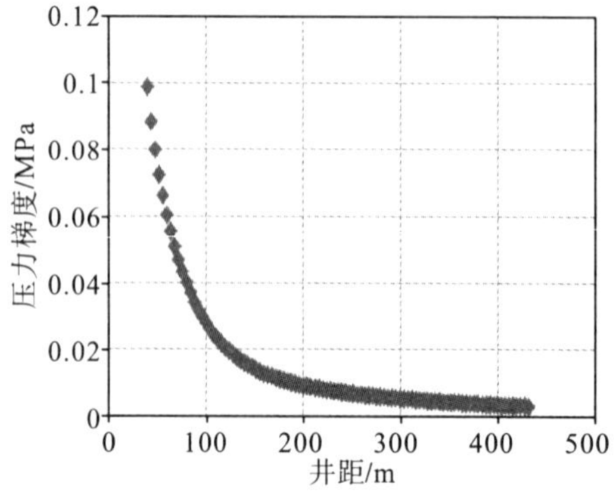

图 5-21　直井一水平井地层压力梯度与井半距关系

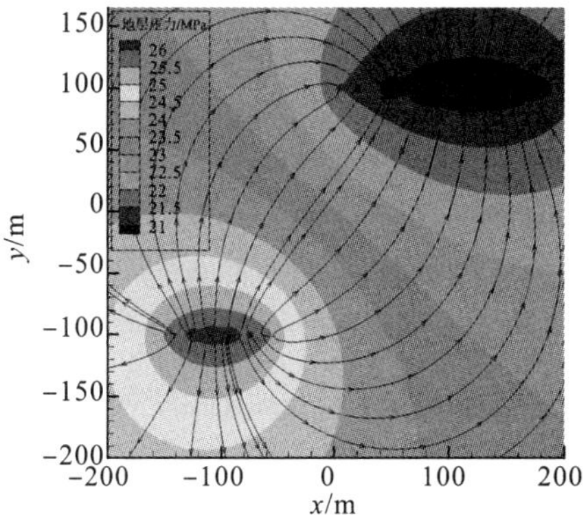

图 5-22　压裂井－水平井联布地层压力分布规律平面图

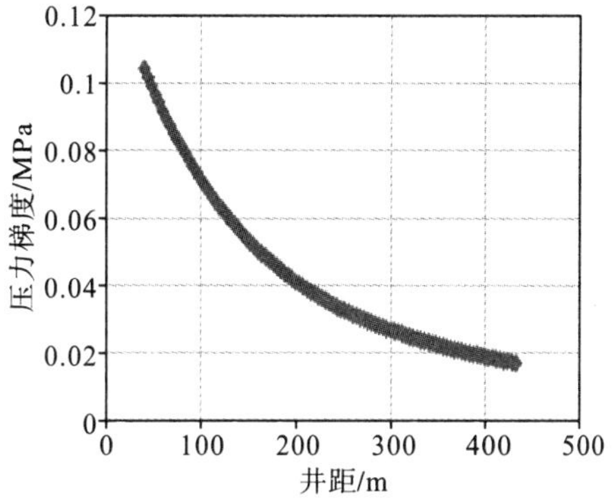

图 5-23　裂井－水平井地层压力梯度与井半距关系

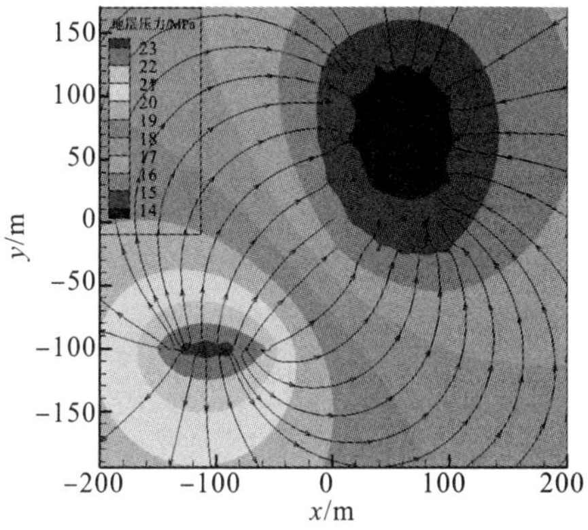

图 5-24　压裂井－缝网压裂水平井地层压力分布平面图

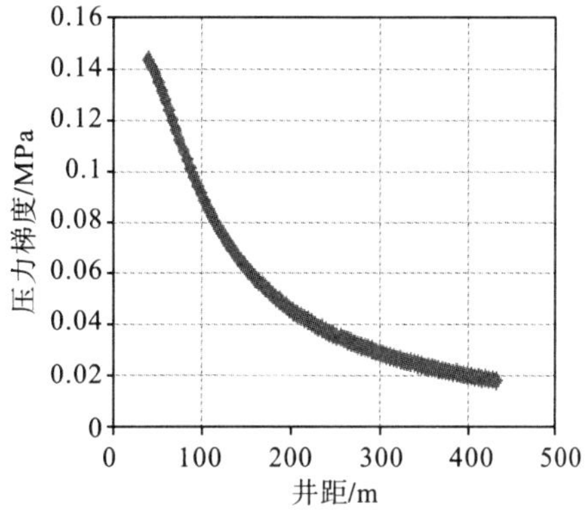

图 5-25　压裂井－缝网压裂水平井地层压力梯度与井距关系

结合工区的启动压力梯度在 0.05 MPa/m 的研究成果，确定了直井的极限井距为 45 m，压裂井的极限井距为 120 m。直井－水平井的极限井距为 80 m，压裂井－水平井的极限井距为 140 m，水平井的极限井距为 170 m，压裂井－缝网压裂水平井的极限井距为 190 m。

第三节　渗流力学在低渗透油藏超前注水关键参数优化中的应用

一、低渗透油藏渗流数学模型

当流动存在启动压力梯度影响时，由质量守恒定律、状态方程、运到方程等可推导出如下的描述低渗透均质油藏定产量生产井的不稳定试井解释模型：

基本方程：

$$\frac{1}{r_{De}}\frac{\partial}{\partial r_{De}}\left[r_{De}\frac{\partial p_D}{\partial r_{De}}\right]+\frac{1}{r_{De}}\lambda_{BD}\mathrm{e}^{-S}=\frac{\partial p_D}{\partial t_{De}} \tag{5-21}$$

初始条件：

$$p_D(r_{De},t_{De}=0)=0 \tag{5-22}$$

内边界条件：

$$\begin{cases} C_{De}\dfrac{\mathrm{d}p_{WD}}{\mathrm{d}t_{De}}-\left.\dfrac{\partial p_D}{\partial r_{De}}\right|_{r_{De}=1}=1+\lambda_{BD}\mathrm{e}^{-S} \\ p_{WD}=p_D(r_{De}=1) \end{cases} \tag{5-23}$$

外边界条件(封闭地层)：

$$\left.\frac{\partial p_D}{\partial r_{De}}\right|_{r_{De}=R_{De}}=0 \tag{5-24}$$

式中，p_D、p_{WD}——无因次拟压力、井底无因次拟压力；$p_D=\dfrac{kh}{1.842\times10^{-3}q_o\mu_oB_o}\Delta p$；$t_{De}$——无因次时间；$t_{De}=t_D\mathrm{e}^{2S}=\dfrac{3.6kt}{\varphi\mu C_tr_w^2}\mathrm{e}^{2S}$；$r_{De}$——无因次距离；$r_{De}=r_D\mathrm{e}^S=\dfrac{r}{r_{we}}=\dfrac{r}{r_w\mathrm{e}^{-S}}$；$C_{De}$——无因次井筒储存常数；$C_{De}=C_D\mathrm{e}^{2S}=\dfrac{0.159C}{\varphi hC_tr_w^2}\mathrm{e}^{2S}$；$\lambda_{BD}$——无因次启动拟压力梯度；$\lambda_{BD}=\dfrac{khr_w}{0.01273Tq_g}\lambda_B$；$S$——表皮系数；$r_F$、$R$——流动边界及外边界半径，m；$r_w$——井半径，m；$C$——井筒储存常数，$\mathrm{m^3/MPa}$；$h$——地层厚度，m；$k$——地层渗透率，$10^{-3}\ \mu\mathrm{m}^2$；$T$——地层温度，K；$q_g$——气井产量，$10^4\ \mathrm{m^3/d}$；$q_o$——油井产量，$\mathrm{m^3/d}$；$t$——时间，h；$\mu_g$、$Z_g$——平均地层压力下的气体黏度及偏差因子，mPa·s，无因次；μ_o、B_o——原油黏度及体积系数，mPa·s，无因次；λ——启动压力梯度，MPa/m。

通过拉普拉斯变换和格林函数方法可求解上述方程，具体求解结果如下：

$$\overline{p}_D=bE(r_{De})+H(r_{De})+\int_1^{R_{De}}G(r_{De},\tau)\mathrm{d}\tau \tag{5-25}$$

$$E(r_{De})=\frac{I_0(\sqrt{g/C_{De}}r_{De})K_1(\sqrt{g/C_{De}}R_{De})+K_0(\sqrt{g/C_{De}}r_{De})I_1(\sqrt{g/C_{De}}R_{De})}{I_1(\sqrt{g/C_{De}}R_{De})} \tag{5-26}$$

$$H(r_{De})=\frac{cI_0(\sqrt{g/C_{De}}r_{De})}{I_1(\sqrt{g/C_{De}}R_{De})} \tag{5-27}$$

$$c=\frac{\lambda_{BD}\mathrm{e}^{-S}}{g}K_1(R_{De}\sqrt{g/C_{De}})\int_1^{R_{De}}I_0(\tau\sqrt{g/C_{De}})\mathrm{d}\tau \tag{5-28}$$

$$b=\frac{\dfrac{1}{g}+\dfrac{\lambda_{BD}\mathrm{e}^{-S}}{g}-gH(r_{De}=1)+gd+M(r_{De}=1)+e}{[\sqrt{g/C_{De}}F(r_{De}=1)+gE(r_{De}=1)]} \tag{5-29}$$

$$F(r_{De})=\frac{-I_1(\sqrt{g/C_{De}}r_{De})K_1(\sqrt{g/C_{De}}R_{De})+K_1(\sqrt{g/C_{De}}r_{De})I_1(\sqrt{g/C_{De}}R_{De})}{I_1(\sqrt{g/C_{De}}R_{De})} \tag{5-30}$$

$$M(r_{De})=\frac{c\sqrt{g/C_{De}}I_1(\sqrt{g/C_{De}}r_{De})}{I_1(\sqrt{g/C_{De}}R_{De})} \tag{5-31}$$

$$d=\frac{\lambda_{BD}\mathrm{e}^{-S}}{g}I_0(\sqrt{g/C_{De}})\int_1^{R_{De}}K_0(\tau\sqrt{g/C_{De}})\mathrm{d}\tau \tag{5-32}$$

$$e = \frac{\lambda_{BD}}{g}\sqrt{g/C_{De}}I_1(\sqrt{g/C_{De}})\int_1^{R_{De}}K_0(\tau\sqrt{g/C_{De}})d\tau \tag{5-33}$$

在式(5-25)中取 $r_{De} = 1$，得井底无因次拟压力解为

$$\bar{p}_{WD} = bE(r_{De} = 1) + H(r_{De} = 1) + d \tag{5-34}$$

前面的无因次井底压力为拉普拉斯空间中的解，采用 Stehfest 算法将拉普拉斯空间解转换成实空间解，其求解基本思想如下：

$$p_{WD}(t_D) = \frac{\ln 2}{t_D}\sum_{i=1}^{N}V_i\bar{p}_{WD}(u_i) \tag{5-35}$$

式中，$u_i = \frac{\ln 2}{t_D} \times i$

$$V_i = (-1)^{\frac{N}{2}+i}\sum_{K=\left[\frac{i+1}{2}\right]}^{\min\left\{\frac{N}{2},i\right\}}\frac{K^{\frac{N}{2}+1}(2K)!}{\left(\frac{N}{2}-K\right)!(K!)^2(i-K)!(2K-i)!}$$

一般 N 取 6 或 8。

二、低渗透油藏超前注水和投产阶段地层压力分布

根据前面的低渗透油藏渗流数学模型，提取了高 45-16 井区的注水井单井控制面积、注水井控制半价、射孔厚度、孔隙度、渗透率等参数。从图中(图 5-26～图 5-30)可以看出：注水井单井控制面积在 $4.0 \times 10^4 \sim 4.5 \times 10^4$ m³，平均 4.3×10^4 m³；注水井单井控制半径在 114～121 m，平均 119 m；射孔厚度在 5～25 m，平均 15 m；孔隙度在 0.11～0.15，平均 0.125；渗透率在 1.0～9.0 mD，平均 3.0 mD。

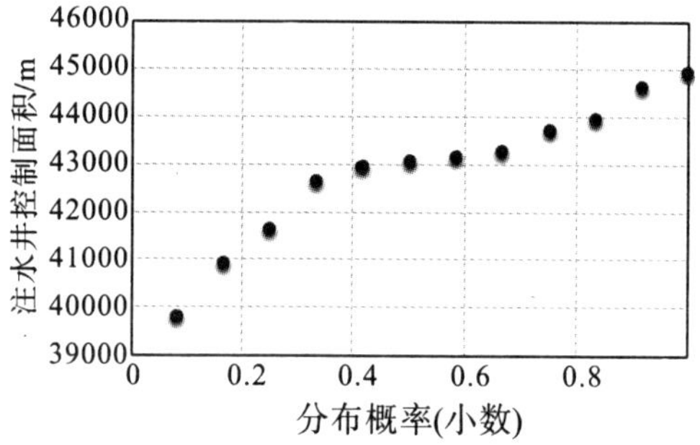

图 5-26　注水井控制面积概率分布图

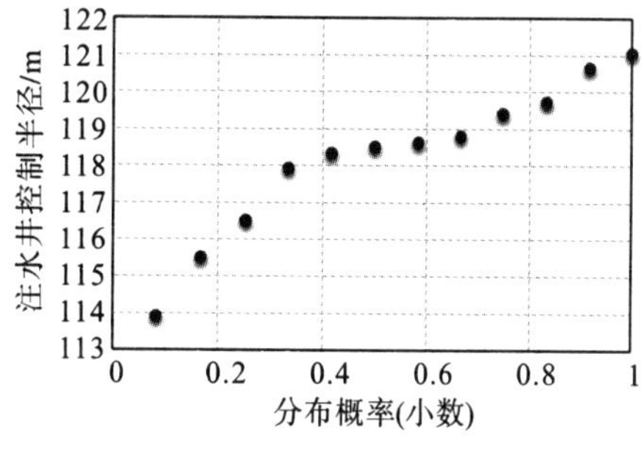

图 5-27　注水井控制半径分布概率图

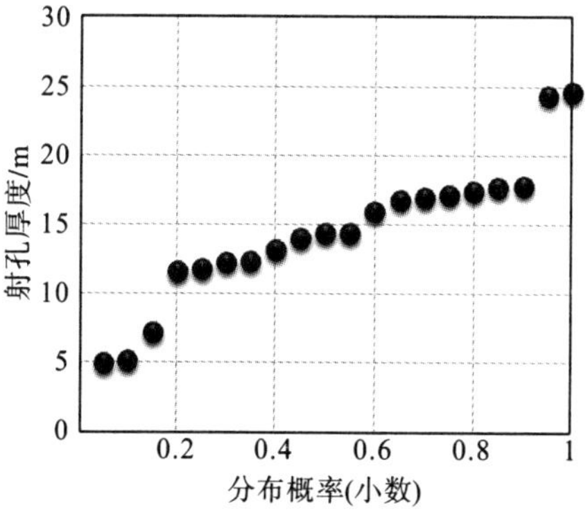

图 5-28　射孔厚度分布概率图

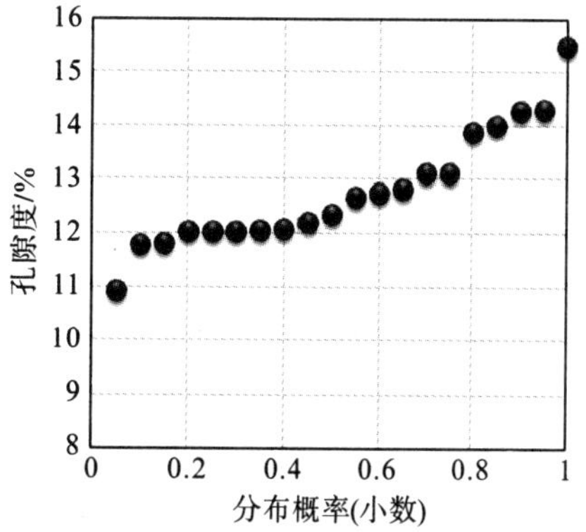

图 5-29　孔隙度分布概率图

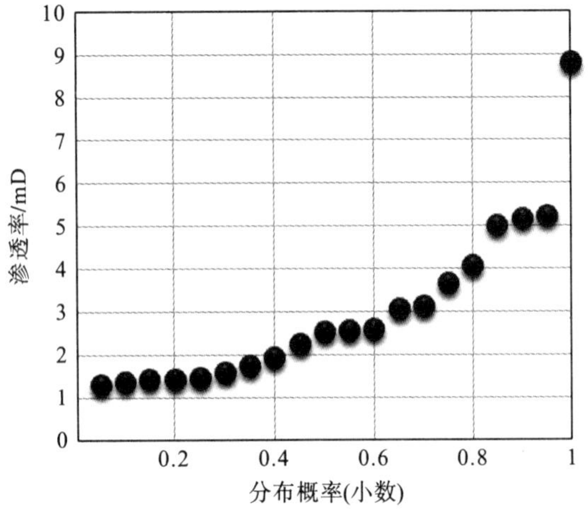

图 5-30 渗透率分布概率图

将上述参数代入低渗透油藏渗流数学模型，可以获得在现有排状井网条件下的超前注水期、目前注采条件下的地层压力分布图。其中注水井分为直井和压裂井，油井为压裂井，注水井日注水量 20 m^3/d，油井日产油量 15 m^3/d；从超前注水地层压力分布图可以看出，注水井为压裂井的情形下，地层压力上升幅度更明显。

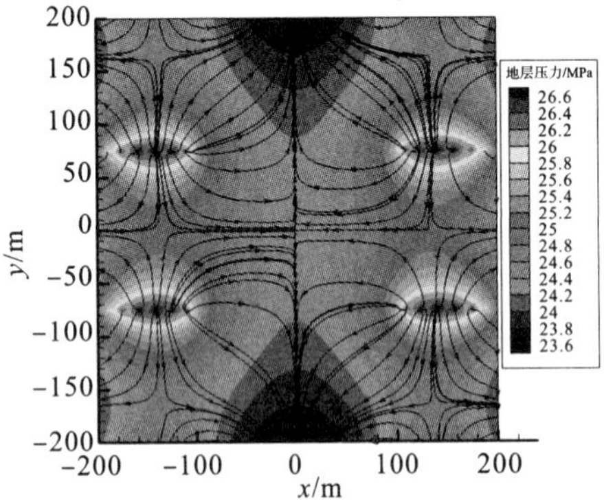

图 5-31 超前注水地层压力分布(注水井压裂)

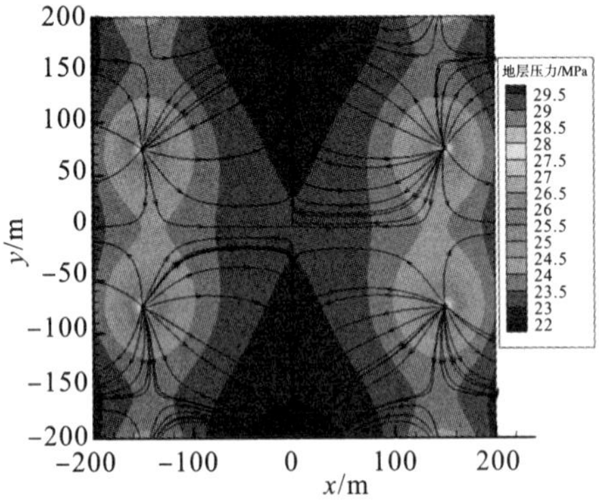

图 5-32 超前注水地层压力分布

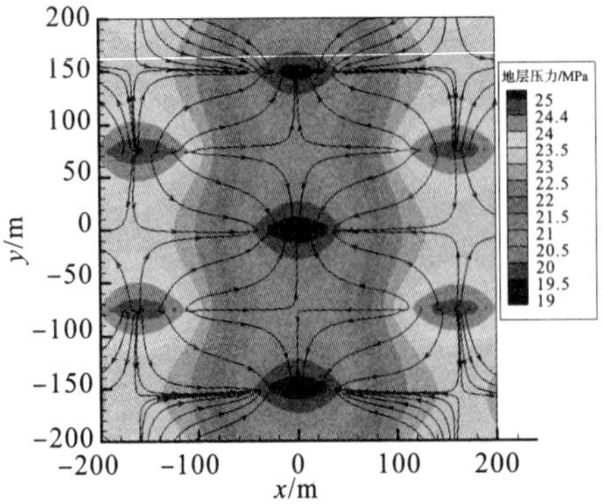

图 5-33 投产后地层压力分布(注水井压裂)

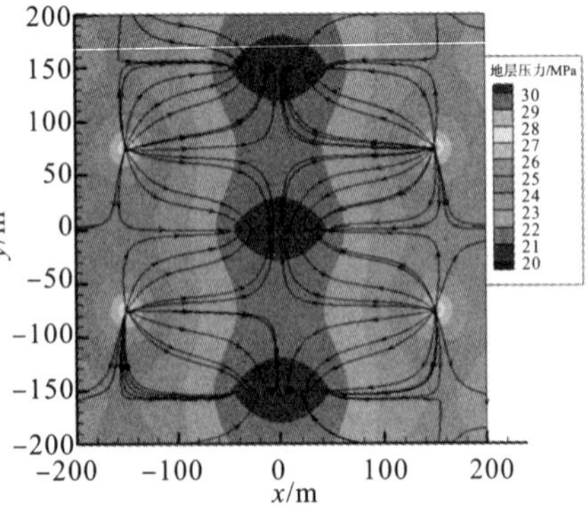

图 5-34 投产后地层压力分布

三、低渗透油藏超前注水关键参数优化

根据地层压力分布图，可以绘制现有注采井网条件下的地层压力梯度分布图(图 5-35)。结合工区地层压力梯度 0.05 MPa/m 的测试结果，可以落实低于启动压力梯度的非动用区大小。设计了 60 m^3、600 m^3、1100 m^3、1600 m^3、2100 m^3、2700 m^3、3200 m^3、3700 m^3 八种方案，模拟不同超前注水量前提下的非动用区大小。非动用区大小与超注水量关系可以看出(图 5-36)，超注水量越大，非动用区就越小，当超注水量大于 1600 m^3 后非动用区面积减小幅度减缓，因此确定高 45-16 油藏单井超前注水量 1600 m^3，超注体积 2%pv，超前注水后压力保持水平 130%。

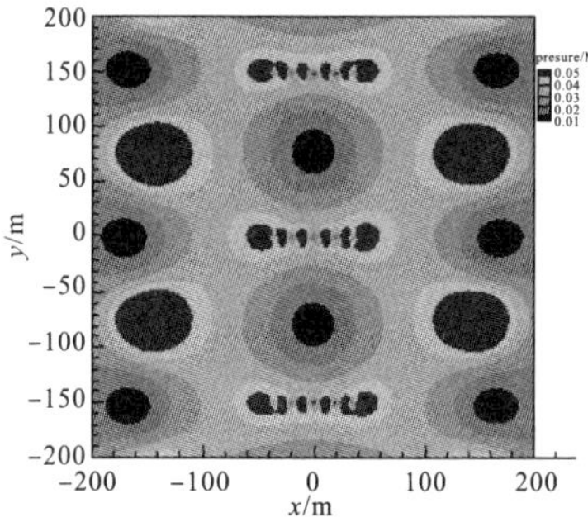

超前注水量 60 m^3

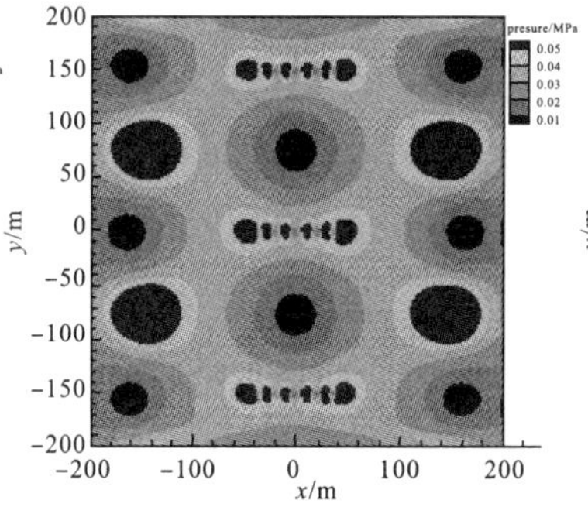

超前注水量 600 m^3

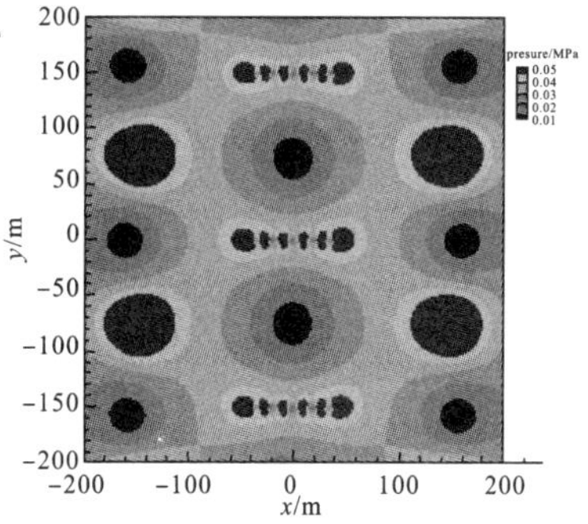

超前注水量 1100 m^3

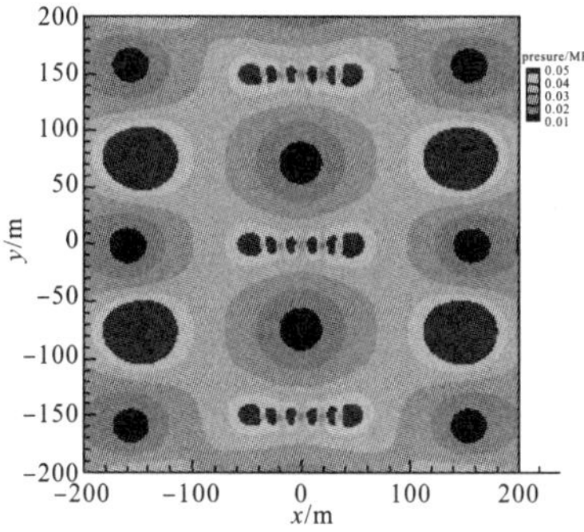

超前注水量 1600 m^3

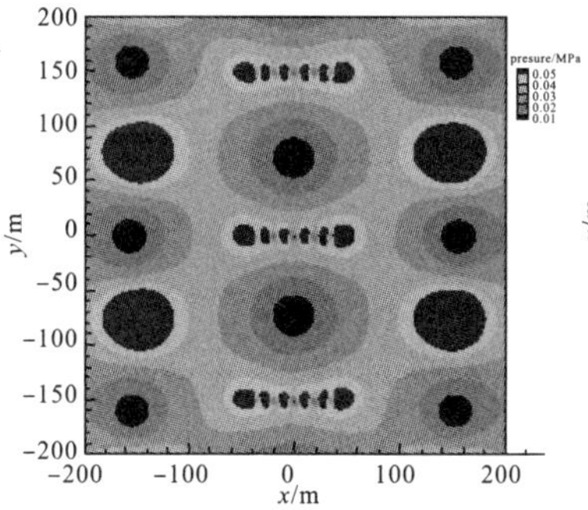

超前注水量 2100 m^3

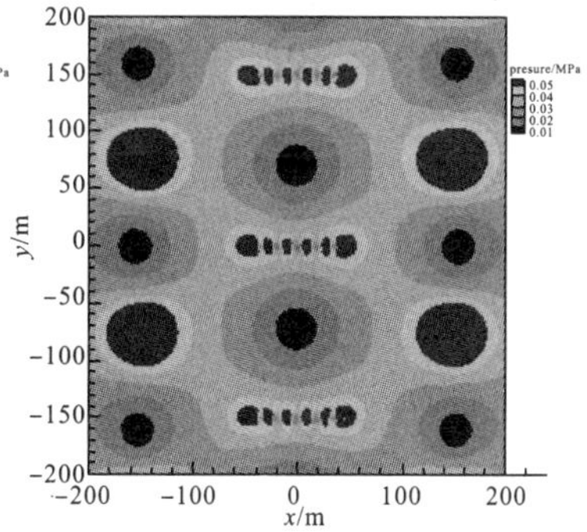

超前注水量 2700 m^3

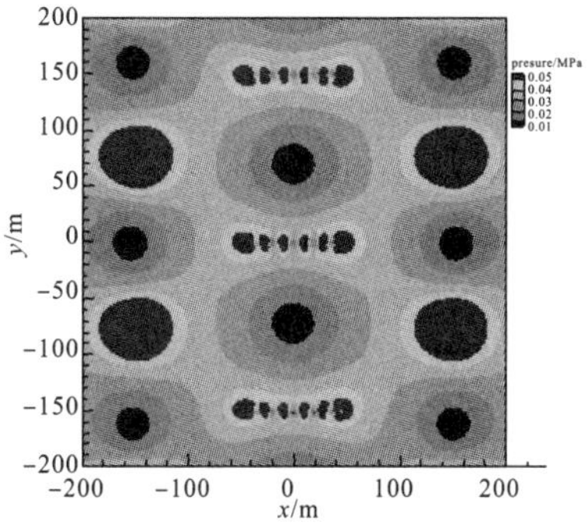

超前注水量 3200 m^3

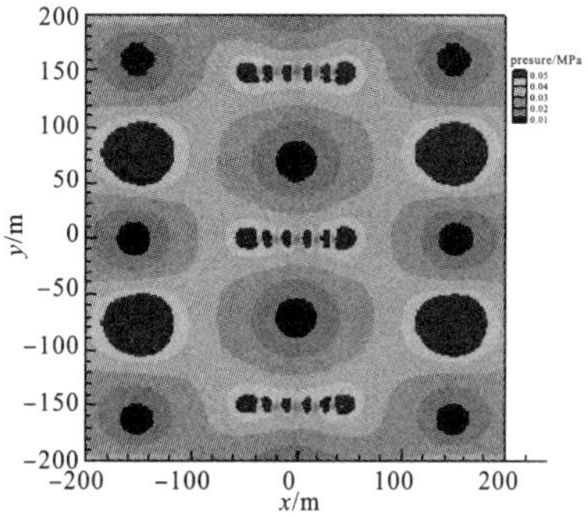

超前注水量 3700 m^3

图 5-35　不同超注水量下的地层压力梯度分布图

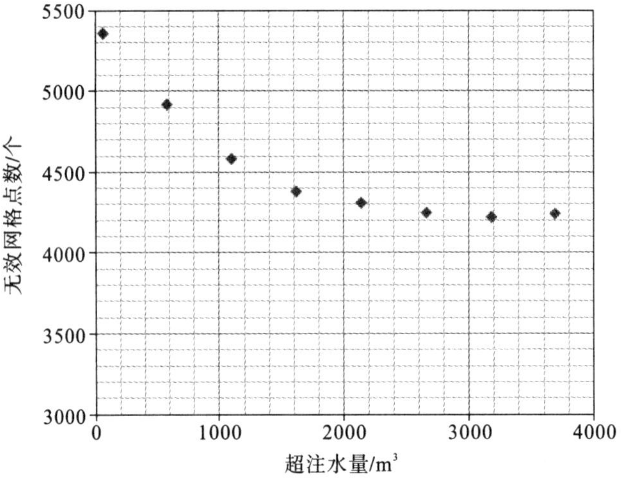

图 5-36　不同超注水量与模拟死油区网格数量关系

在落实最佳超前注水量 1600 m^3 的前提下，设计日超注水量 5 m^3/d、10 m^3/d、15 m^3/d、20 m^3/d、25 m^3/d、30 m^3/d 六种方案，计算六种方案下的非动用区大小与日超注水量的关系(图 5-37)；通过模拟可以看出(图 5-38)：日超注水量大于 25 m^3/d 后非动用区面积下降幅度减弱，因此确定高 45-16 井区合理日注水量为 20～25 m^3/d、注水强度为 1.3～1.6 m^3/(d×m)、超注时间为 60～80 天、压力恢复速度为 10%/月。

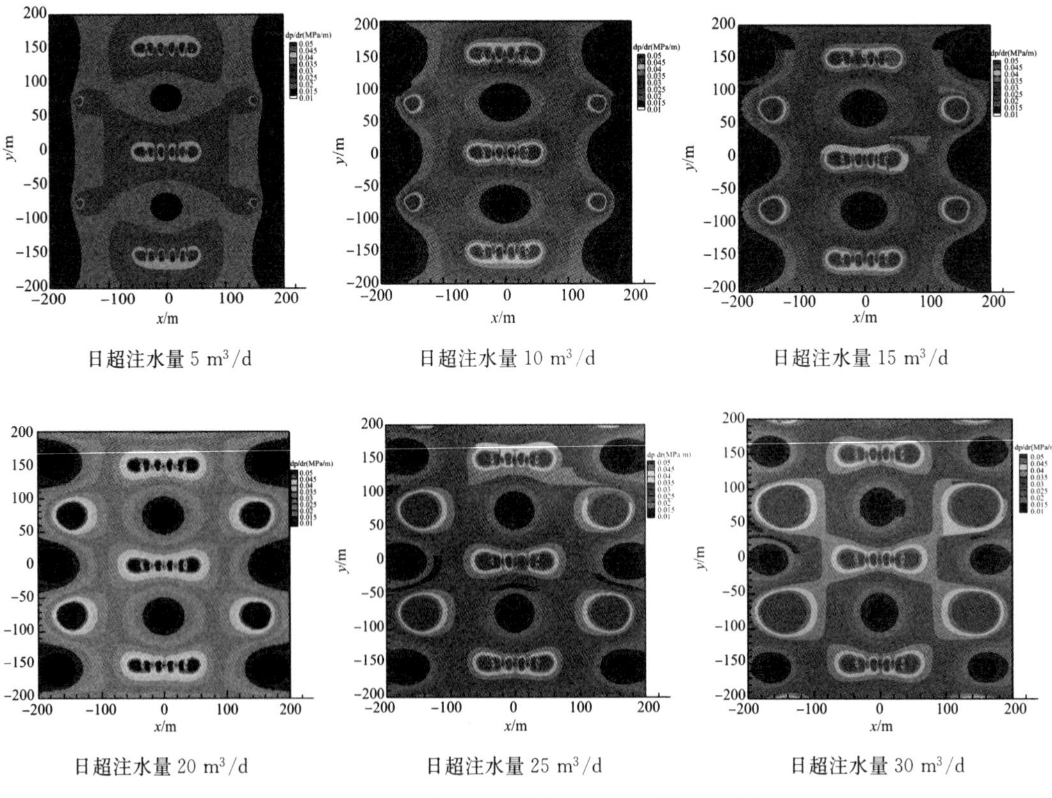

日超注水量 5 m^3/d　日超注水量 10 m^3/d　日超注水量 15 m^3/d

日超注水量 20 m^3/d　日超注水量 25 m^3/d　日超注水量 30 m^3/d

图 5-37　不同日超注水量前提下的压力梯度分布图

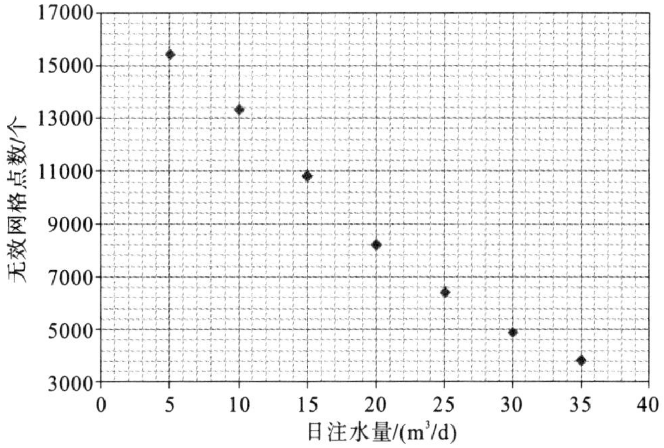

图 5-38　日超注水量与模拟死油区网格数量关系

四、应用实例

大庆油田扶杨油层属于岩性油藏，其物源主要来自北部沉积体系，以河流－三角洲沉积体系为主，河道发育规模小，平面砂体相变快，连通性差，纵向上河道砂单层厚度薄。扶杨油层岩性为含泥细砂、粉砂岩，孔隙度主要分布在 10％～16％，空气渗透率一般分布在 0.1～1.5 mD，属于低孔、特低渗油藏。通过评价控制井和扶杨油层加深井试油试采，认为扶杨油层具有一定的生产能力，但单井产能相差较大，采油强度低，产量递减较大。为扶杨油层规模化投入开发，在扶杨油层发育较好的高台子油田高 45-16 区块开展扶杨油层超前注水开发试验，落实扶杨油层超前注水开发的技术可行性，为扶杨油层大规模投入开发提供依据。

为验证扶杨油层超前注水的开发效果，利用水驱曲线预测该井区的可采储量和最终采收率，验证超前注水的最终开发效果。根据高 45-16 井区油藏流体黏度介于 3 mPa·s 和 30 mPa·s 之间，推荐使用甲型水驱特征曲线。

水驱特征曲线表达式为

$$\lg W_P = a_1 + b_1 N_P \tag{5-36}$$

累计产油量与含水率关系式为

$$N_P = \frac{1}{b_1}\left[\lg\left(\frac{0.4343}{b_1}\frac{f_{wL}}{1-f_{wL}}\right) - a_1\right] \tag{5-37}$$

可采储量和最终采收率计算结果见表 5-1 所示。

表 5-1　高 45-16 井区超前注水单井开发效果评价表

井号	地质储量 /(10^4 t)	动用地质储量 /(10^4 t)	可采储量甲型水驱 /(10^4 t)	采收率/%
GF100-16	3.70	3.70	0.90	24.32
GF102-16	2.51	2.08	0.98	39.04
GF104-16	1.63	1.34	0.87	53.37
GF106-16	3.24	2.21	0.37	11.42

续表

井号	地质储量 /(10^4 t)	动用地质储量 /(10^4 t)	可采储量甲型水驱 /(10^4 t)	采收率/%
GF110-16	2.18	2.08	0.41	18.81
GF112-S16	2.07	2.01	0.35	16.91
GF100-14	5.78	4.24	0.84	14.53
GF102-14	2.51	2.10	0.75	29.88
GF104-14	2.97	2.47	0.54	18.18
GF106-14	1.66	1.26	0.36	21.69
GF108-14	4.36	4.32	0.87	19.95
GF110-14	3.64	3.62	0.31	8.52
GF112-S14	3.11	2.65	1.15	36.98
GF100-12	2.98	2.84	0.34	11.41
GF102-12	3.56	2.78	0.08	2.25
GF104-12	1.75	1.70	0.17	9.71
GF106-12	1.72	1.58	0.40	23.26
GF108-12	0.61	0.61	0.19	31.15
GF110-S12	1.63	1.18	0.38	23.31
GF112-S12	1.92	1.92	1.05	54.69

表 5-1 统计了单井动态控制储量、投产初期日产油量等指标与单位厚度超前注水量关系(图 5-39、图 5-40)，推荐单位厚度超前注水量为 120 m^3/m，高 45-16 井区单井平均超前注水量为 1800 m^3。从目前累计产油量、采收率等指标与超前注水 PV 体积关系(图 5-41、图 5-42)，推荐超前注水 PV 体积为 2.5%。开发效果评价结果与超前注水油藏工程论证结果一致，表明了该方法的可靠性。

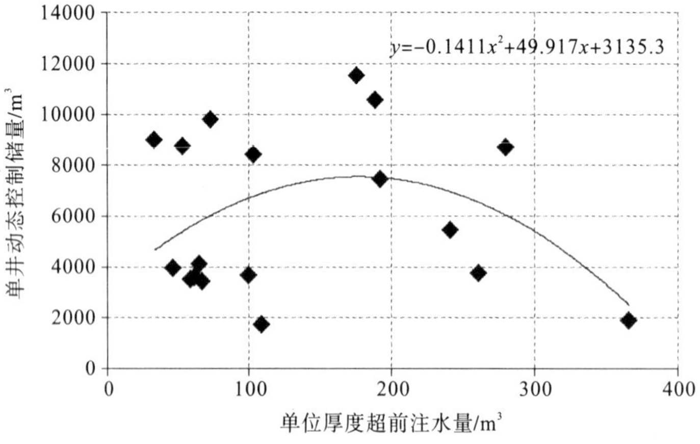

图 5-39 动态控制储量与单位厚度超注水量关系

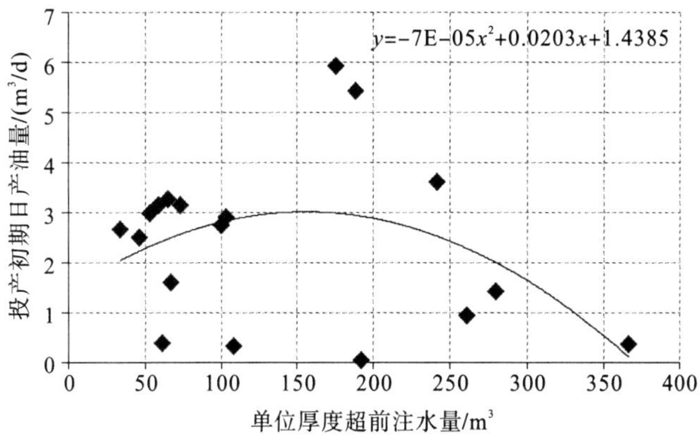

图 5-40　投产初期日产油量与单位厚度超注水量关系

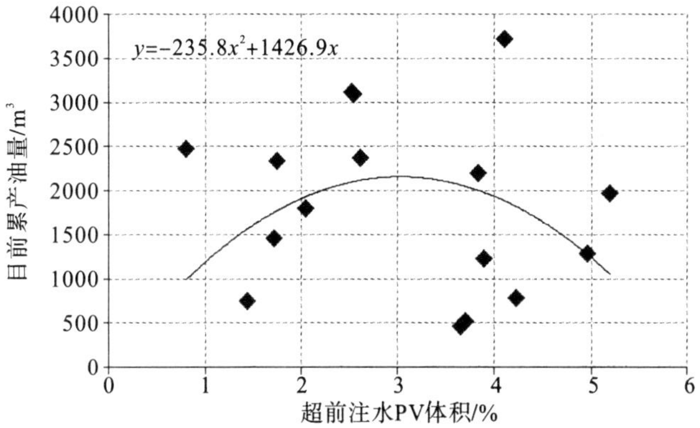

图 5-41　目前累产油量与超注体积关系

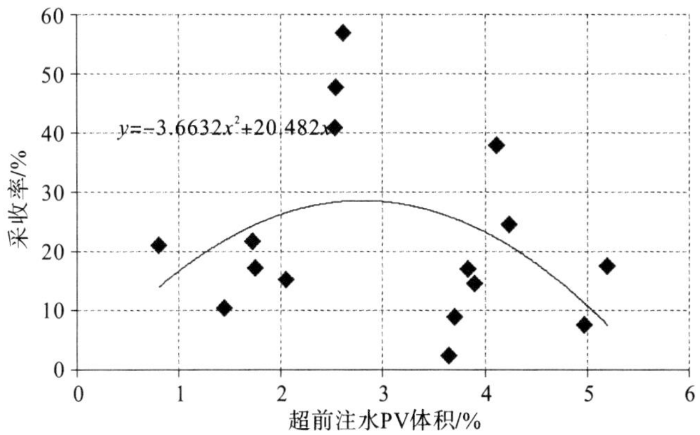

图 5-42　采收率与超注体积关系

参考文献

边凤晓. 2012. 压裂水平井试井分析模型应用研究[D]. 西安：西安石油大学.

陈博. 2014. 定边地区长82储层特征研究[D]. 西安：西安石油大学.

陈杰，周改英，赵喜亮，等. 2005. 储层岩石孔隙结构特征研究方法综述[J]. 特种油气藏，12(4)：11－14.

陈军斌. 2009. 低渗透油藏非线性多因素影响的渗流机理及数值模拟研究[D]. 西安：西安石油大学.

成绥民. 2004. 低渗透油藏非达西流动试井分析方法[D]. 西安：西安石油大学.

邓平平. 2014. 基于格子Boltzmann方法的二维多孔介质渗流研究[D]. 大连：大连理工大学.

邓元洲，宋军政，李鹂，等. 2014. 地层流动系数场动态监测技术研究及应用[J]. 钻采工艺，37(4)：51－53.

丁克文，王洋，马时刚，等. 2012. 一种快速分析酸压井净压力曲线的方法[J]. 天然气勘探与开发，35(3)：49－52

方小洪. 2006. 储层参数平面上的预测和空间展布——以克里金估计技术和径向基函数为例[D]. 成都：成都理工大学.

宫平志，董伟，霍庆国，等. 2012. 渗透油藏压裂井试井解释数学模型[J]. 重庆科技学院学报(自然科学版)，14(6)：46－49.

宫平志. 2013. 煤层气非稳态扩散不稳定渗流规律研究成都[D]. 成都：成都理工大学.

韩道明. 2011. 靖边气田水平井动态分析技术研究[D]. 西安：西安石油大学.

李成全. 2006. 煤体结构及渗流特性的核磁共振成像实验研究[D]. 阜新：辽宁工程技术大学.

李成勇，刘启国，张燃，等. 2006. 三重介质油藏水平井试井解释模型研究[J]. 西南石油学院学报，28(4)：32－35.

李成勇，张烈辉，张燃，等. 2007. 边水气藏水平井压力动态点源解的计算方法[J]. 天然气工业，27(7)：89－91.

李成勇. 2005. 格林函数与源函数方法在试井分析中的应用研究[D]. 成都：西南石油大学.

李峰进. 2012. 水平井试井解释在大牛地气田的应用[J]. 科技传播，12：175－176.

李宏远，唐海，吕栋梁，等. 2013. 基于COMSOL软件的岩心窜流系数研究[J]. 石油化工应用，32(11)：9－11，15.

李晓平. 2007. 地下油气渗流力学[M]. 北京：石油工业出版社.

李志伟. 2015. 低渗透煤层气注热开采及其渗透规律研究[D]. 太原：太原理工大学.

蔺景德. 2012. 煤层气井产能分析的数值模拟研究[D]. 东营：中国石油大学(华东).

刘承杰. 2011. 复杂流体边界油藏注水井井底压力响应特征研究[J]. 钻采工艺，34(1)：36－38.

刘红岐，刘诗琼，刘静. 2012. 复杂致密储层裂缝特征研究[J]. 西南石油大学学报(自然科学版)，34(4)：62－67.

刘俊丽，刘曰武，黄延章. 2015. 渗流力学的回顾与展望[J]. 力学与实践，30(1)：94－97.

刘启国，唐伏平，冯国庆，等. 2007. 开关井不同程度应力敏感效应对井底压力动态的影响[J]. 石油与天然气地质，28(4)：523－527.

罗莹莹. 2007. 双扩散对流系统中小尺度现象的数值研究[D]. 广州：中山大学.

骆瑛，何鹏，唐韵，等. 2012. 评价低渗透储层开发潜力参数研究[J]. 油气藏评价与开发，2(4)：24－27.

蒲泊伶. 2008. 四川盆地页岩气成藏条件分析[D]. 东营：中国石油大学(华东).

齐银. 2006. 特低渗储层非达西渗流规律研究[D]. 西安：西安石油大学.

任东，刘启国，汤勇，等. 2011. 基于启动压力梯度的火山岩气藏多重介质试井模型[J]. 天然气工业，31(10)：50－53.

石丽娜，同登科. 2006. 具有井筒储集的变形介质双渗模型的压力分析[J]. 力学季刊，27(2)：206－211.

苏玉亮，王文东，盛广龙. 2014. 体积压裂水平井复合流动模型[J]. 石油学报，35(3)：504－510.

孙焕泉. 2005. 含人工裂缝低渗透油藏渗流机理及整体压裂应用研究[D]. 东营：中国石油大学(华东).

孙来喜，李成勇，李成，等. 2008. 边界元理论在复杂边界油藏部分射孔井渗流中的应用[J]. 物探化探计算技术，30(5)：381－385.

王道富. 2004. 边界元方法在试井分析中的应用研究[D]. 成都：西南石油大学.

王俊光. 2007. 裂隙岩体渗流模型及数值模拟研究[D]. 阜新：辽宁工程技术大学.

王坤，郑军，高莉霞. 2014. 可视化微观渗流模型的试验研究[J]. 重庆科技学院学报(自然科学版)，16(3)：72－73.

王小芬. 2011. 鄂尔多斯盆地富县地区马家沟组碳酸盐岩储层特征研究[D]. 西安：西安石油大学.

王洋. 2011. 大牛地气田致密砂岩气藏特殊井试井解释研究及应用[D]. 成都：成都理工大学.

席境阳，周晓玲. 2012. 适用于页岩气藏储量的几种计算方法[J]. 重庆科技学院学报：自然科学版，14(4)：5－9.

熊佩. 2011. 低渗油藏现代试井解释与应用——以白豹油田为例[D]. 成都：成都理工大学.

徐云龙. 2014. 地下气化过程中煤层顶板岩石渗透特性研究[D]. 太原：太原理工大学.

杨海涛. 2009. 低渗透压裂井试井分析方法研究[D]. 西安：西安石油大学.

杨珂，徐守余. 2009. 微观剩余油实验方法研究[J]. 断块油气田，16(4)：75－77.

姚军，刘丕养，吴明录. 2013. 裂缝性油气藏压裂水平井试井分析[J]. 中国石油大学学报(自然科学版)，37(5)：107－113，119.

张冬丽，王新海. 2005. 煤层气解吸机理数值模拟研究[J]. 天然气工业，25(1)：77－79.

张磊，胡永全，张平，等. 2015. 沁水盆地压裂煤层气井生产动态影响因素[J]. 大庆石油地质与开发，34(5)：170－174.

张烈辉，李成勇，刘启国，等. 2007. 边界元理论在缝洞型非均质油藏渗流研究中的应用[J]. 石油与天然气地质，28(4)：528－534.

周晓君. 2008. 聚合物溶液在多孔介质中的渗流特性研究[D]. 东营：中国石油大学(华东).

Abdassah D，Ershaghi I. 1986. Triple-porosity systems for representing naturally fractured reservoirs [C]. 13409.

Al-Ghamdi A，Ershaghi I. 1996. Pressure transient analysis of dually fractured reservoirs [C]. 26959.

Aral M M，Tang Y. 1988. A new boundary element formulation for time dependent confined and unconfined aquifer problems [J]. Water Resources Research，24(6)：831－842.

Grader A S. 1990. New solutions for two-well systems with applications interference slug and constant rate tests and linear boundary detection[C]. 20553.

Aadland A，Henriquez A. 1992. New field simulation strategy with detailed element models and flux boundary conditions：statfjord field case study[C]. 24264.

Bramowitz M，Stegun I A. 1972. Handbook of mathematical functions[M]. New York：Dover Publications.

Britto P R，Grader A S. 1988. The effects of size，shape and orientation of an impermeable region on transient pressure testing[C]. 595－606.

Camacho R. 2002. Pressure transient and decline curve behaviors in naturally fractured vuggy carbonate reservoirs[C]. 77689.

Numbere D T. 1986. An improved streamline generating technique using the boundary (integral) element method [C]. 15135.

Erdal Ozkan. 1997. Some strategies to apply stepfest algorithm for a tabulated set of numbers [C]. 30552.

Gringarten A C, Ramey H J J. 1973. The Use of source and green's functions in solving unsteady-flow problems in reservoirs" [C]. 3818.

Jalali Y, Ershaghi I. 1987. Pressure transient analysis of heterogeneous Naturally fractured reservoirs [C]. 16341.

Kikani J, Horne R N. 1989. Application of boundary element method to reservoir engineering problems [J]. Journal of Petroleum Science and Engineering, 229-241.

Kikani J, Horne R N. 1992. Pressure-transient analysis of arbitrarily shaped reservoirs with the boundary element method[C]. 53-60.

Jongkittinarukom K, Tiab D. 1998. Development of the boundary element method for a horizontal well in multilayer - reservoir[C]. 39939.

Jongkittinarukom K, Tiab D. 1998. Interpretation of horizontal well performance in complicated systems by the boundary element Method[C]. 50437.

Sato K, Horne R N. 1992. Perturbation boundary element method for heterogeneous reservoirs: part l-steady-state flow problems[C]. 25299.

Sato K, Horne R N. 1992. Perturbation boundary element method for heterogeneous reservoirs: part 2-transient flow problems[C]. 25300.

Liggett J A, Liu P L F. 1977. Unsteady free surface flow through a zoned damusing boundary integration[C]. The Symposium on Applications of Computer Methods, Los Angeles, CA, 23-26.

Liggett J A, Liu P L F. 1979. Unsteady flow in confined aquifers-a comparison of two boundary integral methods[J]. Water Resources Research, 15(4): 861-66.

Kohand L S, Dje B T. 1993. 3D boundary-element model for predicting performance of horizontal wells [C]. 26101.

Koh L S, Dje B T. 1993. A boundary-element algorithm for modeling 3D horizontal well problems using 2D grids [C]. 26228.

Bourgeois M. 1991. Well test model recognition using la place space type curves" [C]. 22682.

Numbere D T, Tiab D. 1988. An improved streamline-generating technique that uses the boundary (integral) element method[J]. SPE Res Eng Aug, 1061-1068.

Ozken Z, Raghavan R. 1988. New solution for well test analysis problems: part 1-analytical considerration [C]. 18615, 359-368.

Ozken Z, Raghavan R. 1991. New solution for well test analysis problems : part 2-computation considerration[C]. 18616, 369-377.

Ozken Z, Raghavan R. 1991. New solution for well test analysis problems: part 3-additional algorithms [C]. 28424.

Stefest H. 1970. Numerical inversion of laplace transform [J]. Algorithm 368, Comm of ACM, 13, 49.

Streltsova T D, McKinley R M. 1984. Effect of flow time duration on buildup pattern for reservoirs with heterogeneous properties[J]. Pet Eng J une, 294-306.

Zhang W, Zeng P. 1992. A boundary element method applied to pressure transient analysis of irregularly shaped double-porosity reservoir[C]. 25284.

附　　录

附录1　贝塞尔函数计算程序

一、I0贝塞尔函数计算程序

```
double I0(double x)
{
    double p1, p2, p3, p4, p5, p6, p7, q1, q2, q3, q4, q5, q6, q7, q8, q9;
double y, aaa, bbb, ax, temp;
    p1=1.0;                    p2=3.5156229;
    p3=3.0899424;              p4=1.2067492;
    p5=0.2659732;              p6=0.0360768;
    p7=0.0045813;
    q1=0.39894228;             q2=0.01328592;
    q3=0.00225319;             q4=-0.00157565;
    q5=0.00916281;             q6=-0.02057706;
    q7=0.02635537;             q8=-0.01647633;
    q9=0.00392377;
    if(fabs(x)< 3.75)
    {
        y=(x/3.75)*(x/3.75);
        aaa=y *(p5 + y *(p6 + y * p7));
        temp=p1 + y *(p2 + y *(p3 + y *(p4 + aaa)));
    }
    else
    {
        ax=fabs(x);
        y=3.75/ax;
        aaa=exp(ax)/sqrt(ax);
        bbb=q4 + y *(q5 + y *(q6 + y *(q7 + y *(q8 + y * q9))));
        temp=aaa *(q1 + y *(q2 + y *(q3 + y * bbb)));
    }
    return temp;
}
```

二、K0 贝塞尔函数计算程序

```
double K0(double x)
{
    double p1, p2, p3, p4, p5, p6, p7, q1, q2, q3, q4, q5, q6, q7; double y,
aaa, bbb, temp;
    p1=-0.57721566;            p2=0.4227842;
    p3=0.23069756;             p4=0.0348859;
    p5=0.00262698;             p6=0.0001075;
    p7=0.0000074;
    q1=1.25331414;             q2=-0.07832358;
    q3=0.02189568;             q4=-0.01062446;
    q5=0.00587872;             q6=-0.0025154;
    q7=0.00053208;
    if(x<=2.0)
    {
        y=x * x/4.0;
        bbb=y *(p5 + y *(p6 + y * p7));
        aaa=p1 + y *(p2 + y *(p3 + y *(p4 + bbb)));
        temp=(-log(x/2.0) * I0(x))+ aaa;
    }
    else
    {
        y=(2.0/x);
        bbb=y *(q5 + y *(q6 + y * q7));
        aaa=q1 + y *(q2 + y *(q3 + y *(q4 + bbb)));
        temp=(exp(-x)/sqrt(x)) * aaa;
    }
    return temp;
}
```

三、I1 贝塞尔函数计算程序

```
double I1(double x)
{
    double p1, p2, p3, p4, p5, p6, p7, q1, q2, q3, q4, q5, q6, q7, q8, q9;
double y, aaa, bbb, ax, temp;
    p1=0.5;                    p2=0.87890594;
    p3=0.51498869;             p4=0.15084934;
    p5=0.02658733;             p6=0.00301532;
```

```
    p7=0.00032411;
    q1=0.39894228;              q2=-0.03988024;
    q3=-0.00362018;             q4=0.00163801;
    q5=-0.01031555;             q6=0.02282967;
    q7=-0.02895312;             q8=0.01787654;
    q9=-0.00420059;
    if(fabs(x)< 3.75)
    {
        y=(x/3.75)*(x/3.75);
        aaa=y *(p4 + y *(p5 + y *(p6 + y * p7)));
        temp=x *(p1 + y *(p2 + y *(p3 + aaa)));
    }
    else
    {
        ax=fabs(x);
        y=3.75/ax;
        aaa=exp(ax)/sqrt(ax);
        bbb=y *(q5 + y *(q6 + y *(q7 + y *(q8 + y *q9))));
        temp=aaa *(q1 + y *(q2 + y *(q3 + y *(q4 + bbb))));
    }
    return temp;
}
```

四、K1 贝塞尔函数计算程序

```
double K1(double x)
{
    double p1, p2, p3, p4, p5, p6, p7, q1, q2, q3, q4, q5, q6, q7; double y,
aaa, bbb, ccc, temp;
    p1=1.0;                     p2=0.15443144;
    p3=-0.67278579;             p4=-0.18156897;
    p5=-0.01919402;             p6=-0.00110404;
    p7=-0.00004686;
    q1=1.25331414;              q2=0.23498619;
    q3=-0.0365562;              q4=0.01504268;
    q5=-0.00780353;             q6=0.00325614;
    q7=-0.00068245;
    if(x <=2.0)
    {
        y=x * x/4;
```

```
        aaa=log(x/2.0) * I1(x);
        ccc=y *(p5 + y *(p6 + y * p7));
        bbb=p1 + y *(p2 + y *(p3 + y *(p4 + ccc)));
        temp=aaa +(1.0/x) * bbb;
    }
    else
    {
        y=(2.0/x);
        bbb=y *(q5 + y *(q6 + y * q7));
        aaa=q1 + y *(q2 + y *(q3 + y *(q4 + bbb)));
        temp=(exp(-x)/sqrt(x)) * aaa;
    }
    return temp;
}
```

五、K0贝塞尔函数x到无穷积分计算程序

```
double funcIntK0x(double fx)
{
    if(fx<=2)
    {
        double fck[7]; double fdk[7]; double fa=0.0f; double fb=0.0f;
        fck[0]=2; fck[1]=0.666666667; fck[2]=0.100000003; fck[3]=0.007936494;
        fck[4]=0.000385833; fck[5]=0.000012590; fck[6]=0.000000319;
    fdk[0]=0.84556868; fdk[1]=0.50407836; fdk[2]=0.11227902; fdk[3]=0.01110118;
        fdk[4]=0.00062664; fdk[5]=0.00002069; fdk[6]=0.00000116;
        for(int i=0; i<=6; i++)
         {
            fa+=fck[i] * pow(fx/2.0, 2 * i+1);
        }
        for(i=0; i<=6; i++)
         {
            fb+=fdk[i] * pow(fx/2.0, 2 * i+1);
        }
        return PI/2.0+log(fx/2.0) * fa-fb;
    }
    else if(fx>2 && fx<=4)
    {
        double fak[5];
        double fa=0.0f;
```

```
        fak[0]=1.2494934; fak[1]=0.3584641; fak[2]=0.1859840;
        fak[3]=0.0781715; fak[4]=0.0160395;
        for(int i=0; i<=4; i++)
         {
            fa+=fak[i] * pow(fx/2.0, -i) * pow(-1, i);
         }
        return pow(fx, -0.5) * exp(-fx) * fa;
    }
    else if(fx>4 && fx<=7)
    {
        double fek[7];
        double fe=0.0f;

    fek[0]=1.25331414; fek[1]=0.11190289; fek[2]=0.02576646; fek[3]=0.00933994;
        fek[4]=0.00417454; fek[5]=0.00163271; fek[6]=0.00033934;
        for(int i=0; i<=6; i++)
         {
            fe+=pow(-1, i) * fek[i] * pow(fx/7.0, -i);
         }
        return pow(fx, -0.5) * exp(-fx) * fe;
    }
    else
    {
        double fck[7];
        double fc=0.0f;

    fck[0]=1.25331414; fck[1]=0.11190289; fck[2]=0.02576646; fck[3]=0.00933994;
        fck[4]=0.00417454; fck[5]=0.00163271; fck[6]=0.00033934;
        for(int i=0; i<=6; i++)
         {
            fc+=pow(-1, i) * fck[i] * pow(fx/7.0, -i);
         }
        return pow(fx, -0.5) * exp(-fx) * fc;
    }
}
```

五、I0贝塞尔函数0到x积分计算程序

```
double funcInt(double fx)
{
    double fak[5]; double fbk[7]; double fck[7]; double fa=0.0f;
    if(fx>0 && fx<=2)
    {
        fck[0]=2; fck[1]=0.666666667; fck[2]=0.100000003; fck[3]=0.007936494;
    fck[4]=0.000385833; fck[5]=0.000012590; fck[6]=0.000000319;
        for(int i=0; i<=6; i++)
         {
            fa+=fck[i]*pow(fx/2.0, 2*i+1);
        }
        return fa;
    }
    else if(fx>2 && fx<=5)
    {

    fck[0]=5.000000; fck[1]=10.416666367; fck[2]=9.765629849; fck[3]=4.844024624;
    fck[4]=1.471860153; fck[5]=0.300704878; fck[6]=0.044686921; fck[7]=0.004500642;
        fck[8]=0.000594340;
        for(int i=0; i<=6; i++)
         {
            fa+=fck[i]*pow(fx/5.0, 2*i+1);
        }
        return fa;
    }
    else if(fx>5 && fx<8)
    {
        fak[0]=0.41612; fak[1]=-0.0302912; fak[2]=0.1294122;
        fak[3]=-0.0202292; fak[4]=-0.0151660;
        for(int i=0; i<=4; i++)
         {
            fa+=fak[i]*pow(fx/5.0, -i);
        }
        return pow(fx, -0.5)*exp(fx)*fa;
    }
    else
    {
```

```
        fbk[0]=0.3989423; fbk[1]=0.0311734; fbk[2]=0.0059191; fbk[3]=0.0055956;
        fbk[4]=-0.0114858; fbk[5]=0.0177440; fbk[6]=-0.0073995;
        for(int i=0; i<=6; i++)
         {
            fa+=fbk[i] * pow(fx/8.0, -i);
        }
        return pow(fx, -0.5) * exp(fx) * fa;
    }
}
```

附录 2　stephest 数值计算程序

```
void Calfinit(double * pfPwd, double * pfTD)
{
        int i;   int j;   double ff=0.07f;
    for(i=0; i<=11; i++)
     {
        for(j=1; j<=10; j++)
         {
            pfTD[10 * i+j]=pow(10, i+0+j * 0.1);
            int num;
            num=0;
            double numpwd;
            double s[8];
            double nump;
            nump=0;
            numpwd=0.0f;
            for(num=0; num<=7; num++)
             {
                s[num]=log(2) * (num+1)/pfTD[10 * i+j];
                numpwd+=V(num+1) * laplas(s[num]);
            }
            pfPwd[10 * i+j]=log(2) * numpwd/pfTD[10 * i+j];
        }
    }
}

double multp(int nx)
{
    int num, i; num=1;
    for(i=1; i<=nx; i++)
    {
        num *=i;
    }
    return num;
```

```
}

double V(int nx)
{
    int uplimit, downlimit; uplimit=0; downlimit=0;
      downlimit=floor((nx+1)/2);
      if(nx>=4)
       {
          uplimit=4;
      }
      else
       {
          uplimit=nx;
      }
      int num;        num=0;        double numv;        numv=0.0f;
      for(num=downlimit; num<=uplimit; num++)
       {
          numv+=pow(num, 5)*multp(2*num)/(multp(4-num)*pow(multp
          (num), 2)*multp(nx-num)*multp(2*num-nx));
      }
      return pow(-1, 4+nx)*numv;
}
```

附录3　符号说明

a：客观存在的常数

A：渗流截面积，cm^2

B：系数

B_0：原油体积系数，无因次

C：系数

C_1^*：基质岩块系统综合压缩系数

C_2^*：溶洞系统综合压缩系数

C_3^*：裂缝系统综合压缩系数

C_D：无因次井筒储集系数

C_{De}：无因次井底储存常数

C_t：总压缩系数

C_ρ：流体的压缩系数，MPa^{-1}

C_m：基岩的压缩系数，MPa^{-1}

C_f：裂缝的压缩系数，MPa^{-1}

C_{ft}：裂缝系统的综合压缩系数

C_{mt}：基岩系统的综合压缩系数

f：阻力系数

$F(t)$：函数

h：有效厚度，m

h_{TD}：无因次上部未打开段储层厚度

h_{PD}：无因次储层打开段厚度

h_D：无因次储层厚度

h_P：中部打开储层厚度，m

h_T：上部未打开储层厚度，m

I_0：0 阶第一类贝塞尔函数

I_1：1 阶第一类贝塞尔函数

κ：渗透率，μm^2

κ_f：裂缝系统的渗透率，μm^2

κ_m：基质岩块系统的渗透率，μm^2

κ_i：原始地层压力下的储层渗透率

κ_y：y 方向渗透率，μm^2

κ_z：z 方向渗透率，μm^2

K_0：0 阶第一类贝塞尔函数虚宗

K_1：1 阶第一类贝塞尔函数虚宗

L：岩块的特征长度，m
$2L_f$：缝长，m
$2L_h$：井的储层纵向高度，m
$2L_\kappa$：直井长度，m
n：正交裂缝组数
N：自然数(6 或 8)
P_1：岩样入口端压力，MPa
P_2：岩样出口端压力，MPa
P_B：启动压差，MPa
P_D：无因次压力
$\bar{P}_D$：无因次压力拉氏空间表达式
P_f：裂缝系统压力，MPa
P_i：原始地层压力，MPa
P_L：朗格缪尔吸附压力，MPa
P_m：基质岩块系统压力，MPa
P_{WD}：无因次井底压力
ΔP_{pr}：局部径向流段上一点对应压差，MPa；
P_{ws0}：关井时刻的井底压力，MPa；
ΔP：两渗流面间折算压力差，10^{-1} MPa
∇P：压力梯度，MPa/m
q_d：解析气量；
q_D：无因次流量
q_{ex}：基质向裂缝的窜流量，kg/m^3
r_D：无因次半径
r_{De}：无因次外边界距离
r_F：流动边界，m
r_W：生产井半径，m
R_e：雷诺数
R_{eD}：外边界距离，m
S：表皮系数
S_S：应力敏感系数
t_D：无因次时间
t_{De}：无因次时间
$(t\Delta p')_s$：表示球形流动阶段双对数压力导数在 t_s 时刻值
$(t\Delta p')_L$：表示线性流动阶段双对数压力导数在 t_L 时刻值
u：拉式变量
$uf(u)$：拉式空间变换函数
V：渗流速度
$\bar{V}_m$：基质岩块系统流体渗流速度，m/h
$\vec{V}_f$：裂缝系统流体渗流速度，m/h
V_L：朗格缪尔极限吸附量，L

ω：弹性储容比

ω_f：割理储容比

ω_m：基质储容比

ω_3：裂缝系统储容比

ω_2：溶洞系统储容比

Z_g：平均地层压力下气体的偏差因子，无因次

μ：流体黏度，MPa·s

μ_g：平均地层压力下气体的黏度，MPa·s

μ_0：原油黏度，MPa·s

λ：窜流系数

λ_1：溶洞-裂缝窜流系数

λ_2：基岩-溶洞窜流系数

λ_B：启动压力梯度，MPa/m

$\lambda_{\Psi B}$：启动拟压力梯度

σ^*：参考有效应力值，即初始值，对应渗透率值记为 K^*

σ^1：各个有效应力

φ：孔隙度，小数

φ_f：裂缝网络系统相对于总系统的孔隙度，小数

φ_{m}：基质岩块系统相对于总系统的孔隙度，小数

φ_{mo}：压力 P_o 下基岩的孔隙度，小数

φ_{fo}：压力 P_o 下裂缝的孔隙度，小数

ρ_o：压力 P_o 下流体的密度，$\mathrm{kg/m^3}$

ρ_{m}：基岩中流体密度，$\mathrm{kg/m^3}$

ρ_f：裂缝中流体密度，$\mathrm{kg/m^3}$

ρV：质量流速

ρV_x：X 轴方向的质量流速

ρV_y：Y 轴方向的质量流速

ρV_z：Z 轴方向的质量流速

η：扩散系数

$\Psi(P)$：气体拟压力函数

Ψ_i：原始地层压力下的气体拟压力

Ψ_D：无因次拟压力

γ：渗透率模量

γ：定地封闭边界瞬时点源的解

α：形状因子

$\dfrac{kh}{k_v}$：渗透率各向异性参数

$\dfrac{\overline{kh}}{\mu}$：参考地层系数

$\dfrac{\hat{k}h}{t}$：平均地层系数

索　引